全国建设行业职业教育任务引领型规划教材

建筑工程预算书编制

（工程造价专业适用）

编著　袁建新
主审　刘德甫

中国建筑工业出版社

图书在版编目（CIP）数据

建筑工程预算书编制/袁建新编著. —北京：中国建筑工业出版社，2012.7

全国建设行业职业教育任务引领型规划教材. 工程造价专业适用

ISBN 978-7-112-14495-2

Ⅰ. ①建… Ⅱ. ①袁… Ⅲ. ①建筑预算定额-编制 Ⅳ. ①TU723.3

中国版本图书馆 CIP 数据核字（2012）第 153183 号

本书主要包括建筑工程预算概述、建筑工程预算定额概述、建筑工程预算定额的应用、工程单价、直接费计算及工料分析、建筑安装工程费用计算等内容，还提供了一套编制建筑工程预算用的住宅施工图。

本书内容丰富、实例详尽，有助于训练学生的编制建筑工程预算的基本功，具有较强的实用性，是工程造价专业学生学习用书，也可供工程造价工作人员学习参考，是工程造价员的好帮手，也是初学者的好助手。

* * *

责任编辑：张　晶　朱首明
责任设计：张　虹
责任校对：刘梦然　王誉欣

全国建设行业职业教育任务引领型规划教材

建筑工程预算书编制

（工程造价专业适用）

编著　袁建新

主审　刘德甫

*

中国建筑工业出版社出版、发行（北京西郊百万庄）

各地新华书店、建筑书店经销

北京红光制版公司制版

廊坊市海涛印刷有限公司印刷

*

开本：787×1092 毫米　1/16　印张：13½　字数：300 千字

2013 年 4 月第一版　2015 年 7 月第二次印刷

定价：**27.00** 元

ISBN 978-7-112-14495-2

（22554）

教材编审委员会名单

序　言

根据国务院《关于大力发展职业教育的决定》精神，结合职业教育形势的发展变化，2006 年年底，建设部第四届建筑与房地产经济专业指导委员会在工程造价、房地产经营与管理、物业管理三个专业中开始新一轮的整体教学改革。

本次整体教学改革从职业教育“技能型、应用型”人才培养目标出发，调整了专业培养目标和专业岗位群；以岗位职业工作分析为基础，以综合职业能力培养为引领，构建了由“职业素养”、“职业基础”、“职业工作”、“职业实践”和“职业拓展”五个模块构成的培养方案，开发出具有职教特色的专业课程。

专业指导委员会组织了相关委员学校的教研力量，根据调整后的专业培养目标定位对上述三个专业传统的教学内容进行了重新的审视，删减了部分理论性过强的教学内容，补充了大量的工作过程知识，把教学内容以“工作过程”为主线进行整合、重组，开发出一批“任务型”的教学项目，制定了课程标准，并通过主编工作会议，确定了教材编写大纲。

“任务引领型”教材与职业工作紧密结合，体现职业教育“工作过程系统化”课程的基本特征和“学习的内容是工作，在工作中实现学习”的教学内容、教学模式改革的基本思路，符合“技能型、应用型”人才培养规律和职业教育特点，适应目前职业院校学生的学习基础，值得向有关职业院校推荐使用。

建设部第四届建筑与房地产经济专业指导委员会

前　言

建筑工程预算书是工程造价专业“行动导向、任务引领”的教改教材。本教材对如何使学生在学习中充分调动自己学习积极性，通过“主动参与型”的教学方式，更好地掌握基本知识和基本技能，做了有益的尝试。

本书在“工学结合”理念指导下，认真研究了工程造价员实际工作岗位上，具有相对独立性的建筑工程预算编制工作内容后，构建了体系结构和拟定了教材内容。

本书的主要内容取自于实际工作中使用的施工图、预算定额、紧密结合工程造价实际工作。

本书由四川建筑职业技术学院教授袁建新造价工程师编著，四川杰灵恒信工程造价咨询有限责任公司高级工程师刘德甫造价工程师主审。

作者对主审提出的按“工学结合”思路将造价岗位工作内容融合在教材中的很好建议与意见，以及在本书的编写过程中选用了有关地区标准图中的资料，表示衷心的感谢。

教改教材难免存在不足之处，敬请广大师生和读者提出宝贵的意见与建议。

目录
CONTENTS

第一章

建筑工程预算概述

第一节　建筑工程预算有何用

建筑工程预算（亦称施工图预算）是确定建筑工程造价的经济文件。简而言之，建筑工程预算是在修建房子之前，预算出房子建成后需要花多少钱的特殊计价方法，因此，建筑工程预算的主要作用就是确定建筑工程预算造价。

首先应该知道，建筑工程预算什么时候编制，由谁来编。

我们把房子产权拥有的单位或个人称为业主，修建房子的施工单位叫承包商。一般情况下，业主在确定承包商时就要通过一定的招标投标程序谈妥工程承包价。这时，承包商就要按业主的要求将编好的建筑工程预算报给业主，双方认为价格合理时，就按工程预算造价签订承包合同。所以，建筑工程预算一般在招标投标时或签订工程承包合同之前由承包商编制。

第二节　建设预算的大家族

建设预算是个大家族，建筑工程预算就是其中的一个重要成员。这个家族的基本成员包括投资估算、设计概算、施工图预算、施工预算、工程结算、竣工决算。

一、投资估算

投资估算是建设项目在投资决策阶段，根据现有的资料和一定的方法，对建设项目的投资数额进行估计的经济文件。一般由建设项目可行性研究主管部门或咨询单位编制。

二、设计概算

设计概算是在初步设计阶段或扩大初步设计阶段编制。设计概算是确定单位工程概算造价的经济文件，一般由设计单位编制。

三、施工图预算

施工图预算是在施工图设计阶段，施工招标投标阶段编制。施工图预算是确定单位工程预算造价的经济文件，一般由施工单位或设计单位编制。施工图预算按专业一般划分为：建筑工程预算、装饰工程预算、安装工程预算、市政工程预算、园林绿化工程预算等等。

四、施工预算

施工预算是在施工阶段由施工单位编制。施工预算按照企业定额（施工定额）编制，是体现企业个别成本的劳动消耗量文件。

五、工程结算

工程结算是在工程竣工验收阶段由施工单位编制。工程结算是施工单位根据施工图预算、施工过程中的工程变更资料、工程签证资料等编制，确定单位工程造价的经济文件。

六、竣工决算

竣工决算是在工程竣工投产后，由建设单位编制，综合反映竣工项目建设成果和财务情况的经济文件。

七、建设预算各内容之间的关系

投资估算是设计概算的控制数额；设计概算是施工图预算的控制数额；施工图预算反映行业的社会平均成本；施工预算反映企业的个别成本；工程结算根据施工图预算编制；若干个单位工程的工程结算汇总为一个建设项目竣工决算。建设预算各内容相互关系示意如图 1-1 所示。

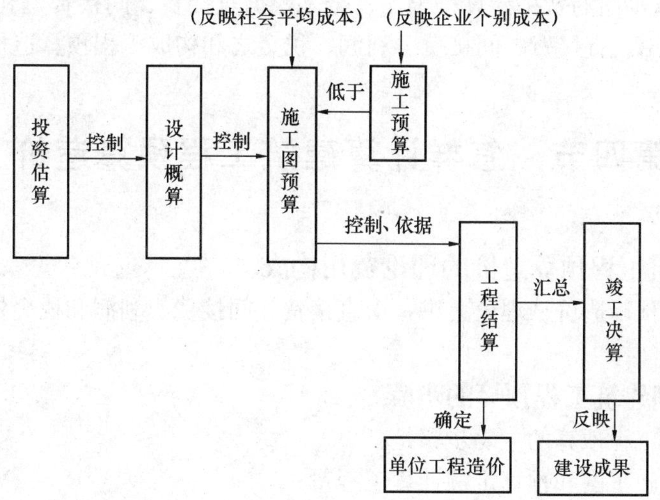

图 1-1　建设预算各内容相互关系示意图

第三节　建筑工程预算构成要素

建筑工程预算主要由以下要素构成：建筑工程量、工料机消耗量、直接费、工程费用。

一、建筑工程量

建筑工程量是根据建筑工程算出的所建工程的实物数量，例如，该工程有多少立方米混凝土基础，多少立方米砖墙，多少平方米铝合金门，多少平方米水泥砂浆抹墙面等等。

二、工料机消耗量

人工、材料、机械台班消耗量是根据分项工程工程量与预算定额子目消耗量相乘后，汇总而成的数量，例如修建一幢办公楼需消耗多少个工日，多少吨水泥，多少吨钢筋，多少个塔吊台班等等。

三、直接费

直接费是建筑物的实物工程量乘以定额基价后汇总而成的。直接费是建筑物工料机实物消耗量的货币表现。

四、工程费用

工程费用包括间接费、利润、税金。间接费和利润一般根据直接费（或人工费），分别乘以不同的费率计算得出。税金是根据直接费、间接费、利润之和，乘以税率计算得出。直接费、间接费、利润、税金之和构成工程预算造价。

第四节　怎样计算建筑工程预算造价

一、建筑工程预算造价的理论费用构成

建筑工程预算造价从理论上讲，由直接费、间接费、利润和税金构成。

二、编制建筑工程预算的步骤

编制建筑工程预算的主要步骤是：

(1) 根据施工图和预算定额计算工程量；

(2) 根据工程量和预算定额分析工料机消耗量；

(3) 根据工程量和预算定额基价（或用工料机消耗量乘以各自单价）计算直接费；

(4) 根据直接费（或人工费）和间接费费率计算间接费；

(5) 根据直接费（或人工费）和利润率计算利润；

(6) 根据直接费、间接费、利润、税金之和以及税率计算税金；

(7) 将直接费、间接费、利润、税金汇总成工程预算造价。

第五节　建筑工程预算编制示例

根据下面给出的某工程的基础平面图和剖面图（图 1-2），计算其中 C10 混凝土基础垫层和 1：2 水泥砂浆基础防潮层 2 个项目的建筑工程预算造价。计算过程如下：

一、计算工程量

(1) C10 混凝土基础垫层

V＝垫层宽×垫层厚×垫层长

　　　　Ⓐ轴　　　　　　Ⓒ轴　　　　　　　　①轴

外墙垫层长＝(3.60＋3.30)＋(3.60＋3.30＋2.70)＋(2.0＋3.0)

　　　　　③轴　④轴　Ⓑ轴

　　　　＋2.0＋3.0＋2.70

　　　＝29.20m

　　　　　　　　　Ⓐ轴半个垫层宽　　Ⓒ轴半个垫层宽

　　　　②轴

内墙垫层长＝$\left(2.0+3.0-\dfrac{0.80}{2}-\dfrac{0.80}{2}\right)$

$$\overset{\text{③轴}}{+}\left(3.0-\overset{\text{Ⓑ轴半个垫层宽}}{\frac{0.80}{2}}-\overset{\text{Ⓒ轴半个垫层宽}}{\frac{0.80}{2}}\right)$$

$$=4.20+2.2=6.40\text{m}$$

$$V=0.80\times0.20\times(29.20+6.40)$$

$$=5.696\text{m}^3$$

(2)1∶2 水泥砂浆基础防潮层

S＝内外墙长×墙厚

外墙长＝同垫层长＝29.20m

$$\text{内墙长}=(\overset{\text{②轴}}{2.0}+3.0-\overset{\text{Ⓐ轴半个墙厚}}{\frac{0.24}{2}}-\overset{\text{Ⓒ轴半个墙厚}}{\frac{0.24}{2}})$$

$$\overset{\text{③轴}}{+}\left(3.0-\overset{\text{Ⓐ轴半个墙厚}}{\frac{0.24}{2}}-\overset{\text{Ⓒ轴半个墙厚}}{\frac{0.24}{2}}\right)=7.52\text{m}$$

$$S=(29.20+7.52)\times0.24$$

$$=36.72\times0.24$$

$$=8.81\text{m}^2$$

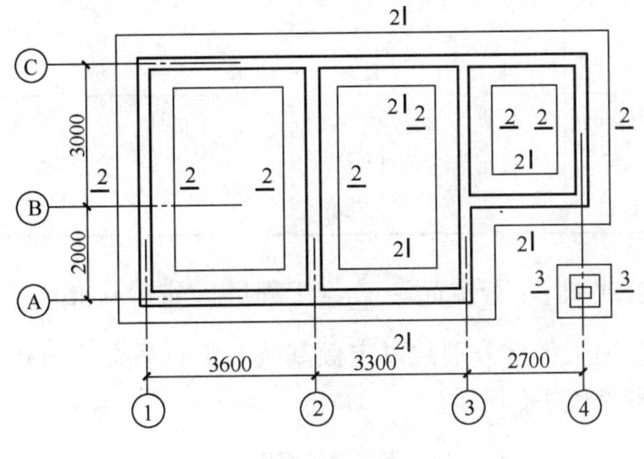

基础平面图

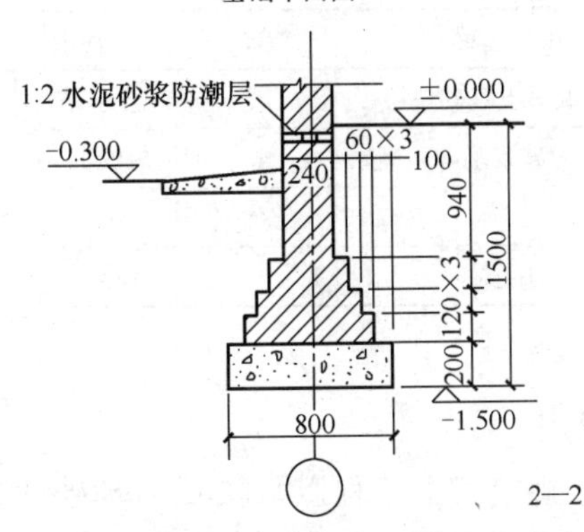

2—2

图 1-2　某工程基础平面图、剖面图

二、计算直接费

计算直接费的依据除了工程量外，还需要预算定额。计算直接费一般采用两种方法，即单位估价法和实物金额法。单位估价法采用含有基价的预算定额；实物金额法采用不含有基价的预算定额。以单位估价法为例来计算直接费。含有基价的某地区预算定额摘录见表 1-1 所列。

预算定额摘录 **表 1-1**

工程内容：略

定额编号				8-16	9-53
项 目		单位	单价（元）	C10 混凝土基础垫层	1∶2 水泥砂浆基础防潮层
				每 $1m^3$	每 $1m^2$
基 价		元		159.73	7.09
其中	人工费	元		35.80	1.66
	材料费	元		117.36	5.38
	机械费	元		6.57	0.05
人工	综合用工	工日	20.00	1.79	0.083
材料	1∶2 水泥砂浆	m^3	221.60		0.0207
	C10 混凝土	m^3	116.20	1.01	
	防水粉	kg	1.20		0.664
机械	400L 混凝土搅拌机	台班	55.24	0.101	
	平板式振动器	台班	12.52	0.079	
	200L 砂浆搅拌机	台班	15.38		0.0035

直接费计算公式如下：$直接费 = \sum_{i=1}(工程量 \times 定额基价)_i$

也就是说，各项工程量分别乘以定额基价，汇总后即为直接费，例如，上述两个项目的直接费见表 1-2 所示。

直接费计算表 **表 1-2**

序号	定额编号	项目名称	单位	工程量	基价（元）	合价（元）	备注
1	8-16	C10 混凝土基础垫层	m^3	5.696	159.73	909.82	
2	9-53	1∶2 水泥砂浆基础防潮层	m^2	8.81	7.09	62.46	
		小计：				972.28	

三、计算工程费用

按某地区费用定额规定，本工程以直接费为基础计算各项费用，其中，间接费费率为 12%，利润率为 5%，税率为 3.0928%，计算过程见表 1-3 所列。

工程费用（造价）计算表　　　　表 1-3

序　号	费用名称	计算式	金额(元)
1	直接费	详见计算表	972.28
2	间接费	972.28×12％	116.67
3	利　润	972.28× 5％	48.61
4	税　金	(972.28＋116.67＋48.61)×3.0928％	35.18
	工程造价		1172.74

第二章

建筑工程预算定额概述

第一节　建筑工程预算定额有何用

建筑工程预算定额（以下简称预算定额）是确定一定计量单位的分项工程的人工、材料、机械台班耗用量（货币量）的数量标准。

关于分项工程的概念在前面的课程中已经叙述。分项工程具体是指如现浇C30钢筋混凝土柱、砌M5水泥砂浆砖基础等内容。简而言之，预算定额反映的是每立方米现浇构件、预制构件、砌砖基础等项目的人工、材料、机械台班消耗的规定数量和规定的分项工程单价。

预算定额是编制建筑工程预算不可缺少的依据。工程量确定构成工程实体的实物数量，预算定额确定一个单位的工程量所消耗的人工、材料、机械台班消耗量。可见，没有预算定额，就不可能计算出工程人工消耗数量、各种材料消耗量和机械台班消耗量，当然也计算不出工程预算造价。我们想一想，这是为什么，能不能自己确定砌$1m^3$水泥砂浆砖基础的人工、砂浆和砖的消耗量？如果可以，那么同一个工程就会有不同的实物消耗量，就会产生各不相同的预算造价，这不乱套了吗？不过我们还是要问，根据什么确定砌$1m^3$砖基础所用标准砖数量是正确的，是根据甲施工企业还是乙施工企业的实际消耗量？我们说，都不是。这就要根据经济学中劳动价值论的基本理论来确定。价值规律告诉我们，商品的价值（价格）是由生产这个商品的社会必要劳动量确定的。所以，工程造价管理部门要通过测算每个项目所需的社会必要劳动消耗量，才能编制出预算定额，颁发后作为编制建筑工程预算的指导性文件。

第二节 定额是个大家族

定额是个大家族，预算定额是其中的主要成员，除此之外，还包括投资估算指标、概算指标、概算定额、施工定额、劳动定额、材料消耗定额、机械台班定额、工期定额等等。

一、投资估算指标

投资估算指标是以一个建设项目为对象，确定设备、器具购置费用、建筑安装工程费用、工程建设其他费用、流动资金需用量的依据，例如，一个肉食品加工厂的投资估算。

投资估算指标是在建设项目决策阶段，编制投资估算、进行投资预测、投资控制、投资效益分析的重要依据。

二、概算指标

概算指标是以整个建筑物或构筑物为对象，以“m^3”、“m^2”、“座”等为计量单位，确定人工、材料、机械台班消耗量及费用的标准。

概算指标是在初步设计阶段，编制设计概算的依据，其主要作用是优选设计方案和控制建设投资，例如编制教学大楼概算。

三、概算定额

概算定额是确定一定计量单位的扩大分项工程的人工、材料、机械台班消耗量的数量标准。概算定额是在扩大初步设计阶段或施工图设计阶段编制设计概算的主要依据。

四、预算定额

预算定额是规定消耗在单位建筑产品上人工、材料、机械台班的社会必要劳动消耗量的数量标准。

预算定额是在施工图设计阶段及招标投标阶段，控制工程造价、编制标底和标价的重要依据。

五、施工定额

施工定额是规定消耗在单位建筑产品上的人工、材料、机械台班企业劳动消耗量的数量标准。施工定额主要用于编制施工预算。施工定额是在工程招标投标阶段编制标价，在施工阶段签发施工任务书、限额领料单的重要依据。

六、劳动定额

劳动定额是在正常施工条件下，某工种某等级工人或工人小组，生产单位合格产品所必须消耗的劳动时间，或是在单位工作时间内生产单位合格产品的数量标准。劳动定额的主要作用是下达施工任务单、核算企业内部用工数，也是编制施工定额、预算定额的依据，例如，砌 $1m^3$ 砖基础的时间定额为 0.956 工日/m^3。

七、材料消耗定额

材料消耗定额是指在正常施工条件下，节约和合理使用材料的条件下，生产单位合格产品所必须消耗的一定品种规格的材料数量。材料消耗定额的主要作用是下达施工限额领料单、核算企业内部用料数量，也是编制施工定额和预算定额的依据，例如，砌 $1m^3$ 砖基础的标准砖用量为 521 块/m^3。

八、机械台班使用定额

机械台班使用定额规定了在正常施工条件下，利用某种施工机械，生产单位合格产品所必须消耗的机械工作时间，或者在单位工作时间内机械完成合格产品的数量标准，例如：8t 载重汽车运预制空心板，当运距为 1km 时的产量定额为 65.4t/台班。

九、工期定额

工期定额是以单项工程或单位工程为对象，在正常施工条件下，按施工图设计条件的要求，在平均建设管理水平，合理施工装备水平按工程结构类型和地区划分要求，从工程开工到竣工验收合格交付使用全过程所需的合理日历天数。

工期定额是编制招标文件的依据，是签订施工合同、处理施工索赔的基础，也是施工企业编制施工组织设计，安排施工进度的依据，例如，北京地区完成高 6 层 $5000m^2$ 建筑面积以内的住宅工程的工期定额为 190d。

第三节　预算定额的构成要素

预算定额一般由项目名称、单位、人工、材料、机械台班消耗量构成，若反映货币量，还包括项目的定额基价。预算定额示例见表 2-1 所列。

一、预算定额项目名称

预算定额的项目名称也称定额子目名称。定额子目是构成工程实体或有助于构成工程实体的最小组成部分。一般是按工程部位或工种材料划分。一个单位工程预算可由几十个到上百个定额子目构成。

预算定额摘录　　表 2-1

工程内容：略

定额编号		5-408		
项　目		单　位	单　价	现浇 C20 混凝土圈梁（m^3）
基　价		元		199.05
其　中	人工费	元		58.60
	材料费	元		137.50
	机械费	元		2.95
人　工	综合用工	工日	20.00	2.93
材　料	C20 混凝土	m^3	134.50	1.015
	水	m^3	0.90	1.087
机　械	混凝土搅拌机 400L	台班	55.24	0.039
	插入式振动棒	台班	10.37	0.077

二、工料机消耗量

工料机消耗量是预算定额的主要内容。这些消耗量是完成单位产品（一个单位定额子目）的规定数量，例如，现浇 $1m^3$ 混凝土圈梁的用工是 2.93 工日（表 2-1），所以，称之为定额。这些消耗量反映了本地区该项目的社会必要劳动消耗量。

三、定额基价

定额基价也称工程单价，是定额子目中工料机消耗量的货币表现（表 2-1）。

$$\text{定额基价} = \text{工日数} \times \text{工日单价} + \sum_{i=1}^{n}(\text{材料用量} \times \text{材料单价})_i + \sum_{j=1}^{m}(\text{机械台班量} \times \text{台班单价})_j$$

第四节　建筑工程预算定额编制简介

一、预算定额的编制步骤

编制预算定额一般分为以下三个阶段进行。

1. 准备工作阶段

（1）根据工程造价主管部门的要求，组织编制预算定额的领导机构和专业小组。

（2）拟定编制定额的工作方案，提出编制定额的基本要求，确定编制定额的原则、适用范围，确定定额的项目划分以及定额表格形式等。

(3) 调查研究，收集各种编制依据和资料。

2. 编制初稿阶段

(1) 对调查和收集的资料进行分析研究。

(2) 按编制方案中项目划分的要求和选定的典型工程施工图计算工程量。

(3) 根据取定的各项消耗指标和有关编制依据，计算分项工程定额中的人工、材料和机械台班消耗量，编制出定额项目表。

(4) 测算定额水平。定额初稿编出后，应将新编定额与原定额进行比较，测算新定额的水平。

3. 修改和定稿阶段

组织有关部门和单位讨论新编定额，将征求到的意见交编制专业小组修改定稿，并写出送审报告，交审批机关审定。

二、确定预算定额消耗量指标

1. 定额项目计量单位的确定

预算定额项目计量单位的选择，与预算定额的准确性、简明适用性有着密切的关系，因此，要首先确定好定额各项目的计量单位。

在确定项目计量单位时，应首先考虑采用该单位能否确切反映单位产品的工、料、机消耗量，保证预算定额的准确性；其次，要有利于减少定额项目数量，提高定额的综合性；最后，要有利于简化工程量计算和预算的编制，保证预算的准确性和及时性。

由于各分项工程的形状不同，定额计量单位应根据分项工程不同的形状特征和变化规律来确定。一般要求如下：

凡物体的长、宽、高三个度量都在变化时，应采用 m^3 为计量单位，例如：土方、石方、砌筑、混凝土构件等项目。

当物体有一固定的厚度，而长和宽两个度量所决定的面积不固定时，宜采用 m^2 为计量单位，例如：楼地面面层、屋面防水层、装饰抹灰、木地板等项目。

如果物体截面形状大小固定，但长度不固定时，应以延长米为计量单位，例如：装饰线、栏杆扶手、给水排水管道、导线敷设等项目。

有的项目体积、面积变化不大，但重量和价格差异较大，如金属结构制、运、安等，应当以重量单位“t”或“kg”计算。

有的项目还可以“个、组、座、套”等自然计量单位计算，例如：屋面排水用的水斗、水口以及给水排水管道中的阀门、水嘴安装等均以“个”为计量单位；电气照明工程中的各种灯具安装则以“套”为计量单位。

定额项目计量单位确定之后，在预算定额项目表中，常用所采用单位的“10倍”或“100倍”等倍数的计量单位来计算定额消耗量。

2. 预算定额消耗指标的确定

确定预算定额消耗指标，一般按以下步骤进行。

(1) 按选定的典型工程施工图及有关资料计算工程量

计算工程量的目的是为了综合不同类型工程在本定额项目中实物消耗量的比例数，使定额项目的消耗量更具有广泛性、代表性。

(2) 确定人工消耗指标

预算定额中的人工消耗指标是指完成该分项工程必须消耗的各种用工量，包括基本用工、材料超运距用工、辅助用工和人工幅度差。

1) 基本用工。指完成该分项工程的主要用工，例如：砌砖墙中的砌砖、调制砂浆、运砖等的用工。采用劳动定额综合成预算定额项目时，还要增加附墙烟囱、垃圾道砌筑等的用工。

2) 材料超运距用工。拟定预算定额项目的材料、半成品平均运距要比劳动定额中确定的平均运距远。因此在编制预算定额时，比劳动定额远的那部分运距，要计算超运距用工。

3) 辅助用工。指施工现场发生的加工材料的用工，例如：筛砂子、淋石灰膏的用工。这类用工在劳动定额中是单独的项目，但在编制预算定额时，要综合进去。

4) 人工幅度差。主要指在正常施工条件下，预算定额项目中劳动定额没有包含的用工因素以及预算定额与劳动定额的水平差，例如：各工种交叉作业的停歇时间、工程质量检查和隐蔽工程验收等所占的时间。

预算定额的人工幅度差系数一般在10%～15%之间。人工幅度差的计算公式为：

人工幅度差=(基本用工+超运距用工+辅助用工)×人工幅度差系数

(3) 材料消耗指标的确定

由于预算定额是在劳动定额、材料消耗定额、机械台班定额的基础上综合而成的，所以其材料消耗量也要综合计算，例如，每砌$10m^3$一砖内墙的灰砂砖和砂浆用量的计算过程如下：

1) 计算$10m^3$一砖内墙的灰砂砖净用量；

2) 根据典型工程的施工图计算每$10m^3$一砖内墙中梁头、板头所占体积；

3) 扣除$10m^3$砖墙体积中梁头、板头所占体积；

4) 计算$10m^3$一砖内墙砌筑砂浆净用量；

5) 计算$10m^3$一砖内墙灰砂砖和砂浆的总消耗量。

(4) 机械台班消耗指标的确定

预算定额中配合工人班组施工的施工机械，按工人小组的产量计算台班产量。计算公式为：

$$\text{分项工程定额机械台班使用量}=\frac{\text{分项工程定额计量单位值}}{\text{小组总产量}}$$

三、编制预算定额项目表

当分项工程的人工、材料、机械台班消耗量指标确定后，就可以着手编制预算定额项目表。根据典型工程计算编制的预算定额项目表，见表2-2所列。

预算定额项目表 **表 2-2**

工程内容：略 单位：$10m^3$

定额编号			××××	××××
项　目		单　位	混合砂浆砌砖墙	
			1　砖	3/4　砖
人　工	砖　工	工日	12.046	
	其他用工	工日	2.736	…
	小　计	工日	14.782	
材　料	灰砂砖	千块	5.194	
	砂　浆	m^3	2.218	…
	水	m^3	2.16	
机　械	2t 塔吊	台班	0.475	…
	200L 灰浆搅拌机	台班	0.475	

第五节　预算定额编制实例

一、典型工程工程量计算

计算一砖厚标准砖内墙及墙内构件体积时选择了 6 个典型工程，他们是某食品厂加工车间、某单位职工住宅、某中学教学楼、某职业技术学院教学楼、某单位综合楼、某住宅商品房。具体工程量计算过程见表 2-3 所列。

一砖内墙及墙内构件体积工程量计算表中门窗洞口面积占墙体总面积的百分比计算公式为：

$$\begin{matrix}\text{门窗洞口面积占墙}\\\text{体总面积百分比}\end{matrix}=\frac{\text{门窗面积}}{\text{砖墙体积}\div\text{墙厚}+\text{门窗面积}}\times 100\%$$

例如，加工车间门窗洞口面积占墙体总面积百分比的计算式为：

$$\begin{matrix}\text{加工车间门窗洞口面积}\\\text{占墙总面积百分比}\end{matrix}=\frac{24.50}{30.01\div 0.24+24.50}\times 100\%$$

$$=\frac{24.5}{149.54}\times 100\%$$

$$=16.38\%$$

通过上述 6 个典型工程测算，在一砖内墙中，单面清水、双面清水墙各占 20%，混水墙占 60%。

标准砖一砖内墙及墙内构件体积工程量计算表

表 2-3

分部名称：砖石工程　　　　项目：砖内墙

分节名称：砌砖　　　　子目：一砖厚

序号	工程名称	砖墙体积（m^3）		门窗面积（m^2）		板头体积（m^3）		梁头体积（m^3）		弧形及圆形碹（m）	附墙烟囱孔（m）	垃圾道（m）	抗震柱孔（m）	墙顶抹灰找平（m^2）	壁橱（个）	吊柜（个）
		1	2	3	4	5	6	7	8	9	10	11	12	13	14	15
		数量	%	数量	%	数量	%	数量	%	数量	数量	数量	数量	数量	数量	数量
一	加工车间	30.01	2.51	24.50	16.38	0.26	0.87									
二	职工住宅	66.10	5.53	40.00	12.68	2.41	3.65	0.17	0.26	7.18			59.39	8.21		
三	普通中学教学楼	149.13	12.42	47.92	7.16	0.17	0.11	2.00	1.34					10.33		
四	高职教学楼	164.14	13.72	185.09	21.30	5.89	3.59	0.46	0.28							
五	综合楼	432.12	36.12	250.16	12.20	10.01	2.32	3.55	0.82		217.36	19.45	161.31	28.68		
六	住宅商品房	354.73	29.65	191.58	11.47	8.65	2.44				189.36	16.44	138.17	27.54	2	2
	合　计	1196.23	100	739.25	81.89	27.39	12.98	6.18	0.52	7.18	406.72	35.89	358.87	74.76	2	2

二、人工消耗指标确定

预算定额砌砖工程材料超运距计算见表 2-4 所列。

根据上述计算的工程量有关数据和某劳动定额计算的每 10m³ 一砖内墙的预算定额人工消耗指标见表 2-5 所列。

预算定额砌砖工程材料超运距计算表　　表 2-4

材料名称	预算定额运距（m）	劳动定额运距（m）	超运距（m）
砂　子	80	50	30
石灰膏	150	100	50
灰砂砖	170	50	120
砂　浆	180	50	130

注：每砌 10m³ 一砖内墙的砂子定额用量为 2.43m³，石灰膏用量为 0.19m³。

预算定额项目劳动力计算表　　表 2-5

子目名称：一砖内墙　　单位：10m³

用工	施工过程名称	工程量	单位	劳动定额编号	工种	时间定额	工日数
	1	2	3	4	5	6	7＝2×6
基本工	单面清水墙	2.0	m³	§4-2-10	砖工	1.16	2.320
	双面清水墙	2.0	m³	§4-2-5	砖工	1.20	2.400
	混水内墙	6.0	m³	§4-2-16	砖工	0.972	5.832
	小　计						10.552
	弧形及圆形碹	0.006	m	§4-2 加工表	砖工	0.03	0.002
	附墙烟囱孔	0.34	m	§4-2 加工表	砖工	0.05	0.170
	垃圾道	0.03	m	§4-2 加工表	砖工	0.06	0.018
	预留抗震柱孔	0.30	m	§4-2 加工表	砖工	0.05	0.150
	墙顶面抹灰找平	0.0625	m²	§4-2 加工表	砖工	0.08	0.050
	壁　橱	0.002	个	§4-2 加工表	砖工	0.30	0.006
	吊　柜	0.002	个	§4-2 加工表	砖工	0.15	0.003
	小　计						0.399
	合　计						10.951
超运距用工	砂子超运 30m	2.43	m³	§4-超运距加工表-192	普工	0.0453	0.110
	石灰膏超运 50m	0.19	m³	§4-超运距加工表-193	普工	0.128	0.024
	标准砖超运 120m	10.00	m³	§4-超运距加工表-178	普工	0.139	1.390
	砂浆超运 130m	10.00	m³	§4-超运距加工表-{178, 173}	普工	{0.0516, 0.00816}	0.598
	合　计						2.122

续表

用工	施工过程名称	工程量	单位	劳动定额编号	工种	时间定额	工日数
	1	2	3	4	5	6	7=2×6
辅助工	筛砂子	2.43	m^3	§1-4-82	普工	0.111	0.270
	淋石灰膏	0.19	m^3	§1-4-95	普工	0.50	0.095
	合 计						0.365
共 计	人工幅度差=(10.951+2.122+0.365)×10%=1.344 工日						
	定额用工=10.951+2.122+0.365+1.344=14.782 工日						

三、材料消耗指标确定

1. 10m³ 一砖内墙灰砂砖净用量

$$\text{每 10m}^3\text{ 砌体灰砂砖净用量}=\frac{1}{0.24\times0.25\times0.063}\times2\times10$$

$$=529.1\times10=5291\text{ 块/10m}^3$$

2. 扣除 10m³ 砌体中梁头板头所占体积

查表 2-3，梁头和板头占墙体积的百分比为：0.52%+2.29%=2.81%。

扣除梁、板头体积后的灰砂砖净用量为：

$$\text{灰砂砖净用量}=5291\times(1-2.81\%)=5291\times0.9719=5142\text{ 块}$$

3. 10m³ 一砖内墙砌筑砂浆净用量

$$\text{砂浆净用量}=(1-529.1\times0.24\times0.115\times0.053)\times10=2.26\text{m}^3$$

4. 扣除梁、板头体积后的砂浆净用量

$$\text{砂浆净用量}=2.26\times(1-2.81\%)=2.26\times0.9719=2.196\text{m}^3$$

5. 材料总消耗量计算

当灰砂砖损耗率为 1%，砌筑砂浆损耗率为 1%时，计算灰砂砖和砂浆的总消耗量。

$$\text{灰砂砖总消耗量}=\frac{5142}{1-1\%}=5194\text{ 块/10m}^3$$

$$\text{砌筑砂浆总消耗量}=\frac{2.196}{1-1\%}=2.218\text{m}^3/10\text{m}^3$$

四、机械台班消耗指标确定

预算定额项目中配合工人班组施工的施工机械台班按小组产量计算。

根据上述 6 个典型工程的工程量数据和劳动定额中砌砖工人小组由 22 人组成的规定，计算每 10m³ 一砖内墙的塔吊和灰浆搅拌机的台班定额。

$$\text{小组总产量}=22\times(20\%\times0.862+20\%\times0.833+60\%\times1.029)$$

$$=22\times0.9564=21.04\text{m}^3/\text{工日}$$

$$\text{2t 塔吊时间定额}=\frac{\text{分项定额计量单位值}}{\text{小组总产量}}=\frac{10}{21.04}=0.475\quad\text{台班/10m}^3$$

$$200L砂浆搅拌机时间定额=\frac{10}{21.04}=0.475\quad 台班/10m^3$$

五、编制预算定额项目表

根据上述计算的人工、材料、机械台班消耗指标编制的一砖厚内墙的预算定额项目表见表 2-6 所列。

预算定额项目表 **表 2-6**

工程内容：略 单位：$10m^3$

定额编号			×××	×××	×××
项 目		单 位	内 墙		
			1砖	3/4砖	1/2砖
人工	砖 工	工日	12.046	……	……
	其他用工	工日	2.736		
	小 计	工日	14.782		
材 料	灰砂砖	块	5194	……	……
	砂 浆	m^3	2.218		
机 械	塔吊 2t	台班	0.475	……	……
	砂浆搅拌机 200L	台班	0.475		

第三章

建筑工程预算定额的应用

第一节　预算定额的构成

预算定额一般由总说明、分部说明、分节说明、建筑面积计算规则、工程量计算规则、分项工程消耗指标、分项工程基价、机械台班预算价格、材料预算价格、砂浆和混凝土配合比表、材料损耗率表等内容构成，如图 3-1 所示。

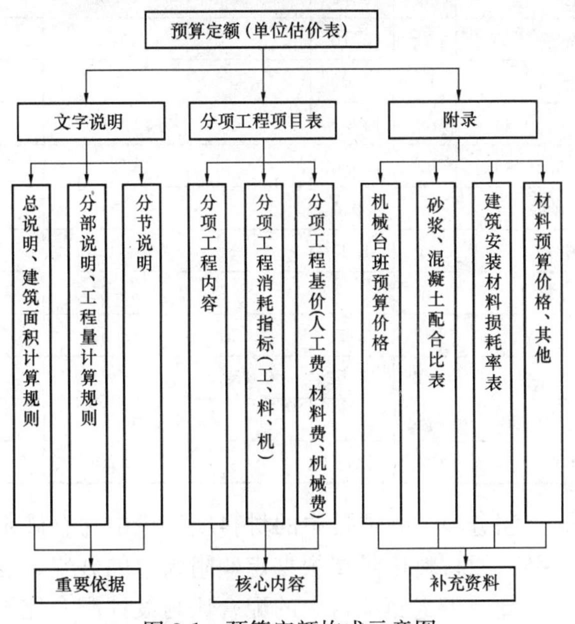

图 3-1　预算定额构成示意图

由此可见，预算定额是由文字说明、分项工程项目表和附录三部分内容所构成，其中，分项工程项目表是预算定额的核心内容，例如表 3-1 为某地区土建部分砌砖项目工程的定额项目表，它反映了砌砖工程某子目项目的预算价值（定额基价）以及人工、材料、机械台班消耗量指标。

建筑工程预算定额（摘录） **表 3-1**

工程内容：略

定额编号				定-1	定-2	定-3	定-4
定额编号				$10m^3$	$10m^3$	$10m^3$	$10m^3$
项目		单位	单价（元）	M5 水泥砂浆砌砖基础	现浇 C20 钢筋混凝土矩形梁	C15 混凝土地面垫层	1∶2 水泥砂浆墙基防潮层
基价		元		1115.71	6721.44	1673.96	675.29
其中	人工费	元		149.16	879.12	258.72	114.00
	材料费	元		958.99	5684.33	1384.26	557.31
	机械费	元		7.56	157.99	30.98	3.98
人工	基本工	工日	12.00	10.32	52.20	13.46	7.20
	其他工	工日	12.00	2.11	21.06	8.10	2.30
	合计	工日	12.00	12.43	73.26	21.56	9.5
材料	标准砖	千块	127.00	5.23			
	M5 水泥砂浆	m^3	124.32	2.36			
	木材	m^3	700.00		0.138		
	钢模板	kg	4.60		51.53		
	零星卡具	kg	5.40		23.20		
	钢支撑	kg	4.70		11.60		
	Φ10 内钢筋	kg	3.10		471		
	Φ10 外钢筋	kg	3.00		728		
	C20 混凝土（0.5～4）	m^3	146.98		10.15		
	C15 混凝土（0.5～4）	m^3	136.02			10.10	
	1∶2 水泥砂浆	m^3	230.02				2.07
	防水粉	kg	1.20				66.38
	其他材料费	元			26.83	1.23	1.51
	水	m^3	0.60	2.31	13.52	15.38	
机械	200L 砂浆搅拌机	台班	15.92	0.475			0.25
	400L 混凝土搅拌机	台班	81.52		0.63	0.38	
	2t 内塔吊	台班	170.61		0.625		

需要强调的是，当分项工程项目中的材料项目栏中含有砂浆或混凝土半成品的用量时，其半成品的原材料用量要根据定额附录中的砂浆、混凝土配合比表的材料用量来计算。因此，当定额项目中的配合比与设计配合比不同时，附录半成

品配合比表是定额换算的重要依据。

【例】 根据表3-1的“定-1”号定额和表3-3的“附-1”号定额，计算用M5水泥砂浆砌10m³砖基础的原材料用量。

【解】 32.5级水泥：$2.36\times270=637.20\text{kg}/10\text{m}^3$

中砂：$2.36\times1.14=2.690\text{m}^3/10\text{m}^3$

第二节　预算定额的使用

一、预算定额的直接套用

当施工图的设计要求与预算定额的项目内容一致时，可直接套用预算定额。

在编制单位工程建筑工程预算的过程中，大多数项目可以直接套用预算定额。套用时应注意以下几点：

1. 根据施工图、设计说明和做法说明，选择定额项目。

2. 要从工程内容、技术特征和施工方法上仔细核对，才能较准确地确定相对应的定额项目。

3. 分项工程的名称和计量单位要与预算定额相一致。

二、预算定额的换算

当施工图中的分项工程项目不能直接套用预算定额时，就产生了定额的换算。

1. 换算原则

为了保持定额的水平，在预算定额的说明中规定了有关换算原则，一般包括：

(1) 定额的砂浆、混凝土强度等级，如设计与定额不同时，允许按定额附录的砂浆、混凝土配合比表换算，但配合比中的各种材料用量不得调整。

(2) 定额中抹灰项目已考虑了常用厚度，各层砂浆的厚度一般不作调整。如果设计有特殊要求时，定额中工、料可以按厚度比例换算。

(3) 必须按预算定额中的各项规定换算定额。

2. 预算定额的换算类型

预算定额的换算类型有以下四种：

(1) 砂浆换算：即砌筑砂浆换强度等级、抹灰砂浆换配合比及砂浆用量。

(2) 混凝土换算：即构件混凝土、楼地面混凝土的强度等级、混凝土类型的换算。

(3) 系数换算：按规定对定额中的人工费、材料费、机械费乘以各种系数的换算。

(4) 其他换算：除上述三种情况以外的定额换算。

三、定额换算的基本思路

定额换算的基本思路是：根据选定的预算定额基价，按规定换入增加的费用，换出扣除的费用。

这一思路用下列表达式表述：

换算后的定额基价＝原定额基价＋换入的费用－换出的费用

例如：某工程施工图设计用 M15 水泥砂浆砌砖墙，查预算定额中只有 M5、M7.5、M10 水泥砂浆砌砖墙的项目，这时就需要选用预算定额中的某个项目，再依据定额附录中 M15 水泥砂浆的配合比用量和基价进行换算。

$$\frac{\text{换算后}}{\text{定额基价}}=\frac{\text{M5(或 M10)水泥砂}}{\text{浆砌砖墙定额基价}}+\frac{\text{定额砂}}{\text{浆用量}}\times\frac{\text{M15 水泥}}{\text{砂浆基价}}-\frac{\text{定额砂}}{\text{浆用量}}\times\frac{\text{M5(或 M10)}}{\text{水泥砂浆基价}}$$

上述项目的定额基价换算示意如图 3-2 所示。

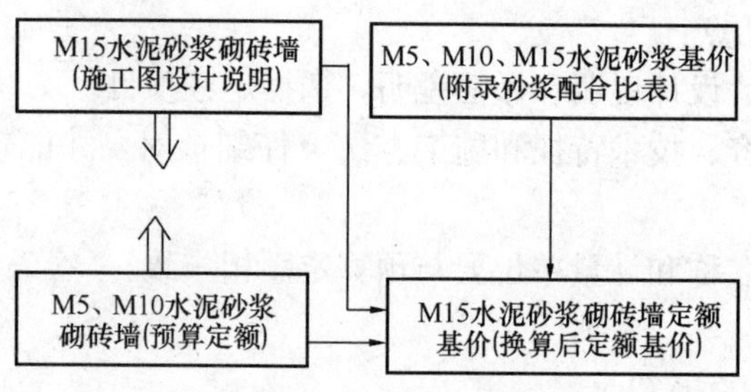

图 3-2 定额基价换算示意图

第三节 建筑工程预算定额换算

一、砌筑砂浆换算

1. 换算原因

当设计图纸要求的砌筑砂浆强度等级在预算定额中缺项时，就需要调整砂浆强度等级，求出新的定额基价。

2. 换算特点

由于砂浆用量不变，所以人工、机械费不变，因而只换算砂浆强度等级和调整砂浆材料费。

砌筑砂浆换算公式：

$$\frac{\text{换算后}}{\text{定额基价}}=\frac{\text{原定额}}{\text{基价}}+\frac{\text{定额砂}}{\text{浆用量}}\times\left(\frac{\text{换入砂}}{\text{浆基价}}-\frac{\text{换出砂}}{\text{浆基价}}\right)$$

【例】 M7.5 水泥砂浆砌砖基础。

【解】 换算定额号：定-1（表 3-1）、附-1、附-2（表 3-3）

建筑工程预算定额（摘录） **表 3-2**

工程内容：略

定额编号				定-5	定-6
定额单位				$100m^2$	$100m^2$
项目		单位	单价（元）	C15 混凝土地面面层（60 厚）	1∶2.5 水泥砂浆抹砖墙面（底 13 厚、面 7 厚）
基价		元		1018.38	688.24
其中	人工费	元		159.60	184.80
	材料费	元		833.51	451.21
	机械费	元		25.27	52.23
人工	基本工	工日	12.00	9.20	13.40
	其他工	工日	12.00	4.10	2.00
	合计	工日	12.00	13.30	15.40
材料	C15 混凝土（0.5～4）	m^3	136.02	6.06	
	1∶2.5 水泥砂浆	m^3	210.72		2.10（底：1.39 面：0.71）
	其他材料费	元			4.50
	水	m^3	0.60	15.38	6.99
机械	200L 砂浆搅拌机	台班	15.92		0.28
	400L 混凝土搅拌机	台班	81.52	0.31	
	塔式起重机	台班	170.61		0.28

砌筑砂浆配合比表（摘录） 单位：m^3 **表 3-3**

定额编号				附-1	附-2	附-3	附-4
项目		单位	单价（元）	水泥砂浆			
				M5	M7.5	M10	M15
基价		元		124.32	144.10	160.14	189.98
材料	32.5 级水泥	kg	0.30	270.00	341.00	397.00	499.00
	中砂	m^3	38.00	1.140	1.100	1.080	1.060

换算后定额基价＝1115.71＋2.36×(144.10－124.32)

＝1115.71＋2.36×19.78

＝1115.71＋46.68

＝1162.39 元/$10m^3$

换算后材料用量(每 $10m^3$ 砌体)：

32.5 级水泥：2.36×341.00＝804.76kg

中砂：2.36×1.10＝2.596m^3

二、抹灰砂浆换算

1. 换算原因

当设计图纸要求的抹灰砂浆配合比或抹灰厚度与预算定额的抹灰砂浆配合比或厚度不同时，就要进行抹灰砂浆换算。

2. 换算特点

第一种情况的换算公式：

$$\begin{matrix}\text{换算后}\\\text{定额基价}\end{matrix}=\begin{matrix}\text{原定额}\\\text{基价}\end{matrix}+\begin{matrix}\text{抹灰砂浆}\\\text{定额用量}\end{matrix}\times\left(\begin{matrix}\text{换入砂}\\\text{浆基价}\end{matrix}-\begin{matrix}\text{换出砂}\\\text{浆基价}\end{matrix}\right)$$

第二种情况换算公式：

$$\begin{matrix}\text{换算后}\\\text{定额基价}\end{matrix}=\begin{matrix}\text{原定额}\\\text{基价}\end{matrix}+\left(\begin{matrix}\text{定额人}\\\text{工费}\end{matrix}+\begin{matrix}\text{定额机}\\\text{械费}\end{matrix}\right)\times(K-1)$$

$$+\Sigma\left(\begin{matrix}\text{各层换入}\\\text{砂浆用量}\end{matrix}\times\begin{matrix}\text{换入砂}\\\text{浆基价}\end{matrix}-\begin{matrix}\text{各层换出}\\\text{砂浆用量}\end{matrix}\times\begin{matrix}\text{换出砂}\\\text{浆基价}\end{matrix}\right)$$

式中　K——工、机械换算系数

$$K=\frac{\text{设计抹灰砂浆总厚}}{\text{定额抹灰砂浆总厚}}$$

$$\begin{matrix}\text{各层换入}\\\text{砂浆用量}\end{matrix}=\frac{\text{定额砂浆用量}}{\text{定额砂浆厚度}}\times\text{设计厚度}$$

$$\text{各层换出砂浆用量}=\text{定额砂浆用量}$$

【例】 1∶2 水泥砂浆底 13mm 厚，1∶2 水泥砂浆面 7mm 厚抹砖墙面。

【解】 换算定额号：定-6（表 3-2）、附-6、附-7（表 3-4）

$$\begin{aligned}\text{换算后定额基价}&=688.24+2.10\times(230.02-210.72)\\&=688.24+2.10\times19.30\\&=688.24+40.53\\&=728.77\text{元}/100\text{m}^2\end{aligned}$$

换算后材料用量(每 100m^2)：

32.5 级水泥：2.10×635＝1333.50kg

中砂：2.10×1.04＝2.184m^3

抹灰砂浆配合比表(摘录)　　单位：m^3　　**表 3-4**

定额编号				附-5	附-6	附-7	附-8
项目		单位	单价(元)	水泥砂浆			
				1∶1.5	1∶2	1∶2.5	1∶3
基价		元		254.40	230.02	210.72	182.82
材料	32.5 级水泥	kg	0.30	734	635	558	465
	中砂	m^3	38.00	0.90	1.04	1.14	1.14

【例】 1∶3 水泥砂浆底 15mm 厚，1∶2.5 水泥砂浆面 7mm 厚抹砖墙面。

【解】 换算定额号：定-6（表 3-2）、附-7、附-8（表 3-4）

$$\begin{matrix}\text{工、机费}\\\text{换算系数}\end{matrix}=\frac{15+7}{13+7}=\frac{22}{20}=1.10$$

$$1:3\text{水泥砂浆用量}=\frac{1.39}{13}\times15=1.604\text{m}^3$$

1：2.5水泥砂浆用量不变。

$$\begin{aligned}\text{换算后定额基价}&=688.24+(184.80+52.23)\times(1.10-1)\\&\quad+1.604\times182.82-1.39\times210.72\\&=688.24+237.03\times0.10+293.24-292.90\\&=688.24+23.70+293.24-292.90\\&=712.28\text{元}/100\text{m}^2\end{aligned}$$

换算后材料用量(每 100m^2)：

32.5级水泥：$1.604\times465+0.71\times558=1142.04\text{kg}$

中砂：$1.604\times1.14+0.71\times1.14=2.638\text{m}^3$

【例】 1：2水泥砂浆底14mm厚，1：2水泥砂浆面9mm厚抹砖墙面。

【解】 换算定额号：定-6（表3-2）、附-7、附-8（表3-4）

$$\text{工、机费换算系数}K=\frac{14+9}{13+7}=\frac{23}{20}=1.15$$

$$\begin{aligned}1:2\text{水泥砂浆用量}&=\frac{2.10}{20}\times23\\&=2.415\text{m}^3\end{aligned}$$

$$\begin{aligned}\text{换算后定额基价}&=688.24+(184.80+52.23)\times(1.15-1)\\&\quad+2.415\times230.02-2.10\times210.72\\&=688.24+237.03\times0.15+555.50-442.51\\&=688.24+35.55+555.50-442.51\\&=836.78\text{元}/100\text{m}^2\end{aligned}$$

换算后材料用量(每 100m^2)：

32.5级水泥：$2.415\times635=1533.53\text{kg}$

中砂：$2.415\times1.04=2.512\text{m}^3$

三、构件混凝土换算

1. 换算原因

当设计要求构件采用的混凝土强度等级，在预算定额中没有相符合的项目时，就产生了混凝土强度等级或石子粒径的换算。

2. 换算特点

混凝土用量不变，人工费、机械费不变，只换算混凝土强度等级或石子粒径。

3. 换算公式

$$\text{换算后定额基价}=\text{原定额基价}+\text{定额混凝土用量}\times\left(\text{换入混凝土基价}-\text{换出混凝土基价}\right)$$

【例】 现浇 C25 钢筋混凝土矩形梁。

【解】 换算定额号：定-2（表 3-2）、附-10、附-11（表 3-5）。

换算后定额基价＝6721.44＋10.15×(162.63－146.98)

＝6721.44＋10.15×15.65

＝6721.44＋158.85

＝6880.29 元/$10m^3$

换算后材料用量(每 $10m^3$)：

52.5 级水泥：10.15×313＝3176.95kg

中砂：10.15×0.46＝4.669m^3

0.5～4 砾石：10.15×0.89＝9.034m^3

普通塑性混凝土配合比表（摘录） 表 3-5

定额编号			附-9	附-10	附-11	附-12	附-13	附-14
项目	单位	单价(元)	最大粒径：40mm					
			C15	C20	C25	C30	C35	C40
基价	元		136.02	146.98	162.63	172.41	181.48	199.18
42.5 级水泥	kg	0.30	274	313.00				
52.5 级水泥	kg	0.35			313	343	370	
62.5 级水泥	kg	0.40						368
中砂	m^3	38.00	0.49	0.46	0.46	0.42	0.41	0.41
0.5～4 砾石	m^3	40.00	0.88	0.89	0.89	0.91	0.91	0.91

四、楼地面混凝土换算

1. 换算原因

楼地面混凝土面层的定额单位一般是 m^2，因此，当设计厚度与定额厚度不同时，就产生了定额基价的换算。

2. 换算特点

同抹灰砂浆的换算特点。

3. 换算公式

$$\begin{array}{c}\text{换算后}\\\text{定额基价}\end{array}=\begin{array}{c}\text{原定额}\\\text{基价}\end{array}+\left(\begin{array}{c}\text{定额}\\\text{人工费}\end{array}+\begin{array}{c}\text{定额}\\\text{机械费}\end{array}\right)\times(K-1)$$

$$+\begin{array}{c}\text{换入混凝}\\\text{土用量}\end{array}\times\begin{array}{c}\text{换入混凝}\\\text{土基价}\end{array}-\begin{array}{c}\text{换出混凝}\\\text{土用量}\end{array}\times\begin{array}{c}\text{换出混凝}\\\text{土基价}\end{array}$$

式中 K——工、机费换算系数

$$K=\frac{\text{混凝土设计厚度}}{\text{混凝土定额厚度}}$$

$$\begin{array}{c}\text{换入混凝}\\\text{土用量}\end{array}=\frac{\text{定额混凝土用量}}{\text{定额混凝土厚度}}\times\text{设计混凝土厚度}$$

$$\begin{array}{c}\text{换出混凝}\\\text{土用量}\end{array}=\text{定额混凝土用量}$$

【例】 C20 混凝土地面面层 80mm 厚。

【解】 换算定额号:定-5(表 3-2)、附-9、附-10(表 3-5)。

$$工、机费换算系数\ K=\frac{8}{6}=1.333$$

$$换入混凝土用量=\frac{6.06}{6}\times 8=8.08\text{m}^3$$

换算后定额基价=1018.38+(159.60+25.27)×(1.333−1)+8.08×146.98−6.06×136.02

=1018.38+184.87×0.333+1187.60−824.28

=1018.38+61.56+1187.60−824.28

=1443.26 元/100m²

换算后材料用量(每 100m²):

42.5 级水泥:8.08×313=2529.04kg

中砂:8.08×0.46=3.717m³

0.5～4 砾石:8.08×0.89=7.191m³

五、乘系数换算

乘系数换算是指在使用某些预算定额项目时，定额的一部分或全部乘以规定的系数，例如：某地区预算定额规定，砌弧形砖墙时，定额人工费乘以 1.10 系数；楼地面垫层用于基础垫层时，定额人工费乘以系数 1.20。

【例】 C15 混凝土基础垫层。

【解】 换算定额号：定-3（表 3-1），某地区预算定额规定，楼地面垫层定额用于基础垫层时，定额人工费乘以 1.20 系数。

换算后定额基价=原定额基价+定额人工费×(系数−1)

=1673.96+258.72×(1.20−1)

=1673.96+258.72×0.20

=1673.96+51.74

=1725.7 元/10m³

其中:人工费=258.72×1.20=310.46 元/10m³

六、其他换算

其他换算是指不属于上述几种换算情况的定额基价换算。

【例】 1∶2 防水砂浆墙基防潮层（加水泥用量 8%的防水粉）。

【解】 换算定额号：定-4（表 3-1）、附-6（表 3-4），调整防水粉用量。

防水粉用量=定额砂浆用量×砂浆配合比中的水泥用量×8%

=2.07×635×8%

=105.16kg

$$换算后定额基价=\begin{matrix}原定额\\基价\end{matrix}+\begin{matrix}防水粉\\单价\end{matrix}\times\left(\begin{matrix}防水粉\\换入量\end{matrix}-\begin{matrix}防水粉\\换出量\end{matrix}\right)$$

=675.29+1.20×(105.16−66.38)

=675.29+1.20×38.78

=675.29+46.54

=721.83 元/100m²

材料用量(每 100m²):

32.5 级水泥:2.07×635=1314.45kg

中砂:2.07×1.04=2.153m³

防水粉:2.07×635×8%=105.16kg

第四章

工 程 单 价

原本预算定额只反映工料机消耗量指标，如果要反映货币量指标，就要另行编制单位估价表，但是现行的建筑工程预算定额多数都列出了定额子目的基价，具备了反映货币量指标的要求，因此，凡是含有定额基价的预算定额都具有了单位估价表的功能，为此，本书没有严格区分预算定额和单位估价表的概念。

预算定额基价由人工费、材料费、机械费构成，其计算过程如下：

$$定额基价=人工费+材料费+机械费$$

其中：

$$人工费=定额工日数\times人工单价$$

$$材料费=\sum_{i=1}^{n}(定额材料用量\times材料单价)；$$

$$机械费=\sum_{i=1}^{n}(定额机械台班用量\times机械台班单价)。$$

第一节　人工单价的概念

人工单价是指工人一个工作日应该得到的劳动报酬。一个工作日一般指工作 8h。

人工单价的内容一般包括基本工资、工资性津贴、养老保险费、失业保险费、医疗保险费、住房公积金等。

(1) 基本工资是指完成基本工作内容所得的劳动报酬；

(2) 工资性津贴是指流动施工津贴、交通补贴、物价补贴、煤（燃）气补贴等；

（3）养老保险费是指工人在工作期间所交养老保险所发生的费用；

（4）失业保险费是指工人在工作期间所交失业保险所发生的费用；

（5）医疗保险费是指工人在工作期间所交医疗保险所发生的费用；

（6）住房公积金是指工人在工作期间所交住房公积金所发生的费用。

第二节　人工单价的编制方法

人工单价的编制方法主要有以下几种：

一、根据劳务市场行情确定人工单价

目前根据劳务市场行情确定人工单价已经成为计算工程劳务费的主流，这是社会主义市场经济发展的必然结果。根据劳务市场行情确定人工单价应注意以下几个方面的问题：

（1）要尽可能掌握劳动力市场价格中长期历史资料，这对于我们以后采用数学模型预测人工单价很有帮助。

（2）在确定人工单价时要考虑用工的季节性变化。当大量聘用农民工时，要考虑农忙季节时人工单价的变化。

（3）在确定人工单价时要采用加权平均的方法综合各劳务市场的劳动力单价。

（4）要分析拟建工程的工期对人工单价的影响。如果工期紧，那么人工单价按正常情况确定后要乘以大于 1 的系数。如果工期有拖长的可能，那么也要考虑工期延长带来的风险。

根据劳务市场行情确定人工单价的数学模型描述如下：

人工单价＝Σ(某劳务市场人工单价×权重)×季节变化系数×工期风险系数

【例】 据市场调查取得的资料分析，抹灰工在劳务市场的价格分别是：甲劳务市场 85 元/工日，乙劳务市场 88 元/工日，丙劳务市场 94 元/工日。调查表明，各劳务市场可提供抹灰工的比例分别为，甲劳务市场 40％，乙劳务市场 26％，丙劳务市场 34％，当季节变化系数、工期风险系数均为 1 时，试计算抹灰工的人工单价。

【解】 抹灰工的人工单价＝(85.00×40％＋88.00×26％
＋94.00×34％)×1×1
＝(34.00＋22.88＋31.96)×1×1
＝88.84 元/工日(取 89.00 元/工日)

二、根据以往承包工程的情况确定

如果在本地以往承包过同类工程，可以根据以往承包工程的情况确定人工

单价。

例如，以往在某地区承包过三个与拟建工程基本相同的工程，砖工每个工日支付了76.00～95.00元，这时我们就可以进行具体对比分析，在上述范围内（或超过一点范围）确定投标报价的砖工单价。

三、根据预算定额规定的工日单价确定

凡是分部分项工程项目含有基价的预算定额，都明确规定了人工单价，我们可以以此为依据确定拟投标工程的人工单价。

例如：某省2008年预算定额，土建工程的技术工人每个工日80.00元，我们可以根据市场行情在此基础上乘以1.2～1.6的系数，确定拟投标工程的人工单价。

第三节　材 料 单 价 确 定

材料单价类似于以前的材料预算价格，但是随着工程承包计价的发展，原来材料预算价格的概念已经包含不了更多的含义了。

一、材料单价的概念

材料单价是指材料从采购时起运到工地仓库或堆放场地后的出库价格。

材料从采购、运输到保管，在使用前所发生的全部费用构成了材料单价。

二、材料单价的费用构成

按照材料采购和供应方式的不同，其构成材料单价的费用也不同。一般有以下几种：

（1）材料供货到工地现场

当材料供应商将材料送到施工现场时，材料单价由材料原价、采购保管费构成。

（2）到供货地点采购材料

当需要派人到供货地点采购材料时，材料单价由材料原价、运杂费、采购保管费构成。

（3）需二次加工的材料

当某些材料采购回来后，还需要进一步加工的材料，材料单价除了上述费用外还包括二次加工费。

综上所述，材料单价包括材料原价、运杂费、采购及保管费和二次加工费。

三、材料原价计算

材料原价是指付给材料供应商的材料单价。当某种材料有两个或两个以上的

材料供应商供货且材料原价不同时，要计算加权平均原价。

加权平均原价的计算公式为：

$$加权平均原价=\frac{\sum_{i=1}^{n}(材料单价\times材料数量)_i}{\sum_{i=1}^{n}(材料数量)_i}$$

注：1. 式中 i 是指不同材料供应商。

2. 包装费和手续费均已包含在材料原价中。

【例】 某工地所需的墙面面砖由三个材料供应商供货，其数量和原价如下，试计算墙面砖的加权平均原价。

供 应 商	墙面砖数量（m^2）	供货单价（元/m^2）
甲	250	32.00
乙	680	31.50
丙	900	31.20

【解】 墙面砖加权平均原价 $=\frac{32.00\times250+31.50\times680+31.20\times900}{250+680+900}$

$$=\frac{57500}{1830}=31.42\text{ 元/m}^2$$

四、材料运杂费计算

材料运杂费是指在采购材料后运回工地仓库发生的各项费用，包括装卸费、运输费和合理的运输损耗费等。

材料装卸费按行业标准支付。

材料运输费按运输价格计算，若供货来源地不同且供货数量不同时，需要计算加权平均运输费，其计算公式为：

$$加权平均运输费=\frac{\sum_{i=1}^{n}(运输单价\times材料数量)_i}{\sum_{i=1}^{n}(材料数量)_i}$$

材料运输损耗费是指在运输和装卸材料过程中不可避免产生的损耗所发生的费用，一般按下列公式计算：

材料运输损耗费＝(材料原价＋装卸费＋运输费)×运输损耗率

【例】 上例墙面砖由三个供应地点供货，根据下列资料计算墙面砖运杂费。

供货地点	面砖数量（m^2）	运输单价（元/m^2）	装卸费（元/m^2）	运输损耗率（%）
甲	250	1.20	0.80	1.5
乙	680	1.80	0.95	1.5
丙	900	2.40	0.85	1.5

【解】 (1) 计算加权平均装卸费

$$\text{墙面砖加权平均装卸费}=\frac{0.80\times250+0.95\times680+0.85\times900}{250+680+900}=\frac{1611}{1830}$$

$$=0.88\text{元/m}^2$$

(2) 计算加权平均运输费

$$\text{墙面砖加权平均运输费}=\frac{1.20\times250+1.80\times680+2.40\times900}{250+680+900}=\frac{3684}{1830}$$

$$=2.01\text{元/m}^2$$

(3) 计算运输损耗费

$$\text{墙面砖运输损耗费}=(31.42+0.88+2.01)\times1.5\%$$

$$=34.31\times1.5\%=0.51\text{元/m}^2$$

(4) 计算运杂费

$$\text{墙面砖运杂费}=0.88+2.01+0.51=3.40\text{元/m}^2$$

五、材料采购及保管费计算

材料采购及保管费是指施工企业在组织采购材料和保管材料过程中发生的各项费用，包括采购人员的工资、差旅交通费、通信费、业务费、仓库保管的各项费用等。采购及保管费一般按前面各项费用之和乘以一定的费率计算，通常取2%左右，计算公式为：

材料采购及保管费＝(材料原价＋运杂费)×采购及保管费率

【例】 上述墙面砖的采购保管费率为2%，根据前面计算结果计算墙面砖的采购及保管费。

【解】 墙面砖采购及保管费＝(31.42＋3.40)×2%＝34.82×2%＝0.70元/m²

六、材料单价汇总

通过以上分析，我们可以知道，材料单价的计算公式为：

$$\text{材料单价}=\left(\text{加权平均材料原价}+\text{加权平均材料运杂费}\right)\times\left(1+\text{采购及保管费费率}\right)$$

【例】 根据已经算出的结果，计算墙面砖的材料单价。

【解】 $\text{墙面砖材料单价}=(31.42+3.40)\times(1+2\%)=35.52\text{元/m}^2$

或＝31.42＋3.40＋0.70＝35.52元/m²

第四节 机械台班单价确定

一、机械台班单价的概念

机械台班单价亦称施工机械台班单价，是指在单位工作台班中为使机械正常运转所分摊和支出的各项费用。

二、机械台班单价的费用构成

按现行的规定，机械台班单价由 7 项费用构成。这些费用按其性质划分为第一类费用和第二类费用。

1. 第一类费用

第一类费用亦称不变费用，是指属于分摊性质的费用，包括折旧费、大修理费、经常修理费、安拆及场外运输费。

2. 第二类费用

第二类费用亦称可变费用，是指属于支出性质的费用，包括燃料动力费、人工费、养路费及车船使用税。

三、第一类费用计算

1. 折旧费

折旧费是指机械设备在规定的使用期限内（耐用总台班），陆续收回其原值及支付贷款利息等费用，计算公式为：

$$台班折旧费=\frac{机械预算价格\times(1-残值率)+贷款利息}{耐用总台班}$$

式中:若是国产运输机械,则:

$$机械预算价格=销售价\times(1+购置附加费)+运杂费$$

【例】 6t 载重汽车的销售价为 83000 元，购置附加费率为 10%，运杂费为 5000 元，残值率为 2%，耐用总台班为 1900 个，贷款利息为 4650 元，试计算台班折旧费。

【解】 (1) 求 6t 载重汽车预算价格

$$6t载重汽车预算价格=83000\times(1+10\%)+5000=96300元$$

(2) 求台班折旧费

$$\begin{array}{c}6t载重汽车\\台班折旧费\end{array}=\frac{96300\times(1-2\%)+4650}{1900}$$

$$=\frac{99024}{1900}=52.12元/台班$$

2. 大修理费

大修理费是指机械设备按规定的大修理间隔台班进行大修理，以恢复正常使用功能所需支出的费用，计算公式为：

$$台班大修理费=\frac{一次大修理费\times(大修理周期-1)}{耐用总台班}$$

【例】 6t 载重汽车一次大修理费为 9900 元，大修理周期为 3 个，耐用总台班为 1900 个，试计算台班大修理费。

【解】 $$\begin{array}{c}6t载重汽车\\台班大修理费\end{array}=\frac{9900\times(3-1)}{1900}=\frac{19800}{1900}=10.42元/台班$$

3. 经常修理费

经常修理费是指机械设备除大修理外的各级保养及临时故障所需支出的费用，包括为保障机械正常运转所需替换设备、随机配置的工具、附具的摊销及维护费用，包括机械正常运转及日常保养所需润滑、擦拭材料费用和机械停置期间的维护保养费用等。

台班经常修理费可以用以下简化公式计算：

$$台班经常修理费=台班大修理费\times经常修理费系数$$

【例】 经测算 6t 载重汽车的台班经常修理系数为 5.8，根据上例计算出的台班大修费，计算台班经常修理费。

【解】 6t 载重汽车台班经常修理费＝10.42×5.8＝60.44 元/台班

4. 安拆费及场外运输费

安拆费是指机械在施工现场进行安装、拆卸所需人工、材料、机械和试运转费用，以及机械辅助设施（如行走轨道、枕木等）的折旧、搭设、拆除等费用。

场外运输费是指机械整体或分体自停置地点运至施工现场或由一工地运至另一工地的运输、装卸、辅助材料以及架线费用，计算公式为：

$$\begin{matrix}台班安拆及\\场外运输费\end{matrix}=\begin{matrix}台班辅助\\设施摊销费\end{matrix}+$$

$$\frac{\begin{matrix}机械一次\\安拆费\end{matrix}\times\begin{matrix}年平均安\\拆次数\end{matrix}+\left(\begin{matrix}一次运输\\装卸费\end{matrix}+\begin{matrix}辅助材料一\\次摊销费\end{matrix}+\begin{matrix}一次架\\线费\end{matrix}\right)\times\begin{matrix}年平均场外\\运输次数\end{matrix}}{年工作台班}$$

四、第二类费用计算

1. 燃料动力费

燃料动力费是指机械设备在运转作业中所耗用的各种燃料、电力、风力、水等的费用，计算公式为：

$$\begin{matrix}台班燃料\\动力费\end{matrix}=\begin{matrix}每台班耗用的\\燃料或动力数量\end{matrix}\times燃料或动力单价$$

【例】 6t 载重汽车每台班耗用柴油 32.19kg，每 1kg 单价 2.40 元，求台班燃料费。

【解】 6t 汽车台班燃料费＝32.19×2.40＝77.26 元/台班

2. 人工费

人工费是指机上司机、司炉和其他操作人员的工作日工资，计算公式为：

$$台班人工费=\begin{matrix}机上操作人员\\人工工日数\end{matrix}\times工日单价$$

【例】 6t 载重汽车每个台班的机上操作人工工日数为 1.25 个，人工工日单价为 25 元，求台班人工费。

【解】 $\begin{matrix}6t载重汽车\\台班人工费\end{matrix}=1.25\times25=31.25$ 元/台班

3. 养路费及车船使用税

是指按国家规定缴纳的养路费和车船使用税，计算公式为：

$$台班养路费及车船使用税=\frac{载重量或核定吨位\times\left\{养路费[元/(t\cdot 月)]\times 12+车船使用税[元/(t\cdot 车)]\right\}}{年工作台班}+保险费及年检费$$

$$保险费及年检费=\frac{年保险费及年检费}{年工作台班}$$

【例】 6t载重汽车每月应缴纳养路费150元/t，车船使用税50元/t，每年工作台班240个，保险费及年检费共计2000元，计算台班养路费及车船使用税。

【解】

$$6t载重汽车养路费及车船使用税=\frac{6\times(150\times 12+50)}{240}+\frac{2000}{240}=\frac{13100}{240}=54.58元/台班$$

五、机械台班单价计算表

将上述6t载重汽车台班单价的计算过程汇总在机械台班单价计算表内的情况见表4-1所列。

机械台班单价计算表

单位：台班　　　　　　　　　　　　　　　　　　　　　　　　　**表 4-1**

项目		6t载重汽车		
		单位	金额	计算式
台班单价		元	286.07	122.98+160.09=286.07
第一类费用	折旧费	元	52.12	$\frac{96300\times(1-2\%)+4650}{1900}=52.12$
	大修理费	元	10.42	9900×(3−1)÷1900=10.42
	经常修理费	元	60.44	10.42×5.8*=60.44
	安拆及场外运输费	元	—	—
小计		元	122.98	
第二类费用	燃料动力费	元	77.26	32.19×2.40=77.26
	人工费	元	31.25	1.25×25.00=31.25
	养路费及车船使用税	元	54.58	$\frac{6\times(150\times12+50)+2000}{240}=54.58$
小计		元	160.09	

注：带“*”号为取定值

第五章

直接费计算及工料分析

第一节 直接费内容

直接费由直接工程费和措施费构成。

一、直接工程费

直接工程费是指施工过程中耗费的构成工程实体的各项费用，包括人工费、材料费、施工机械使用费。

1. 人工费

人工费是指直接从事建筑安装工程施工的生产工人所开支的各项费用，包括：

（1）基本工资

指发放给生产工人的基本工资。

（2）工资性补贴

指按规定发放给生产工人的物价补贴，煤、燃气补贴，交通补贴，住房补贴，流动施工津贴等。

（3）生产工人辅助工资

指生产工人年有效施工天数以外非作业天数的工资，包括职工学习、培训期间的工资。调动工作、探亲、休假期间的工资，因气候影响的停工工资，女工哺乳时间的工资，病假在六个月以内的工资及婚、产、丧假期的工资。

（4）职工福利费

指按规定标准计提的职工福利费。

(5) 生产工人劳动保护费

指按规定标准发放的劳动保护用品的购置费及修理费，徒工服装补贴，防暑降温费，在有碍身体健康环境中施工的保健费等。

(6) 社会保障费

指包含在工资内，由工人交的养老保险费、失业保险费等。

2. 材料费

材料费是指施工过程中耗用的构成工程实体，形成工程装饰效果的原材料、辅助材料、构配件、零件、半成品、成品的费用和周转材料的摊销（或租赁）费用。

3. 施工机械使用费

是指使用施工机械作业所发生的机械费用以及机械安、拆和进出场费等。

二、措施费

措施费是指为完成工程项目施工，发生于该工程施工前和施工过程中非工程实体项目的费用。

包括内容：

1. 环境保护费

是指施工现场为达到环保部门要求所需要的各项费用。

2. 文明施工费

是指施工现场文明施工所需要的各项费用。

3. 安全施工费

是指施工现场安全施工所需要的各项费用。

4. 临时设施费

是指施工企业为进行建筑工程施工所必须搭设的生活和生产用的临时建筑物、构筑物和其他临时设施费用等。

临时设施包括：临时宿舍、文化福利及公用事业房屋与构筑物，仓库、办公室、加工厂以及规定范围内道路、水、电、管线等临时设施和小型临时设施。

临时设施费用包括：临时设施的搭设、维修、拆除费或摊销费。

5. 夜间施工费

是指因夜间施工所发生的夜班补助费、夜间施工降效、夜间施工照明设备摊销及照明用电等费用。

6. 二次搬运费

是指因施工场地狭小等特殊情况而发生的二次搬运费用。

7. 大型机械设备进出场及安拆费

是指机械整体或分体自停放场地运至施工现场或由一个施工地点运至另一个施工地点，所发生的机械进出场运输及转移费用及机械在施工现场进行安装、拆卸所需的人工费、材料费、机械费、试运转费和安装所需的辅助设施的费用。

8. 混凝土、钢筋混凝土模板及支架费

是指混凝土施工过程中需要的各种钢模板、木模板、支架等的支、拆、运输费用及模板、支架的摊销（或租赁）费用。

9. 脚手架费

是指施工需要的各种脚手架搭、拆、运输费用及脚手架的摊销（或租赁）费用。

10. 已完工程及设备保护费

是指竣工验收前，对已完工程及设备进行保护所需费用。

11. 施工排水、降水费

是指为确保工程在正常条件下施工，采取各种排水、降水措施所发生的各种费用。直接费划分示意见表 5-1 所列。

三、措施费计算方法及有关费率确定方法

1. 环境保护

$$环境保护费 = 直接工程费 \times 环境保护费费率(\%)$$

$$环境保护费费率(\%) = \frac{本项费用年度平均支出}{全年建安产值 \times 直接工程费占总造价比例(\%)}$$

直接费划分示意表 **表 5-1**

直接费	直接工程费	人工费	基本工资
			工资性补贴
			生产工人辅助工资
			职工福利费
			生产工人劳动保护费
			社会保障费
		材料费	材料原价
			材料运杂费
			运输损耗费
			采购及保管费
			检验试验费
		施工机械使用费	折旧费
			大修理费
			经常修理费
			安拆费及场外运输费
			人工费
			燃料动力费
			养路费及车船使用税
	措施费	环境保护费	
		文明施工费	
		安全施工费	
		临时设施费	
		夜间施工费	
		二次搬运费	
		大型机械设备进出场及安拆费	
		混凝土、钢筋混凝土模板及支架费	
		脚手架费	
		已完工程及设备保护费	

2. 文明施工

$$文明施工费=直接工程费\times文明施工费费率（\%）$$

$$文明施工费费率（\%）=\frac{本项费用年度平均支出}{全年建安产值\times直接工程费占总造价比例（\%）}$$

3. 安全施工

$$安全施工费=直接工程费\times安全施工费费率（\%）$$

$$安全施工费费率（\%）=\frac{本项费用年度平均支出}{全年建安产值\times直接工程费占总造价比例（\%）}$$

4. 临时设施费

临时设施费由以下三部分组成：

（1）周转使用临建（如，活动房屋）

（2）一次性使用临建（如，简易建筑）

（3）其他临时设施（如，临时管线）

临时设施费=（周转使用临建费+一次性使用临建费）×（1+其他临时设施所占比例（%））

其中：

① 周转使用临建费

$$周转使用临建费=\Sigma\left[\frac{临建面积\times每平方米造价}{使用年限\times365\times利用率（\%）}\times工期（天）\right]+一次性拆除费$$

② 一次性使用临建费

一次性使用临建费=Σ临建面积×每平方米造价×［1－残值率（%）］+一次性拆除费

③ 其他临时设施在临时设施费中所占比例，可由各地区造价管理部门依据典型施工的成本资料经分析后综合测定。

5. 夜间施工增加费

$$夜间施工增加费=\left(1-\frac{合同工期}{定额工期}\right)\times\frac{直接工程费中的人工费合计}{平均日工资单价}\times每工日夜间施工费开支$$

6. 二次搬运费

$$二次搬运费=直接工程费\times二次搬运费费率（\%）$$

$$二次搬运费费率（\%）=\frac{年平均二次搬运费开支额}{全年建安产值\times直接工程费占总造价的比例（\%）}$$

7. 混凝土、钢筋混凝土模板及支架

（1）模板及支架费=模板摊销量×模板价格+支、拆、运输费

摊销量=一次使用量×(1+施工损耗)×[1+(周转次数－1)×补损率/周转次数－(1－补损率)×50%/周转次数]

（2）租赁费=模板使用量×使用日期×租赁价格+支、拆、运输费

8. 脚手架搭拆费

（1）脚手架搭拆费=脚手架摊销量×脚手架价格+搭、拆、运输费

$$脚手架摊销量=\frac{单位一次使用量\times（1-残值率）}{耐用期\div一次使用期}$$

（2）租赁费＝脚手架每日租金×搭设周期＋搭、拆、运输费

9. 已完工程及设备保护费

已完工程及设备保护费＝成品保护所需机械费＋材料费＋人工费

10. 施工排水、降水费

排水降水费＝Σ排水降水机械台班费×排水降水周期＋排水降水使用材料费、人工费

第二节　直接费计算及工料分析

当一个单位工程的工程量计算完毕后，就要套用预算定额基价进行直接费的计算。

本节只介绍直接工程费的计算方法，措施费的计算方法详见建筑工程费用章节。计算直接工程费常采用两种方法，即单位估价法和实物金额法。

一、用单位估价法计算直接工程费

预算定额项目的基价构成，一般有两种形式，一是基价中包含了全部人工费、材料费和机械使用费，这种方式称为完全定额基价，建筑工程预算定额常采用此种形式；二是基价中包含了全部人工费、辅助材料费和机械使用费，不包括主要材料费，这种方式称为不完全定额基价，安装工程预算定额和装饰工程预算定额常采用此种形式。凡是采用完全定额基价的预算定额计算直接工程费的方法称为单位估价法，计算出的直接工程费也称为定额直接工程费。

1. 单位估价法计算直接工程费的数学模型

单位工程定额直接工程费＝定额人工费＋定额材料费＋定额机械费

其中：定额人工费＝Σ(分项工程量×定额人工费单价)

定额机械费＝Σ(分项工程量×定额机械费单价)

定额材料费＝Σ[(分项工程量×定额基价)－定额人工费－定额机械费]

2. 单位估价法计算定额直接工程费的方法与步骤

（1）先根据施工图和预算定额计算分项工程量；

（2）根据分项工程量的内容套用相对应的定额基价（包括人工费单价、机械费单价）；

（3）根据分项工程量和定额基价计算出分项工程定额直接工程费、定额人工费和定额机械费；

（4）将各分项工程的各项费用汇总成单位工程定额直接工程费、单位工程定额人工费、单位工程定额机械费。

3. 单位估价法简例

某工程有关工程量如下：C15 混凝土地面垫层 48.56m^3，M5 水泥砂浆砌砖基础 76.21m^3。根据这些工程量数据和表 3-1 中的预算定额，用单位估价法计算定额直接工程费、定额人工费、定额机械费，并进行工料分析。

（1）计算定额直接工程费、定额人工费、定额机械费

定额直接工程费、定额人工费、定额机械费的计算过程和计算结果见表 5-2 所列。

直接工程费计算表（单位估价法）　　表 5-2

定额编号	项目名称	单位	工程数量	单价				总价			
				基价	其中			合价	其中		
					人工费	材料费	机械费		人工费	材料费	机械费
1	2	3	4	5	6	7	8	9=4×5	10=4×6	11	12=4×8
	一、砌筑工程										
定-1	M5 水泥砂浆砌砖基础	m^3	76.21	111.57	14.92		0.76	8502.75	1137.05		57.92
	……										
	分部小计							8502.75	1137.05		57.92
	二、脚手架工程										
	……										
	分部小计										
	三、楼地面工程										
定-3	C15 混凝土地面垫层	m^3	48.56	167.40	25.87		3.10	8128.94	1256.25		150.54
	……										
	分部小计							8128.94	1256.25		150.54
	合　计							16631.69	2393.30		208.46

（2）工料分析

人工工日及各种材料分析见表 5-3 所列。

人工、材料分析表　　表 5-3

定额编号	项目名称	单位	工程量	人工（工日）	主要材料			
					标准砖（块）	M5 水泥砂浆（m^3）	水（m^3）	C15 混凝土（m^3）
	一、砌筑工程							
定-1	M5 水泥砂浆砌砖基础	m^3	76.21	1.243	523	0.236	0.231	
				94.73	39858	17.986	17.60	

续表

定额编号	项目名称	单位	工程量	人工（工日）	主要材料			
					标准砖（块）	M5 水泥砂浆（m^3）	水（m^3）	C15 混凝土（m^3）
	分部小计			94.73	39.858	17.986	17.60	
	二、楼地面工程							
定一3	C15 混凝土地面垫层	m^3	48.56	2.156			1.538	1.01
				104.70			74.69	49.046
	分部小计			104.70			74.69	49.046
	合　计			199.43	39.858	17.986	92.29	49.046

注：主要材料栏的分数中，分子表示定额用量，分母表示工程量乘以定额用量的结果。

二、用实物金额法计算直接工程费

1. 实物金额法计算直接工程费的方法与步骤

用分项工程量分别乘以预算定额子目中的实物消耗量（即人工工日、材料数量、机械台班数量）求出分项工程的人工、材料、机械台班消耗量，然后汇总成单位工程消耗量，再分别乘以工日单价、材料预算价格、机械台班预算价格求出单位工程人工费、材料费、机械使用费，最后汇总成单位工程直接工程费这种方法，称为实物金额法。

2. 实物金额法的数学模型

单位工程直接工程费＝人工费＋材料费＋机械费

其中：人工费＝Σ(分项工程量×定额用工量)×工日单价

材料费＝Σ(分项工程量×定额材料用量)×材料预算价格

机械费＝Σ(分项工程量×定额台班用量)×机械台班预算价格

3. 实物金额法计算直接工程费简例

某工程有关工程量为：M5 水泥砂浆砌砖基础 76.21m^3；C15 混凝土地面垫层 48.56m^3。根据上述数据和表 5-4 中的预算定额分析工料机消耗量，再根据表 5-5 中的单价计算直接工程费（见表 5-6、表 5-7 所列）。

建筑工程预算定额（摘录）　　表 5-4

定额编号			S-1	S-2
定额单位			10m^3	10m^3
项　目		单位	M5 水泥砂浆砌砖基础	C15 混凝土地面垫层
人工	基本工	工日	10.32	13.46
	其他工	工日	2.11	8.10
	合　计	工日	12.43	21.56

续表

定额编号			S-1	S-2
定额单位			$10m^3$	$10m^3$
项 目		单位	M5 水泥砂浆砌砖基础	C15 混凝土地面垫层
材料	标准砖	千块	5.23	
	M5 水泥砂浆	m^3	2.36	
	C15 混凝土（0.5～4）	m^3		10.10
	水	m^3	2.31	15.38
	其他材料费	元		1.23
机 械	200L 砂浆搅拌机	台班	0.475	
	400L 混凝土搅拌机	台班		0.38

人工单价、材料预算价格、机械台班预算价格表 **表 5-5**

序 号	名 称	单 位	单价（元）
一、	人工单价	工 日	25.00
二、	材料单价		
1.	标准砖	千 块	127.00
2.	M5 水泥砂浆	m^3	124.32
3.	C15 混凝土（0.5～4 砾石）	m^3	136.02
4.	水	m^3	0.60
三、	机械台班单价		
1.	200L 砂浆搅拌机	台班	15.92
2.	400L 混凝土搅拌机	台班	81.52

人工、材料、机械台班分析表 **表 5-6**

定额编号	项目名称	单位	工程量	人工（工日）	标准砖（千块）	M5 水泥砂浆（m^3）	C15 混凝土（m^3）	水（m^3）	其他材料费（元）	200L 砂浆搅拌机（台班）	400L 混凝土搅拌机（台班）
	一、砌筑工程										
S-1	M5 水泥砂浆砌砖基础	m^3	76.21	1.243	0.523	0.236		0.231		0.0475	
				94.73	39.858	17.986		17.605		3.620	
	二、楼地面工程										
S-2	C15 混凝土地面垫层	m^3	48.56	2.156			1.01	1.538	0.123		0.038
				104.70			49.046	74.685	5.97		1.845
	合 计			199.43	39.858	17.986	49.046	92.29	5.97	3.620	1.845

注：分子为定额用量、分母为计算结果。

直接工程费计算过程见表 5-7 所列。

直接工程费计算表（实物金额法）　　　　表 5-7

序号	名　　称	单位	数量	单价（元）	合价（元）	备　　注
1	人工	工日	199.43	25.00	4985.75	人工费：4985.75
2	标准砖	千块	39.858	127.00	5061.97	材料费：14030.57
3	M5 水泥砂浆	m^3	17.986	124.32	2236.02	
4	C15 混凝土（0.5～4）	m^3	49.046	136.02	6671.24	
5	水	m^3	92.29	0.60	55.37	
6	其他材料费	元	5.97		5.97	
7	200L 砂浆搅拌机	台班	3.620	15.92	57.63	机械费：208.03
8	400L 混凝土搅拌机	台班	1.845	81.52	150.40	
	合　计				19224.35	直接工程费：19224.35

第三节　材料价差调整

一、材料价差产生的原因

凡是使用完全定额基价的预算定额编制的建筑工程预算，一般需调整材料价差。

目前，预算定额基价中的材料费是根据编制定额所在地区的省会所在地的材料预算价格计算。由于地区材料预算价格随着时间的变化而发生变化，其他地区使用该预算定额时材料预算价格也会发生变化，所以，用单位估价法计算定额直接工程费后，一般还要根据工程所在地区的材料预算价格调整材料价差。

二、材料价差调整方法

材料价差的调整有两种基本方法，即单项材料价差调整法和采用材料价差综合系数调整法。

1. 单项材料价差调整

当采用单位估价法计算定额直接工程费时，一般，对影响工程造价较大的主要材料（如钢材、木材、水泥等）需进行单项材料价差调整。

单项材料价差调整的计算公式为：

$$\begin{matrix}\text{单项材料}\\\text{价差调整}\end{matrix}=\Sigma\left[\begin{matrix}\text{单位工程某}\\\text{种材料用量}\end{matrix}\times\left(\begin{matrix}\text{现行材料}\\\text{单价}\end{matrix}-\begin{matrix}\text{预算定额中}\\\text{材料单价}\end{matrix}\right)\right]$$

【例】 根据某工程有关材料消耗量和现行材料单价，调整材料价差，有关数据见材料单价表（表 5-8）所列，单项材料价差调整见表 5-9 所列。

材料单价表　　　　表 5-8

材料名称	单位	数量	现行材料单价（元）	预算定额中材料单价（元）
525 号水泥	kg	7345.10	0.35	0.30
Φ10 圆钢筋	kg	5618.25	2.65	2.80
花岗石板	m^2	816.40	350.00	290.00

【解】（1）直接计算

$$\text{某工程单项材料价差} = 7345.10 \times (0.35 - 0.30) + 5618.25 \times (2.65 - 2.80) + 816.40 \times (350 - 290)$$
$$= 7345.10 \times 0.05 - 5618.25 \times 0.15 + 816.40 \times 60$$
$$= 48508.52 \text{ 元}$$

（2）用"单项材料价差调整表"（表 5-9）计算材料价差

单项材料价差调整表　　表 5-9

工程名称：××工程

序号	材料名称	数量	单位	现行材料单价（元）	预算定额中材料单价（元）	价差（元）	调整金额（元）
1	525 号水泥	7345.10	kg	0.35	0.30	0.05	367.26
2	Φ10 圆钢筋	5618.25	kg	2.65	2.80	−0.15	−842.74
3	花岗石板	816.40	m^2	350.00	290.00	60.00	48984.00
	合　计						48508.52

2. 采用综合系数调整材料价差

采用单项材料价差的调整方法，其优点是准确性高，但计算过程较繁杂。因此，一些用量大、单价相对低的材料（如地方材料、辅助材料等）常采用综合系数的方法来调整单位工程材料价差。

采用综合系数调整材料价差的具体做法就是用单位工程定额材料费或定额直接工程费乘以综合调整系数，求出单位工程材料价差，其计算公式如下：

$$\text{单位工程采用综合系数调整材料价差} = \text{单位工程定额材料费}\left(\text{定额直接工程费}\right) \times \text{材料价差综合调整系数}$$

【例】 某工程的定额材料费为 786457.35 元，按规定以定额材料费为基础乘以综合调整系数 1.38%，计算该工程地方材料价差。

【解】
$$\text{某工程地方材料的材料价差} = 786457.35 \times 1.38\% = 10853.11 \text{ 元}$$

需要说明，一个单位工程可以单独采用单项材料价差调整的方法来调整材料价差，也可单独采用综合系数的方法来调整材料价差，还可以将上述两种方法结合起来调整材料价差。

第四节　工料分析、直接费计算实例

(一) 某食堂工程人工、材料、机械台班用量计算

某食堂工程工程量计算略。

某食堂工程人工、材料、机械台班用量根据 1995 年版《全国统一建筑工程基础定额》计算，计算过程见表 5-10 所列。

某食堂工程人工、材料、机械台班用量计算表

表 5-10

工程名称：××食堂

序号	定额编号	项目名称	单位	工程数量	综合工日	机械台班		材料用量													
						电动机夯机															
		建筑面积																			
		一、土石方																			
1	1-8	人工挖地槽	m^3	132.09	$\frac{0.537}{70.93}$	$\frac{0.0018}{0.24}$															
2	1-17	人工挖地坑	m^3	138.48	$\frac{0.633}{87.66}$	$\frac{0.0052}{0.72}$															
3	1-46	坑槽回填土	m^3	190.16	$\frac{0.294}{55.91}$	$\frac{0.0798}{15.17}$															
4	1-46	室内回填土	m^3	61.38	$\frac{0.294}{18.05}$	$\frac{0.0798}{4.90}$															
5	1-48	人工平整场地	m^2	428.40	$\frac{0.0315}{13.49}$																
6	1-49 1-50	人工运土(50m)	m^3	18.51	$\frac{0.295}{5.46}$																
		分部小计			251.50	21.03															
		二、脚手架				载重汽车6t		钢管 $\phi 48\times 3.5$ (kg)	直角扣件(个)	对接扣件(个)	回转扣件(个)	底座(个)	木脚手板(m^3)	垫木60×60×60(块)	8号钢丝(kg)	铁钉(kg)	防锈漆(kg)	溶剂油(kg)	钢丝绳(kg)	缆风桩木(m^3)	
7	3-6	外墙双排脚手架	m^2	763.63	$\frac{0.072}{54.98}$	$\frac{0.0017}{1.30}$		$\frac{0.649}{495.6}$	$\frac{0.129}{98.5}$	$\frac{0.018}{13.7}$	$\frac{0.005}{3.8}$	$\frac{0.004}{3.1}$	$\frac{0.001}{0.764}$	$\frac{0.021}{16.0}$	$\frac{0.048}{36.7}$	$\frac{0.006}{4.6}$	$\frac{0.056}{42.7}$	$\frac{0.006}{4.6}$	$\frac{0.003}{2.30}$	$\frac{0.00003}{0.023}$	
8	3-6	现浇框架柱脚手架	m^2	269.26	$\frac{0.072}{19.39}$	$\frac{0.0017}{0.46}$		$\frac{0.649}{174.7}$	$\frac{0.129}{34.7}$	$\frac{0.018}{4.8}$	$\frac{0.005}{1.3}$	$\frac{0.004}{1.1}$	$\frac{0.001}{0.269}$	$\frac{0.021}{5.7}$	$\frac{0.048}{12.9}$	$\frac{0.006}{12.9}$	$\frac{0.056}{15.1}$	$\frac{0.006}{1.6}$	$\frac{0.003}{0.81}$	$\frac{0.00003}{0.008}$	

注：分数中，分子为定额用量，分母为工程量乘以分子后的结果。

续表

序号	定额编号	项目名称	单位	工程数量	综合工日	机械台班		材料用量													
						载重汽车6t		钢管 ϕ48×3.5(kg)	直角扣件(个)	对接扣件(个)	回转扣件(个)	底座(个)	木脚手板(m^3)	垫木60×60×60(块)	8号钢丝(kg)	铁钉(kg)	防锈漆(kg)	溶剂油(kg)	钢丝绳(kg)	缆风桩木(m^3)	挡脚板(m^3)
9	3-6	现浇框架梁脚手架	m^2	162.62	0.072/11.71	0.0017/0.28		0.649/105.5	0.129/21	0.018/2.9	0.005/0.8	0.004/0.7	0.001/0.163	0.021/3.4	0.048/7.8	0.006/1.0	0.056/9.1	0.006/1.0	0.003/0.5	0.00003/0.005	
10	3-15	内墙里脚手架	m^2	303.31	0.035/10.62			0.012/3.6	0.0024/0.7	0.0001/0.03			0.0001/0.030		0.006/1.8	0.0204/6.2	0.001/0.3	0.0001/0.03			
11	3-20	底层顶棚抹灰满堂架	m^2	325.83	0.094/30.63			0.1006/32.78	0.0146/4.8	0.0028/0.9	0.0046/1.50	0.002/0.7	0.0006/0.195		0.224/73.0	0.0194/6.3	0.0087/2.8	0.001/0.3			0.00005/0.016
		分部小计			127.33	2.04		812.18	159.70	22.33	7.40	5.60	1.421	25.10	132.20	31.00	70.00	7.53	3.61	0.036	0.016
		三、砌筑				200L灰浆机		M5水泥砂浆(m^3)	标准砖(千块)	水(m^3)	M5混合砂浆(m^3)	M2.5混合砂浆(m^3)									
12	4-1	M5水泥砂浆砌砖基础	m^3	20.89	1.218/25.44	0.039/0.81		0.236/4.93	0.524/10.946	0.105/2.19											
13	4-8换	M5混合砂浆砌1/2砖墙	m^3	1.05	2.014/2.11	0.033/0.03			0.564/0.592	0.113/0.12	0.195/0.205										
14	4-8	M2.5混合砂浆砌栏板墙	m^3	5.87	2.014/11.82	0.033/0.19			0.564/3.311	0.113/0.66		0.195/1.145									
15	4-10换	M5混合砂浆砌一砖墙	m^3	204.82	1.608/329.35	0.038/7.78			0.531/108.759	0.106/21.71	0.225/46.08										
16	4-60换	M2.5混合砂浆砌屋面隔热板砖墩	m^3	2.64	2.30/6.07	0.35/0.92			0.551/1.455	0.11/0.29	0.211/0.557										
17	4-60换	M2.5混合砂浆砌雨篷边	m^3	1.00	2.30/2.30	0.35/0.35			0.551/0.551	0.11/0.11	0.211/0.211										
		分部小计			377.09	10.08		4.93	125.61	25.08	47.053	1.145									

续表

序号	定额编号	项目名称	单位	工程数量	综合工日	机械台班				材料用量											
						载重汽车6t	汽车起重机5t	500内圆锯		组合钢模板(kg)	模板板方材(m³)	支撑方木(m³)	零星卡具(kg)	铁钉(kg)	8号钢丝(kg)	80号草板纸(张)	隔离剂(kg)	1∶2水泥砂浆(m³)	22号钢丝(kg)	支撑钢管及扣件(kg)	梁卡具(kg)
		四、混凝土及钢筋混凝土																			
18	5-17	独立基础模板	m²	48.02	0.265/12.73	0.0028/0.13	0.0008/0.04	0.0007/0.03		0.70/33.61	0.001/0.048	0.0065/0.312	0.259/12.44	0.123/5.91	0.52/24.97	0.30/14.41	0.10/4.80	0.00012/0.006	0.0018/0.09		
19	5-33	砖基础垫层模板	m²	57.90	0.128/7.41	0.0011/0.06		0.0016/0.09			0.0145/0.840			0.197/11.41			0.10/5.79	0.00012/0.007	0.0018/0.10		
20	5-58	框架柱模板	m²	83.55	0.41/34.26	0.0028/0.10	0.0018/0.15	0.0006/0.05		0.781/65.25	0.00064/0.053	0.00182/0.152	0.6674/55.76	0.018/1.50		0.30/25.07	0.10/8.36			0.459/38.35	
21	5-58	构造柱模板	m²	74.35	0.41/30.48	0.0028/0.21	0.0018/0.13	0.0006/0.04		0.781/58.07	0.00064/0.048	0.00182/0.135	0.6674/49.62	0.018/1.34		0.30/22.31	0.10/7.44			0.459/34.13	
22	5-69	基础梁模板	m²	35.75	0.339/12.12	0.0023/0.08	0.0011/0.04	0.0004/0.001		0.767/27.42	0.00043/0.015	0.0028/0.100	0.3182/11.38	0.219/7.83	0.172/6.15	0.30/10.73	0.10/3.58	0.00012/0.004	0.0018/0.06		0.1715/6.13
23	5-73	矩形梁模板	m²	278.52	0.496/138.15	0.0033/0.92	0.002/0.56	0.0004/0.11		0.773/215.30	0.00017/0.047									0.695/193.57	
24	5-77	过梁模板	m²	34.02	0.586/19.94	0.0031/0.11	0.0008/0.03	0.0063/0.21		0.738/25.11	0.00193/0.066	0.00835/0.284	0.1202/4.09	0.632/21.50	0.120/4.08	0.30/10.21	0.10/3.40	0.00012/0.004	0.0018/0.061		
25	5-82	地圈梁模板	m²	50.66	0.361/18.29	0.0015/0.08	0.0008/0.04	0.0001/0.01		0.765/38.75	0.00014/0.007	0.00109/0.055		0.33/16.72	0.645/32.68	0.30/15.20	0.10/5.07	0.00003/0.002	0.0018/0.09		
26	5-82	圈梁模板	m²	63.85	0.361/23.05	0.0015/0.10	0.0008/0.05	0.0001/0.01		0.765/48.85	0.00014/0.009	0.00109/0.070		0.33/21.07	0.645/41.18	0.30/19.16	0.10/6.39	0.00003/0.002	0.0018/0.11		
27	5-100	有梁板模板	m²	22.07	0.429/9.47	0.0042/0.09	0.0024/0.05	0.0004/0.01		0.721/15.91	0.0007/0.015	0.00193/0.043	0.3525/7.78	0.017/0.38	0.2214/4.89	0.30/6.62	0.10/2.21	0.00007/0.002	0.0018/0.04	0.580/12.8	0.0546/1.21
28	5-108	平板模板	m²	6.48	0.362/2.35	0.0034/0.02	0.002/0.01	0.0009/0.006		0.6828/4.42	0.00051/0.003	0.00231/0.015	0.2766/1.79	0.018/0.12		0.30/1.94	0.10/0.65	0.00003/0.001	0.0018/0.01	0.480/3.11	
29	5-119	现浇整体楼梯模板	m²	24.36	1.063/25.89	0.005/0.12		0.05/1.22			0.0178/0.434	0.0168/0.409		1.068/26.02			0.204/4.97				
30	5-131	栏板扶手模板	m²	48.12	0.239/11.50	0.0011/0.05		0.0092/0.44			0.00324/0.156	0.00423/0.204		0.2073/9.98			0.033/1.59				

续表

序号	定额编号	项目名称	单位	工程数量	综合工日	机械台班								材料用量							
						载重汽车6t	500内圆锯	10t内龙门吊	3t内卷扬机	600内木工单面压刨床				钢拉模(kg)	定型钢模(kg)	22号钢丝(kg)	1∶2水泥砂浆(m³)	隔离剂(kg)	铁钉(kg)	支撑方木(m³)	模板板方材(m³)
31	5-130	女儿墙压顶模板	m²	17.55	0.455/7.99	0.0032/0.06	0.0098/0.17											0.10/1.76	0.761/13.4	0.005/0.088	0.01733/0.304
32	5-174	预制槽板模板	m³	0.21	1.579/0.33			0.023/0.005							3.354/0.70	0.051/0.01	0.003/0.001	2.50/0.53			
33	5-169	预应力空心板模板	m³	48.96	1.733/84.85				0.041/2.01					3.709/181.59		0.042/2.06	0.003/0.147	4.92/240.88			
34	5-185	预制隔热板模板	m³	4.26	1.195/5.09		0.004/0.02			0.004/0.02						0.082/0.35	0.005/0.021	4.0/17.04	0.34/1.45		0.024/0.102
						5t内卷扬机	φ40内钢筋切断机	φ40内钢筋弯曲机	30kW内电焊机	73kVA对焊机	φ14内钢筋调直机	75kVA长臂点焊机	65t内钢筋拉伸机		φ10内钢筋(t)	φ10外钢筋(t)	22号钢丝(kg)	电焊条(kg)	水(m³)	螺纹钢筋(t)	
35	5-294	现浇构件圆钢筋制安φ6.5	t	0.307	22.63/6.95	0.37/0.11	0.12/0.04								1.02/0.313		15.67/4.81				
36	5-295	现浇构件圆钢筋制安φ8	t	0.058	14.75/0.86	0.32/0.02	0.12/0.01	0.36/0.02							1.02/0.059		8.80/0.51				
37	5-296	现浇构件圆钢筋制安φ10	t	0.094	10.90/1.02	0.30/0.03	0.10/0.02	0.31/0.03							1.02/0.096		5.64/0.53				
38	5-297	现浇构件圆钢筋制安φ12	t	3.567	9.54/34.03	0.28/1.00	0.09/0.32	0.26/0.93								1.045/3.728	4.62/16.48	7.20/25.68	0.15/0.54		
39	5-299	现浇构件圆钢筋制安φ16	t	0.715	7.32/5.23	0.17/0.12	0.10/0.07	0.23/0.16	0.45/0.32	0.09/0.06						1.045/0.747	2.60/1.86	7.20/5.15	0.15/0.11		
40	5-300	现浇构件圆钢筋制安φ18	t	0.042	6.45/0.27	0.16/0.01	0.09/0.004	0.20/0.01	0.42/0.02	0.07/0.003						1.045/0.044	2.05/0.09	9.60/0.40	0.12/0.01		
41	5-309	现浇构件螺纹筋制安φ14	t	0.079	9.03/0.71	0.22/0.02	0.10/0.01	0.21/0.02	0.53/0.04	0.11/0.01							3.39/0.27	7.20/0.57	0.15/0.01	1.045/0.083	
42	5-310	现浇构件螺纹筋制安φ16	t	0.913	8.16/7.45	0.19/0.17	0.11/0.10	0.23/0.21	0.53/0.48	0.11/0.10							2.60/2.37	7.20/6.57	0.15/0.14	1.045/0.954	
43	5-311	现浇构件螺纹筋制安φ18	t	0.221	7.06/1.56	0.17/0.04	0.10/0.02	0.20/0.04	0.50/0.11	0.09/0.02							3.02/0.67	9.60/2.12	0.12/0.03	1.045/0.231	
44	5-294	现浇构件圆钢筋制安φ4	t	0.042	22.63/0.95	0.37/0.02	0.12/0.01								1.02/0.043			15.67/0.66			

续表

序号	定额编号	项目名称	单位	工程数量	综合工日	机械台班								材料用量							
						5t内卷扬机	φ40内钢筋切断机	φ40内钢筋弯曲机	30kW电焊机	75kVA对焊机	75kVA长臂点焊机	φ14内钢筋调直机		螺纹钢筋(t)	22号钢丝(kg)	电焊条(kg)	水(m^3)	φ5以下冷拔丝(t)	φ10内钢筋(t)	φ10外钢筋(t)	张拉机具(kg)
45	5-312	现浇构件螺纹筋制安φ20	t	0.208	6.49/1.35	0.16/0.03	0.09/0.02	0.17/0.04	0.50/0.10	0.10/0.02				1.045/0.217	2.05/0.43	9.60/2.00	0.12/0.02				
46	5-313	现浇构件螺纹筋制安φ22	t	1.851	5.80/10.74	0.14/0.26	0.09/0.17	0.20/0.37	0.46/0.85	0.06/0.11				1.045/1.934	1.67/3.09	9.60/17.77	0.08/0.15				
47	5-314	现浇构件螺纹筋制安φ25	t	0.364	5.19/1.89		0.09/0.03	0.18/0.07	0.46/0.17	0.06/0.02				1.045/0.380	1.07/0.39	12.00/4.37	0.08/0.03				
48	5-321	预制构件圆钢筋制安φ4	t	0.105	32.14/3.37		0.44/0.05				2.18/0.23	0.73/0.08			2.14/0.22		5.27/0.55	1.090/0.114			
49	5-326	预制构件圆钢筋制安φ10	t	0.030	10.33/0.31	0.27/0.01	0.09/0.003	0.27/0.01							5.64/0.17				1.015/0.030		
50	5-334	预制构件圆钢筋制安φ18	t	0.015	6.09/0.09	0.14/0.002	0.08/0.001	0.18/0.003	0.42/0.01	0.07/0.001					2.05/0.03	9.60/0.14	0.12/0.002			1.035/0.016	
51	5-359	先张法构件钢筋制安φ4	t	2.832	18.62/52.73													1.09/3.09			39.61/112.18
52	5-354	箍筋制安φ4	t	0.010	40.87/0.41		0.44/0.004					0.73/0.007			15.67/0.16			1.02/0.010			
53	5-355	箍筋制安φ6.5	t	1.598	28.88/46.15	0.37/0.59	0.19/0.304								15.67/25.04				1.02/1.630		
54	5-356	箍筋制安φ8	t	0.270	18.67/5.04	0.32/0.09	0.18/0.049	1.23/0.332							8.80/2.38				1.02/0.275		
55	5-384	现浇构件成型钢筋汽车运1km	t	10.340	1.96/20.27	6t汽车 0.49/5.07							铁件(t)								
56	5-382	楼梯踏步预埋件制安	t	0.056	24.50/1.37				4.39/0.25				1.01/0.057			36.0/2.02					
						400L搅拌机	插入式振动棒	机动翻斗车	200L灰浆机			C15混凝土(m^3)	草袋子(m^2)	水(m^3)	C20混凝土(m^3)	1∶2水泥砂浆(m^3)					
57	5-403换	现浇C20混凝土构造柱	m^3	8.41	2.562/21.55	0.062/0.52	0.124/1.04		0.004/0.03				0.084/0.71	0.899/7.56	0.986/8.292	0.031/0.261					
58	5-396换	现浇C15混凝土独立基础	m^3	24.55	1.058/25.97	0.039/0.96	0.077/1.89	0.078/1.91				1.015/24.918	0.326/8.00	0.931/22.86							

续表

序号	定额编号	项目名称	单位	工程数量	综合工日	机械台班						材料用量									
						400L搅拌机	插入式振动棒	200L灰浆机	平板式振动器	6t内塔吊		C25混凝土(m^3)	草袋子(m^2)	水(m^3)	1:2水泥砂浆(m^3)	C20混凝土(m^3)	二等板方材(m^3)		15m皮带运输机	机动翻斗车	10t内龙门吊
59	5-405换	现浇C20混凝土基础梁	m^3	3.15	1.334/4.20	0.063/0.20	0.125/0.39						0.603/1.90	1.014/3.19		1.015/3.197					
60	5-409换	现浇C20混凝土过梁	m^3	2.68	2.61/6.99	0.063/0.17	0.125/0.34						1.857/4.98	1.317/3.53		1.015/2.720					
61	5-417	现浇C20混凝土有梁板	m^3	1.99	1.307/2.60	0.063/0.13	0.063/0.13		0.063/0.13				1.099/2.19	1.204/2.40		1.015/2.020					
62	5-406换	现浇C20混凝土梁	m^3	21.80	1.551/33.81	0.063/1.37	0.125/2.73						0.595/12.97	1.019/22.21		1.015/22.13					
63	5-408换	现浇C20混凝土地圈梁	m^3	6.09	2.410/14.68	0.039/0.24	0.077/0.47						0.826/5.03	0.984/5.99		1.015/6.181					
64	5-408换	现浇C20混凝土圈梁	m^3	9.91	2.410/23.88	0.039/0.39	0.077/0.76						0.826/8.19	0.984/9.75		1.015/10.059					
65	5-401	现浇C25混凝土框架柱	m^3	8.97	2.164/19.41	0.062/0.56	0.124/1.11	0.004/0.04				0.986/8.844	0.10/0.90	0.909/8.15	0.031/0.278						
66	5-406	现浇C25混凝土框架梁	m^3	5.21	1.551/8.08	0.063/0.33	0.125/0.65					1.015/5.288	0.595/3.10	1.019/5.31							
67	5-419	现浇C20混凝土平板	m^3	0.52	1.351/0.70	0.063/0.03	0.063/0.03		0.063/0.03				1.422/0.74	1.289/0.67		1.015/0.528					
68	5-421	现浇C20混凝土整体楼梯	m^2	24.36	0.575/14.01	0.026/0.63	0.052/1.27						0.218/5.31	0.29/7.06		0.260/6.334					
69	5-426	现浇C20混凝土栏板扶手	m^3	0.58	5.327/3.09	0.10/0.06							1.840/1.07	1.587/0.92		1.015/0.589					
70	5-432	现浇C20混凝土女儿墙压顶	m^3	1.703	2.648/4.51	0.10/0.17							3.834/6.53	2.052/3.49		1.015/1.729					
71	5-453	C25混凝土预应力空心板	m^3	48.96	1.533/75.06	0.025/1.22	0.050/2.45			0.013/0.64		1.015/49.694	1.345/65.85	2.178/106.63			0.0034/0.166		0.025/1.22	0.063/3.08	0.013/0.64
72	5-454换	预制C20混凝土槽形板	m^3	0.21	1.440/0.30	0.025/0.005	0.050/0.01			0.013/0.003			1.163/0.24	2.570/0.54		1.015/0.213	0.0014/0.001		0.025/0.005	0.063/0.01	0.013/0.003

续表

序号	定额编号	项目名称	单位	工程数量	综合工日	机械台班								材料用量							
						6t内塔吊	440L搅拌机	平板式振动器	15m皮带运输机	机动翻斗车	10t内龙门吊			C20混凝土(m^3)	二等板方材(m^3)	草袋子(m^2)	水(m^3)				
73	5-467	预制C20混凝土隔热板	m^3	4.26	$\frac{1.668}{7.11}$	$\frac{0.013}{0.06}$	$\frac{0.025}{0.11}$	$\frac{0.05}{0.21}$	$\frac{0.05}{0.21}$	$\frac{0.063}{0.27}$	$\frac{0.013}{0.06}$			$\frac{1.015}{4.324}$	$\frac{0.0107}{0.046}$	$\frac{3.68}{15.68}$	$\frac{3.08}{13.12}$				
		分部小计			912.60																
		五、构件运输及安装				6t汽车	5t内汽车吊	8t汽车	30kVA电焊机					二等板方材(m^3)	钢丝绳(kg)	8号钢丝(kg)	电焊条(kg)	垫铁(kg)	方垫木(m^3)	麻绳(kg)	
74	6-8	空心板、槽板汽车运25km	m^3	49.08	$\frac{0.986}{48.39}$	$\frac{0.371}{18.21}$	$\frac{0.247}{12.12}$							$\frac{0.001}{0.049}$	$\frac{0.031}{1.52}$	$\frac{0.15}{7.36}$					
75	6-37	隔热板运输1km	m^3	4.25	$\frac{0.364}{1.55}$		$\frac{0.091}{0.39}$	$\frac{0.137}{0.58}$						$\frac{0.005}{0.021}$	$\frac{0.053}{0.23}$	$\frac{0.525}{2.23}$					
76	6-93	木门汽车运5km	m^2	36.92	$\frac{0.0124}{0.46}$	$\frac{0.0062}{0.23}$															
77	6-305	槽形板安装	m^3	0.21	$\frac{1.101}{0.23}$				$\frac{0.097}{0.02}$								$\frac{0.261}{0.05}$	$\frac{0.184}{0.04}$	$\frac{0.0008}{0.0002}$	$\frac{0.005}{0.001}$	
78	6-330	空心板安装	m^3	48.48	$\frac{1.473}{71.41}$				$\frac{0.161}{7.81}$								$\frac{1.174}{56.92}$	$\frac{4.038}{195.76}$	$\frac{0.0034}{0.165}$	$\frac{0.005}{0.24}$	
79	6-371	隔热板安装	m^3	4.22	$\frac{0.474}{2.0}$														$\frac{0.001}{0.004}$	$\frac{0.005}{0.02}$	
		分部小计			124.04	18.44	12.51	0.58	7.83					0.07	1.75	9.59	56.97	195.80	0.169	0.26	

续表

序号	定额编号	项目名称	单位	工程数量	综合工日	机械台班						材料用量							
						500内圆锯	450mm杠平刨床	400杠三面压刨床	50木工打眼机	160木工开榫机	400木工多面裁口机		一等木方(m^3)	三层胶合板(m^2)	3mm玻璃(m^2)	油灰(kg)	铁钉(kg)	乳白胶(kg)	麻刀石灰浆(m^3)
		六、门窗																	
80	7-59	门窗扇制作	m^2	9.72	0.237/2.30	0.0051/0.05	0.0153/0.15	0.0153/0.15	0.0225/0.22	0.0225/0.22	0.006/0.06		0.0188/0.183	1.587/15.43			0.0397/0.39	0.1189/1.16	
81	7-60	门窗安装	m^2	9.72	0.153/1.49										0.1496/1.45	0.1679/1.63	0.0006/0.01		
82	7-65	胶合板门框制作(无亮)	m^2	27.20	0.084/2.28	0.0021/0.06	0.0056/0.15	0.0044/0.12	0.0044/0.12	0.002/0.05	0.0025/0.07		0.02114/0.575				0.014/0.38	0.006/0.16	
83	7-66	胶合板门框安装(无亮)	m^2	27.20	0.171/4.65	0.0006/0.02							0.00369/0.100				0.1018/2.77		0.0028/0.076
84	7-67	胶合板门扇制作(无亮)	m^2	27.20	0.276/7.51	0.0059/0.16	0.0176/0.48	0.0176/0.48	0.0282/0.77	0.0282/0.77	0.007/0.19		0.0194/0.528	2.0136/54.77			0.0502/1.37	0.1189/3.23	
85	7-68	胶合板门扇安装(无亮)	m^2	27.20	0.097/2.64		6mm玻璃(m^2)	玻璃胶(支)	密封毛条(m)	地脚(个)	膨胀螺栓(套)	密封油膏(kg)		软填料(kg)	铝合金推拉窗(m^2)	4mm玻璃(m^2)			
86	7-289	铝合金推拉窗安装	m^2	61.16	0.757/46.30		1.00/61.16	0.502/30.70	4.133/252.77	4.98/304.6	9.96/609.2	0.367/22.45		0.398/24.34	0.946/57.86				
87	7-290	铝合金固定窗安装	m^2	2.26	0.421/0.95			0.727/1.64		7.78/17.6	15.56/35.2	0.534/1.21		0.6671/1.51		1.01/2.28			
88	7-306	钢门带窗安装	m^2	13.02	0.276/3.59														
89	7-308	钢平开窗安装	m^2	15.12	0.281/4.25														
90	7-57	胶合板门框制作(有亮)	m^2	9.72	0.086/0.84								0.0204/0.198				0.0097/0.09	0.006/0.06	
91	7-58	胶合板门框安装(有亮)	m^2	9.72	0.147/1.43	0.0006/0.006							0.00383/0.037				0.104/1.01		0.0024/0.023
		分部小计			78.23	0.30							1.621				6.02	4.61	0.099

续表

序号	定额编号	项目名称	单位	工程数量	综合工日	材料用量															
						防腐油(kg)	木楔(m^3)	垫木(m^3)	清油(kg)	油漆溶剂油(kg)	1000×30×8板条(根)										
		六、门窗																			
80	7-59	门窗扇制作	m^2	9.72	0.237/2.30		0.00009/0.001	0.00001/0.0001	0.0129/0.13	0.0074/0.07											
81	7-60	门窗安装	m^2	9.72	0.153/1.49																
82	7-65	胶合板门框制作(无亮)	m^2	27.20	0.084/2.28		0.00003/0.001	0.00001/0.0003	0.0046/0.13	0.0027/0.07											
83	7-66	胶合板门框安装(无亮)	m^2	27.20	0.171/4.65	0.3083/8.39					0.0357/0.97										
84	7-67	胶合板门扇制作(无亮)	m^2	27.20	0.276/7.51		0.00009/0.002	0.00001/0.0003	0.0129/0.35	0.0074/0.20											
85	7-68	胶合板门扇安装(无亮)	m^2	27.20	0.097/2.64							螺钉(百个)	铝合金固定窗(m^2)	普通钢门(m^2)	电焊条(kg)	现浇混凝土(m^3)	1∶2水泥砂浆(m^3)	预埋铁件	40kVA电焊机		
86	7-289	铝合金推拉窗安装	m^2	61.16	0.757/46.30																
87	7-290	铝合金固定窗安装	m^2	2.26	0.421/0.95							0.133/0.30	0.926/2.09								
88	7-306	钢门带窗安装	m^2	13.02	0.276/3.59									0.962/12.53	0.0294/0.38	0.002/0.03	0.0015/0.020	0.297/3.87	0.0095/0.12		
89	7-308	钢平开窗安装	m^2	15.12	0.281/4.25									0.948/14.33	0.0284/0.43	0.002/0.03	0.0024/0.036	0.292/4.41	0.0109/0.16		
90	7-57	胶合板门框制作(有亮)	m^2	9.72	0.086/0.84		0.00003/0.0003	0.00001/0.0001	0.0046/0.04	0.0027/0.03											
91	7-58	胶合板门框安装(有亮)	m^2	9.72	0.147/1.43	0.2829/2.75					0.0247/0.24										
		分部小计			78.23	11.14	0.004	0.001	0.65	0.37	1.21	0.30	2.09	26.86	0.81	0.06	0.056	8.28	0.28		

续表

序号	定额编号	项目名称	单位	工程数量	综合工日	机械台班					材料用量												
						400L搅拌机	平板式振动器	200L灰浆机	平面磨面机	石料切割机	1:1.125水泥豆石浆(m^3)	C10混凝土(m^3)	炉渣(m^3)	水(m^3)	1:3水泥砂浆(m^3)	素水泥浆(m^3)	C15混凝土(m^3)	1:2水泥砂浆(m^3)	草袋子(m^2)	1:2.5水泥白石子浆(m^3)	水泥(kg)	三角金刚石(块)	200×75×50金刚石(块)
		七、楼地面																					
92	8-13	卫生间炉渣垫层	m^3	1.52	0.383/0.58								1.218/1.85	0.20/0.30									
93	8-16	C10混凝土基础垫层	m^3	5.86	1.225/7.18	0.101/0.59	0.079/0.46					1.01/5.919		0.50/2.93									
94	8-16	C10混凝土地面垫层	m^3	26.54	1.225/32.51	0.101/2.68	0.079/2.10					1.01/26.805		0.50/13.27									
95	8-18	1:3水泥砂浆屋面找平	m^2	415.89	0.078/32.44			0.0034/1.41						0.006/2.50	0.0202/8.401	0.001/0.416							
96	8-16换	C15混凝土砖基础垫层	m^3	28.95	1.225/35.46	0.101/2.92	0.079/2.29							0.50/14.48			1.01/29.240						
97	8-24换	1:2水泥砂浆楼梯间地面	m^2	29.42	0.396/11.65			0.0045/0.13						0.0505/1.49		0.0013/0.038		0.0269/0.791	0.2926/8.61				
98	8-27换	1:2水泥砂浆踢脚线	m	354.54	0.05/17.73													0.003/1.064					
99	8-29	普通水磨石地面	m^2	331.77	0.565/187.45				0.1078/35.76					0.056/18.58		0.001/0.332			0.22/72.99	0.0173/5.740	0.26/86.26	0.30/99.53	0.03/9.95
100	8-37	水泥豆石楼面	m^2	301.92	0.179/54.03			0.0025/0.75			0.0152/4.59			0.038/11.47		0.001/0.302			0.22/66.40				
101	8-43	C15混凝土散水	m^2	27.85	0.165/4.60	0.0071/0.20		0.0009/0.03						0.038/1.06			0.0711/1.980		0.22/6.13				
102	8-72	卫生间防滑地砖	m^2	10.11	0.372/3.76	30kVA电焊机	φ60切管机	0.0017/0.02		0.0126/0.13				0.026/0.26		0.001/0.010		0.0101/0.102				φ50钢管(m)	扁钢(kg)
103	8-152	塑料扶手型钢梯栏杆	m	18.01	0.246/4.43	0.153/2.76																1.06/19.09	3.472/62.53
		分部小计			391.82			2.34	35.76	0.13	4.59	32.724	1.85	66.34	8.401	1.098	31.22	1.957	154.13	5.74	86.26		

续表

序号	定额编号	项目名称	单位	工程数量	综合工日	材料用量																	
						3mm玻璃（m²）	草酸（kg）	硬白蜡（kg）	煤油（kg）	溶剂油（kg）	清油（kg）	棉纱头（kg）	1∶1水泥砂浆(m²)	粗砂（m²）	30号石油沥青（kg）	木柴（kg）	模板方板材（m³）	锯木屑（m³）	彩釉砖（m²）	白水泥(kg)	石料切割锯片（片）		
		七、楼地面																					
92	8-13	卫生间炉渣垫层	m³	1.52	$\frac{0.383}{0.58}$																		
93	8-16	C10 混凝土基础垫层	m³	5.86	$\frac{1.225}{7.18}$																		
94	8-16	C10 混凝土地面垫层	m³	26.54	$\frac{1.225}{32.51}$																		
95	8-18	1∶3 水泥砂浆屋面找平	m²	415.89	$\frac{0.078}{32.44}$																		
96	8-16 换	C15 混凝土砖基础垫层	m³	28.95	$\frac{1.225}{35.46}$																		
97	8-24 换	1∶2 水泥砂浆楼梯间地面	m²	29.42	$\frac{0.396}{11.65}$																		
98	8-27 换	1∶2 水泥砂浆踢脚线	m	354.54	$\frac{0.05}{17.73}$																		
99	8-29	普通水磨石地面	m²	331.77	$\frac{0.565}{187.45}$	$\frac{0.0538}{17.85}$	$\frac{0.01}{3.32}$	$\frac{0.0265}{8.79}$	$\frac{0.04}{13.27}$	$\frac{0.0053}{1.76}$	$\frac{0.0053}{1.76}$	$\frac{0.011}{3.65}$											
100	8-37	水泥豆石楼面	m²	301.82	$\frac{0.179}{54.03}$																		
101	8-43	C15 混凝土散水	m²	27.85	$\frac{0.165}{4.60}$								$\frac{0.0051}{0.142}$	$\frac{0.0001}{0.003}$	$\frac{0.0111}{0.31}$	$\frac{0.004}{0.11}$	$\frac{0.0004}{0.011}$	$\frac{0.006}{0.17}$					
102	8-72	卫生间防滑地砖	m²	10.11	$\frac{0.372}{3.76}$	φ18圆钢(kg)	电焊条(kg)	乙炔气(m³)				$\frac{0.01}{0.101}$						$\frac{0.006}{0.06}$	$\frac{1.02}{10.31}$	$\frac{0.10}{1.01}$	$\frac{0.0032}{0.03}$		
103	8-152	塑料扶手型钢梯栏杆	m	18.01	$\frac{0.246}{4.43}$	$\frac{5.504}{99.13}$	$\frac{0.25}{4.50}$	$\frac{0.246}{4.43}$															
		分部小计							13.27	1.76	1.76	3.75	0.142	0.003	0.31	0.11	0.011	0.23	10.31	1.01	0.03		

续表

序号	定额编号	项目名称	单位	工程数量	综合工日	机械台班			材料用量												
						200L灰浆机			塑料排水管φ110(m)	卡箍及螺栓(套)	1.8mm玻纤布(m^2)	塑料油膏(kg)	木柴(kg)	排水检查口(个)	伸缩节(个)	密封胶(kg)	塑料水斗(个)	C20细石混凝土(m^3)	沥青砂浆(m^3)	水泥珍珠岩(m^3)	水(m^3)
		八、屋面及防水																			
104	9-45	卫生间一布二油塑料油膏防水层	m^2	14.63	0.035/0.51						1.205/17.63	8.73/127.72	2.72/39.79								
105	9-45 9-46	屋面二布三油塑料油膏防水	m^2	536.90	0.056/30.07						2.326/1248.8	11.97/6426.7	3.73/2002.6								
106	9-66换	φ110 塑料水落管	m	37.20	0.289/10.75				1.054/39.21	0.714/26.56				0.111/4.13	0.101/3.76	0.012/0.45					
107	9-70换	φ110 塑料水斗	个	6	0.301/1.81											0.031/0.186	1.01/6.06	0.003/0.018			
108	9-143	散水沥青砂浆伸缩缝	m	43.28	0.066/2.86														0.0048/0.208		
		分部小计			46.00				39.21	26.56	1266.43	6554.42	2042.39	4.13	3.76	0.636	6.06	0.018	0.208		
		九、保温、隔热																			
109	10-201	水泥珍珠岩屋面找坡	m^3	34.52	0.719/24.82															1.04/35.90	0.70/24.16
		十、装饰						1:3水泥砂浆(m^3)	1:2.5水泥砂浆(m^3)	水(m^3)	松厚板(m^3)										
110	11-25	水泥砂浆抹女儿墙内侧	m^2	49.56	0.145/7.19	0.0039/0.19		0.0162/0.80	0.0069/0.34	0.007/0.35	0.00005/0.002										

续表

序号	定额编号	项目名称	单位	工程数量	综合工日	机械台班			材料用量							
						200L灰浆机	石料切割机		1:3水泥砂浆（m³）	1:2.5水泥砂浆（m³）	水（m³）	松厚板（m³）	素水泥浆（m³）	108胶（kg）	1:1:6混合砂浆（m³）	1:1:4混合砂浆（m³）
111	11-30	水泥砂浆抹扶手	m²	22.13	0.656/14.52	0.0037/0.08			0.0155/0.343	0.0067/0.148	0.0079/0.17		0.001/0.22	0.0221/0.49		
112	11-30	水泥砂浆抹女儿墙压顶	m²	42.34	0.656/27.78	0.0037/0.16			0.0155/0.656	0.0067/0.284	0.0079/0.33		0.001/0.042	0.0221/0.94		
113	11-30	水泥砂浆抹雨篷边	m²	16.27	0.656/10.67	0.0037/0.06			0.0155/0.252	0.0067/0.109	0.0079/0.13		0.001/0.016	0.0221/0.36		
114	11-30	水泥砂浆梯挡水线	m²	1.13	0.656/0.74	0.0037/0.004			0.0155/0.018	0.0067/0.008	0.0079/0.01		0.001/0.001	0.0221/0.02		
115	11-35	水泥砂浆混凝土柱面	m²	47.91	0.215/10.30	0.0037/0.18			0.0133/0.637	0.0089/0.426	0.0079/0.378	0.00005/0.002	0.001/0.048	0.00221/1.06		
116	11-36	混合砂浆抹排气洞墙	m²	53.47	0.137/7.33	0.0039/0.21					0.0069/0.37	0.00005/0.003			0.0162/0.866	0.0069/0.369
117	11-36	混合砂浆抹栏板墙内侧	m²	49.55	0.137/6.79	0.0039/0.19					0.0069/0.34	0.00005/0.002			0.0162/0.803	0.0069/0.342
118	11-36	混合砂浆抹内墙	m²	1109.01	0.137/151.93	0.0039/4.33					0.0069/7.65	0.00005/0.055			0.0162/17.966	0.0069/7.652
119	11-75	水刷石挑檐	m²	13.25	0.892/11.82	0.0041/0.05			0.0133/0.176		0.0282/0.37		0.001/0.013	0.0221/0.29		
120	11-72	彩色水刷石外墙面	m²	107.55	0.379/40.76	0.0042/0.45			0.0139/1.495		0.0284/3.05		0.0011/0.118	0.0248/2.67		
121	11-168	瓷砖墙裙	m²	184.91	0.643/118.90	0.0032/0.59	0.0148/2.74		0.0111/2.053		0.0081/1.50	0.00005/0.009	0.001/0.185	0.0221/4.09		
122	11-175	外墙面贴面砖	m²	467.16	0.622/290.57	0.0038/1.78			0.0089/4.158		0.0091/4.25		0.001/0.467	0.0221/10.32		
123	11-186	混合砂浆抹梯间顶棚	m²	32.36	0.139/4.50	0.0029/0.09					0.0019/0.06	0.00016/0.005	0.001/0.032	0.0276/0.89		
124	11-286	混合砂浆抹顶棚	m²	760.04	0.139/105.65	0.0029/2.20					0.0019/1.44	0.00016/0.122	0.001/0.760	0.0276/20.98		

续表

序号	定额编号	项目名称	单位	工程数量	综合工日	材料用量											
						1∶1.5白石子浆（m^3）	1∶0.2∶2混合砂浆（m^3）	瓷板152×152（块）	白水泥（kg）	阴阳角瓷片（块）	压顶瓷片（块）	石料切割锯片（片）	棉纱头（k）	1∶1水泥砂浆（m^3）	150×75面砖（块）	YJ-302胶粘剂（kg）	
111	11-30	水泥砂浆抹扶手	m^2	22.13	0.656/14.52												
112	11-30	水泥砂浆抹女儿墙压顶	m^2	42.34	0.656/27.78												
113	11-30	水泥砂浆抹雨篷边	m^2	16.27	0.656/10.67												
114	11-30	水泥砂浆梯挡水线	m^2	1.13	0.656/0.74												
115	11-35	水泥砂浆混凝土柱面	m^2	47.91	0.215/10.30												
116	11-36	混合砂浆抹排气洞墙	m^2	53.47	0.137/7.33												
117	11-36	混合砂浆抹栏板墙内侧	m^2	49.55	0.137/6.79												
118	11-36	混合砂浆抹内墙	m^2	1109.01	0.137/151.93												
119	11-75	水刷石挑檐	m^2	13.25	0.892/11.82	0.0111/0.147											
120	11-72	彩色水刷石外墙面	m^2	107.55	0.379/40.76	0.0115/1.237											
121	11-168	瓷砖墙裙	m^2	184.91	0.643/118.90		0.0082/1.516	44.80/8284	0.15/27.7	3.80/703	4.70/869	0.0096/1.78	0.01/1.85				
122	11-175	外墙面贴面砖	m^2	467.16	0.622/290.57		0.0122/5.699	纸筋石灰浆（m^3）	1∶3∶9混合砂浆（m^3）	1∶0.5∶1混合砂浆（m^3）			0.01/4.67	0.0016/0.747	75.40/35224	0.1303/60.87	
123	11-186	混合砂浆抹梯间顶棚	m^2	32.36	0.139/4.50			0.002/0.065	0.0062/0.20	0.009/0.291							
124	11-286	混合砂浆抹顶棚	m^2	760.04	0.139/105.65			0.002/1.520	0.0062/4.712	0.009/6.840							

续表

序号	定额编号	项目名称	单位	工程数量	综合工日	机械台班		材料用量													
								红丹防锈漆(kg)	熟桐油(kg)	溶剂油(kg)	石膏粉(kg)	无光调合漆(kg)	调合漆(kg)	清油(kg)	漆片(kg)	酒精(kg)	催干剂(kg)	砂纸(张)	白布(m^2)	双飞粉(kg)	117胶(kg)
125	11-409	木门调合漆二遍	m^2	38.32	0.177/6.78				0.0425/1.63	0.1114/4.27	0.0504/1.93	0.25/9.58	0.22/8.43	0.0175/0.67	0.0007/0.03	0.0043/0.16	0.0103/0.39	0.42/16.09	0.0025/0.10		
126	11-574	钢门窗调合漆二遍	m^2	28.14	0.097/2.73					0.024/0.68			0.225/6.33				0.0041/0.12	0.11/3.10	0.0014/0.04		
127	11-594	钢门窗防锈漆一遍	m^2	28.14	0.039/1.10			0.1652/4.65		0.0172/0.48								0.27/7.60			
128	11-627	墙面、顶棚仿瓷涂料二遍	m^2	1954.88	0.112/218.95															2.0/3919	0.80/1563.90
		分部小计			1039.01																
		十一、建筑工程垂直运输				2t内卷扬机															
129	13-1	建筑物垂直运输(混合)	m^2	389.96		0.117/45.63															
130	13-2	建筑物垂直运输(框架)	m^2	366.65		0.156/57.20															
		分部小计				102.83															
		合计			3372.44																

（二）某食堂工程人工、材料、机械台班汇总计算

某食堂工程人工、材料、机械台班汇总计算见表5-11所列。

某食堂工程人工、材料、机械台班用量汇总表　　表5-11

工程名称：××食堂

序号	名称	单位	数量	其中
一、	工日	工日	3372.44	土石方：251.50 脚手架：127.33 砌筑：377.09 混凝土及钢筋混凝土：912.60 构件运安：124.04 门窗：78.23 楼地面：391.82 屋面：46.0 保温：24.82 装饰：1039.01
二、	机械			
1	6t载重汽车	台班	22.61	脚手架：2.04 混凝土及钢筋混凝土：2.13 构件运安：18.44
2	8t汽车	台班	0.58	构件运安：0.58
3	机动翻斗车	台班	5.27	混凝土及钢筋混凝土：5.27
4	电动打夯机	台班	21.03	土石方：21.03
5	6t内塔吊	台班	0.70	混凝土及钢筋混凝土：0.70
6	10t内龙门吊	台班	0.71	混凝土及筋筋混凝土：0.71
7	3t内卷扬机	台班	2.01	混凝土及钢筋混凝土：2.01
8	5t内卷扬机	台班	2.54	混凝土及钢筋混凝土：2.54
9	2t内卷扬机	台班	102.83	垂直运输：102.83
10	15m皮带运输机	台班	1.44	混凝土及钢筋混凝土：1.44
11	5t内起重机	台班	13.61	混凝土及钢筋混凝土：1.10 构件运安：12.51
12	200L灰浆机	台班	23.05	砌筑：10.08 混凝土及钢筋混凝土：0.07
13	400L混凝土搅拌机	台班	13.49	混凝土及钢筋混凝土：7.10 楼地面：6.39
14	插入式振动棒	台班	13.27	混凝土及钢筋混凝土：13.27
15	平板式振动器	台班	2.71	混凝土及钢筋混凝土：0.37 楼地面：2.34
16	平面磨面机	台班	35.76	楼地面：35.76
17	石料切割机	台班	2.87	楼地面：0.13　装饰：2.74
18	500内圆锯	台班	2.73	混凝土及钢筋混凝土：2.43　门窗：0.30
19	600内木工单面压刨	台班	0.02	混凝土及钢筋混凝土：0.02
20	450木工平刨床	台班	0.78	门窗：0.78
21	400木工三面压刨床	台班	0.75	门窗：0.75
22	50木工打眼机	台班	1.11	门窗：1.11
23	160木工开榫机	台班	1.04	门窗：1.04
24	400木工多面裁口机	台班	35.76	楼地面：35.76
25	40kVA电焊机	台班	0.28	门窗：0.28

续表

序号	名称	单位	数量	其中
26	30kW 内电焊机	台班	2.35	混凝土及钢筋混凝土：2.35
27	75kVA 对焊机	台班	8.53	混凝土及钢筋混凝土：0.70 构件运安：7.83
28	75kVA 长臂点焊机	台班	0.23	混凝土及钢筋混凝土：0.23
29	ϕ14 钢筋调直机	台班	0.09	混凝土及钢筋混凝土：0.09
30	ϕ40 内钢筋切断机	台班	1.23	混凝土及钢筋混凝土：1.23
31	ϕ40 内钢筋弯曲机	台班	2.24	混凝土及钢筋混凝土：2.24
三、	材料			
1	水	m^3	360.95	砌筑：25.08 混凝土及钢筋混凝土：224.97 楼地面：66.34 保温：24.16 装饰：20.40
2	M5 混合砂浆	m^3	47.053	砌筑：47.053
3	M2.5 混合砂浆	m^3	1.145	砌筑：1.145
4	1∶2 水泥砂浆	m^3	2.749	混凝土及钢筋混凝土：0.736 门窗：0.056 楼地面：1.957
5	1∶1 水泥砂浆	m^3	0.889	楼地面：0.142 装饰：0.747
6	M5 水泥砂浆	m^3	4.93	砌筑：4.93
7	1∶1.25 水泥豆石浆	m^3	4.59	楼地面：4.59
8	1∶3 水泥砂浆	m^3	18.989	楼地面：8.401 装饰：10.588
9	素水泥浆	m^3	2.802	楼地面：1.098 装饰：1.704
10	1∶2.5 水泥白石子浆	m^3	5.74	楼地面：5.74
11	水泥	kg	86.26	楼地面：86.26
12	1∶2.5 水泥砂浆	m^3	1.315	装饰：1.315
13	1∶1∶6 混合砂浆	m^3	19.635	装饰：19.635
14	1∶1∶4 混合砂浆	m^3	8.363	装饰：8.363
15	1∶1.5 白石子浆	m^3	1.384	装饰：1.384
16	1∶0.2∶2 混合砂浆	m^3	7.215	装饰：7.215
17	1∶3∶9 混合砂浆	m^3	4.912	装饰：4.912
18	1∶0.5∶1 混合砂浆	m^3	7.131	装饰：7.131
19	C10 混凝土	m^3	32.724	楼地面：32.724
20	C15 混凝土	m^3	56.198	混凝土及钢筋混凝土：29.918 门窗：0.06 楼地面：31.22
21	C20 混凝土	m^3	68.316	混凝土及钢筋混凝土：68.316
22	C25 混凝土	m^3	68.826	混凝土及钢筋混凝土：63.826
23	C20 细石混凝土	m^3	0.018	屋面：0.018
24	沥青砂浆	m^3	0.208	屋面：0.208
25	水泥珍珠岩	m^3	35.90	保温：35.90

续表

序 号	名 称	单 位	数 量	其 中
26	纸筋灰浆	m^3	1.585	装饰：1.585
27	麻刀石灰浆	m^3	0.099	门窗：0.099
28	钢管	kg	1113.23	脚手架：812.18 混凝土及钢筋混凝土：281.96 楼地面：19.09
29	直角扣件	个	159.70	脚手架：159.70
30	对接扣件	个	22.33	脚手架：22.33
31	回转扣件	个	7.40	脚手架：7.40
32	底座	个	5.60	脚手架：5.60
33	预埋铁件	kg	8.28	门窗：8.28
34	扁钢	kg	62.53	楼地面：62.53
35	ϕ18 圆钢筋	kg	99.13	楼地面：99.13
36	ϕ10 内钢筋	t	2.446	混凝土及钢筋混凝土：2.446
37	ϕ10 外钢筋	t	4.535	混凝土及钢筋混凝土：4.535
38	螺纹钢筋	t	3.799	混凝土及钢筋混凝土：3.799
39	冷拔丝	t	3.214	混凝土及钢筋混凝土：3.214
40	8 号钢丝	kg	255.74	脚手架：132.20 混凝土及钢筋混凝土：113.95 构件运安：9.59
41	22 号钢丝	kg	62.58	混凝土及钢筋混凝土：62.58
42	铁钉	kg	162.25	脚手架：31.00 混凝土及钢筋混凝土：125.23 门窗：6.02
43	钢丝绳	kg	5.36	脚手架：3.61 构件运安：1.75
44	零星卡具	kg	142.82	混凝土及钢筋混凝土：142.82
45	梁卡具	kg	7.34	混凝土及钢筋混凝土：7.34
46	钢拉模	kg	181.59	混凝土及钢筋混凝土：181.59
47	定型钢模	kg	0.70	混凝土及钢筋混凝土：0.70
48	组合钢模板	kg	532.69	混凝土及钢筋混凝土：532.69
49	螺钉	百个	0.30	门窗：0.30
50	石料切割锯片	片	1.81	楼地面：0.03 装饰：1.78
51	卡箍及螺栓	套	25.56	屋面：25.56
52	电焊条	kg	129.07	混凝土及钢筋混凝土：66.79 构件运安：56.97 门窗：0.81 楼地面：4.50
53	张拉机具	kg	112.18	混凝土及钢筋混凝土：112.18
54	垫铁	kg	195.80	构件运安：196.01
55	地脚	个	322.2	门窗：322.2
56	松厚板	m^3	0.20	装饰：0.20

续表

序　号	名　　称	单　位	数　量	其　　中
57	一等方材	m^3	1.621	门窗：1.621
58	二等方材	m^3	0.283	混凝土及钢筋混凝土：0.213 构件运安：0.07
59	木脚手架	m^3	1.421	脚手架：1.421
60	60×60×60 垫木	块	25.10	脚手架：25.10
61	缆风桩木	m^3	0.036	脚手架：0.036
62	方垫木	m^3	0.17	构件运安：0.169　门窗：0.001
63	模板方板材	m^3	2.158	混凝土及钢筋混凝土：2.147 楼地面：0.011
64	枋木	m^3	1.867	混凝土及钢筋混凝土：1.867
65	三层胶合板	m^2	70.20	门窗：70.20
66	木楔	m^3	0.004	门窗：0.004
67	1000×30×8 板条	根	1.21	门窗：1.21
68	锯木屑	m^3	0.23	楼地面：0.23
69	木柴	kg	2042.5	楼地面：0.11　屋面：2042.39
70	6mm 玻璃	m^2	61.16	门窗：61.16
71	3mm 玻璃	m^2	19.30	门窗：1.45　楼地面：17.85
72	4mm 玻璃	m^2	2.28	门窗：2.28
73	铝合金推拉窗	m^2	57.86	门窗：57.86
74	粗砂	m^3	0.003	楼地面：0.003
75	白水泥	kg	28.71	楼地面：1.01　装饰：27.70
76	铝合金固定窗	m^2	2.09	门窗：2.09
77	乙炔气	m^3	4.43	楼地面：4.43
78	棉纱头	kg	10.27	楼地面：3.75　装饰：6.52
79	30 号石油沥青	kg	0.31	楼地面：0.31
80	彩釉砖	m^2	10.31	楼地面：10.31
81	150×75 面砖	块	35224	装饰：35224
82	152×152 瓷板	块	8284	装饰：8284
83	阴阳角瓷片	块	703	装饰：703
84	压顶瓷片	块	869	装饰：869
85	ϕ110 塑料排水管	m	39.21	屋面：39.21
86	1.8mm 玻纤布	m^2	1266.43	屋面：1266.43
87	塑料油膏	kg	6554.42	屋面：6554.42
88	排水检查口	个	4.13	屋面：4.13
89	膨胀螺栓	套	644.4	门窗：644.4

续表

序号	名称	单位	数量	其中
90	密封油膏	kg	23.66	门窗：23.66
91	伸缩节	个	3.76	屋面：3.76
92	密封胶	kg	0.64	屋面：0.64
93	塑料水斗	个	6.06	屋面：6.06
94	麻绳	kg	0.26	构件运安：0.26
95	玻璃胶	支	32.34	门窗：32.34
96	密封毛条	m	252.77	门窗：252.77
97	YJ-302 胶粘剂	kg	60.87	装饰：60.87
98	红丹防锈漆	kg	4.65	装饰：4.65
99	熟桐油	kg	1.63	装饰：1.63
100	石膏粉	kg	1.93	装饰：1.93
101	无光调合漆	kg	9.58	装饰：9.58
102	调合漆	kg	14.76	装饰：14.76
103	漆片	kg	0.03	装饰：0.03
104	酒精	kg	0.16	装饰：0.16
105	催干剂	kg	0.51	装饰：0.51
106	砂纸	张	26.79	装饰：26.79
107	白布	m^2	0.14	装饰：0.14
108	双飞粉	kg	3910	装饰：3910
109	软填料	kg	25.85	门窗：25.85
110	油灰	kg	1.63	门窗：1.63
111	乳白胶	kg	4.61	门窗：4.61
112	防腐油	kg	11.14	门窗：11.14
113	精油	kg	3.08	门窗：0.65　楼地面：1.76　装饰：0.67
114	80 号草板纸	张	125.65	混凝土及钢筋混凝土：125.65
115	隔离剂	kg	314.46	混凝土及钢筋混凝土：314.46
116	炉渣	m^3	1.85	楼地面：1.85
117	三角金刚石	块	99.53	楼地面：99.53
118	200×75×50 金刚石	块	9.95	楼地面：9.95
119	草酸	kg	3.32	楼地面：3.32
120	硬白蜡	kg	8.79	楼地面：8.79
121	煤油	kg	13.27	楼地面：13.27
122	草袋子	m^2	297.52	混凝土及钢筋混凝土：143.39　楼地面：154.13
123	108 胶	kg	42.11	装饰：42.11

续表

序号	名称	单位	数量	其中
124	117胶	kg	1563.90	装饰：1563.90
125	防锈漆	kg	70.0	脚手架：70.0
126	溶剂油	kg	15.09	脚手架：7.53　门窗：0.37　楼地面：1.76　装饰：5.43
127	挡脚板	m^3	0.16	脚手架：0.16
128	标准砖	千块	125.61	砌筑：125.61

（三）某食堂工程直接费计算

某食堂工程直接费计算见表5-12所示。

某食堂工程直接费计算表（实物金额法）　　表5-12

工程名称：××食堂

序号	名称	单位	数量	单价/元	金额/元
一、	工日	工日	3372.44	25.00	84311
二、	机械				22732.23
1	6t载重汽车	台班	22.61	242.62	5485.64
2	8t汽车	台班	0.58	333.87	193.64
3	机动翻斗车	台班	5.27	92.03	485.00
4	电动打夯机	台班	21.03	20.24	425.65
5	6t内塔吊	台班	0.70	447.70	313.39
6	10t内龙门吊	台班	0.71	227.14	161.27
7	3t内卷扬机	台班	2.01	63.03	126.69
8	5t内卷扬机	台班	2.54	77.28	196.29
9	2t内卷扬机	台班	102.83	52.00	5347.16
10	15m皮带运输机	台班	1.44	67.64	97.40
11	5t内起重机	台班	13.61	385.53	5247.06
12	200L灰浆机	台班	23.05	15.92	366.96
13	400L混凝土搅拌机	台班	13.49	94.59	1276.02
14	插入式振动棒	台班	13.27	10.62	140.93
15	平板式振动器	台班	2.71	12.77	34.61
16	平面磨面机	台班	35.76	19.04	680.87
17	石料切割机	台班	2.87	18.41	52.84
18	500内圆锯	台班	2.73	22.29	60.85
19	600内木工单面压刨	台班	0.02	24.17	0.48
20	450木工平刨床	台班	0.78	16.14	12.59

续表

序号	名　称	单　位	数　量	单价/元	金额/元
21	400 木工三面压刨床	台班	0.75	48.15	36.11
22	50 木工打眼机	台班	1.11	10.01	11.11
23	160 木工开榫机	台班	1.04	49.28	51.25
24	400 木工多面裁口机	台班	35.76	30.16	1078.52
25	40kVA 电焊机	台班	0.28	65.64	18.38
26	30kW 内电焊机	台班	2.35	47.42	111.44
27	75kVA 对焊机	台班	8.53	69.89	596.16
28	75kVA 长臂点焊机	台班	0.23	85.62	19.69
29	ϕ14 钢筋调直机	台班	0.09	41.56	3.74
30	ϕ40 内钢筋切断机	台班	1.23	36.73	45.18
31	ϕ40 内钢筋弯曲机	台班	2.24	24.69	55.31
三、	材料				210402.63
1	水	m^3	360.95	0.80	288.76
2	M5 混合砂浆	m^3	47.053	120.00	5646.36
3	M2.5 混合砂浆	m^3	1.145	102.30	117.13
4	1∶2 水泥砂浆	m^3	2.749	230.02	632.32
5	1∶1 水泥砂浆	m^3	0.889	288.98	256.90
6	M5 水泥砂浆	m^3	4.93	124.32	612.90
7	1∶1.25 水泥豆石浆	m^3	4.59	268.20	1231.04
8	1∶3 水泥砂浆	m^3	18.989	182.82	3471.57
9	素水泥浆	m^3	2.802	461.70	1293.68
10	1∶2.5 水泥白石子浆	m^3	5.74	407.74	2340.43
11	水泥	kg	86.26	0.30	25.88
12	1∶2.5 水泥砂浆	m^3	1.315	210.72	277.10
13	1∶1∶6 混合砂浆	m^3	19.635	128.22	2517.60
14	1∶1∶4 混合砂浆	m^3	8.363	155.32	1298.94
15	1∶1.5 白石子浆	m^3	1.384	464.90	643.42
16	1∶0.2∶2 混合砂浆	m^3	7.215	216.70	1563.49
17	1∶3∶9 混合砂浆	m^3	4.912	115.00	564.88
18	1∶0.5∶1 混合砂浆	m^3	7.131	243.20	1734.26
19	C10 混凝土	m^3	32.724	133.39	4365.05
20	C15 混凝土	m^3	56.198	144.40	8114.99
21	C20 混凝土	m^3	68.316	155.93	10652.51
22	C25 混凝土	m^3	63.826	165.80	10582.35
23	C20 细石混凝土	m^3	0.018	170.64	3.07

续表

序号	名　称	单　位	数　量	单价/元	金额/元
24	沥青砂浆	m^3	0.208	378.92	78.82
25	水泥珍珠岩	m^3	35.90	113.65	4080.04
26	纸筋灰浆	m^3	1.585	110.90	175.78
27	麻刀石灰浆	m^3	0.099	140.18	13.88
28	钢管	kg	1113.23	3.50	3896.31
29	直角扣件	个	159.70	4.80	766.56
30	对接扣件	个	22.33	4.30	96.02
31	回转扣件	个	7.40	4.80	35.52
32	底座	个	5.60	4.20	23.52
33	预埋铁件	kg	8.28	3.80	31.46
34	扁钢	kg	62.53	3.10	193.84
35	ϕ18 钢筋	kg	99.13	2.90	287.48
36	ϕ10 内钢筋	t	2.446	2950	7215.70
37	ϕ10 外钢筋	t	4.535	2900	13151.50
38	螺纹钢筋	t	3.799	2900	11017.10
39	冷拔丝	t	3.214	3100	9963.40
40	8 号钢丝	kg	255.74	3.50	895.09
41	22 号钢丝	kg	62.58	4.00	250.32
42	铁钉	kg	162.25	6.00	973.50
43	钢丝绳	kg	5.36	4.50	24.12
44	零星卡具	kg	142.82	4.60	656.97
45	梁卡具	kg	7.34	4.50	33.03
46	钢拉模	kg	181.59	4.50	817.16
47	定型钢模	kg	0.70	4.50	3.15
48	组合钢模	kg	532.69	4.30	2290.57
49	螺钉	百个	0.30	2.80	0.84
50	石料切割锯片	片	1.81	80.00	144.80
51	卡箍及螺栓	套	26.56	2.00	53.12
52	电焊条	kg	129.07	6.00	774.42
53	张拉机具	kg	112.18	8.00	897.44
54	垫铁	kg	195.80	2.80	548.24
55	地脚	个	322.20	0.18	58.00
56	松厚板	m^3	0.20	1200.00	240
57	一等方材	m^3	1.621	1200.00	1945.20
58	二等方材	m^3	0.283	1100.00	311.30

续表

序号	名　称	单　位	数　量	单价/元	金额/元
59	木脚手架	m^3	1.421	1000.00	1421
60	60×60×60 垫木	块	25.10	0.30	7.53
61	缆风桩木	m^3	0.036	1000.00	36
62	方垫木	m^3	0.17	1000.00	170
63	模板方板材	m^3	2.158	1100.00	2373.80
64	方木	m^3	1.867	1200.00	2240.4
65	三层胶合板	m^2	70.20	14.00	982.80
66	木楔	m^3	0.004	800.00	3.20
67	1000×30×8 板条	根	1.21	0.30	0.36
68	锯木屑	m^3	0.23	7.00	1.61
69	木柴	kg	2042.5	0.20	408.50
70	6mm 玻璃	m^2	61.16	27.00	1651.32
71	3mm 玻璃	m^2	19.30	13.16	253.99
72	4mm 玻璃	m^2	2.28	18.66	42.54
73	铝合金推拉窗	m^2	57.86	236.00	13654.96
74	粗砂	m^3	0.003	35.00	0.11
75	白水泥	kg	28.71	0.50	14.36
76	铝合金固定窗	m^2	2.09	193.00	403.37
77	乙炔气	m^3	4.43	12.00	53.16
78	棉纱头	kg	10.27	5.00	51.35
79	30 号石油沥青	kg	0.31	0.88	0.27
80	彩釉砖	m^2	10.31	55.00	567.05
81	150×75 瓷砖	块	35224	0.50	17612
82	152×152 瓷板	块	8284	0.55	4556.20
83	阴阳角瓷片	块	703	0.30	210.90
84	压顶瓷片	块	869	0.30	260.70
85	ϕ110 塑料排水管	m	39.21	22.00	862.62
86	1.8mm 玻纤布	m^2	1266.43	1.20	1519.72
87	塑料油膏	kg	6554.42	1.85	12125.68
88	排水检查口	个	4.13	18.00	74.34
89	膨胀螺栓	套	644.4	2.20	1417.68
90	密封油膏	kg	23.66	16.00	378.56
91	伸缩节	个	3.76	9.50	35.72
92	密封胶	kg	0.64	14.00	8.96
93	塑料水斗	个	6.06	19.00	115.14

续表

序号	名　称	单 位	数 量	单价/元	金额/元
94	麻绳	kg	0.26	4.50	1.17
95	玻璃胶	支	32.34	5.10	164.93
96	密封毛条	m	252.77	0.20	50.55
97	YJ-302 胶粘剂	kg	60.87	15.80	961.75
98	红丹防锈漆	kg	4.65	12.00	55.8
99	熟桐油	kg	1.63	18.20	29.67
100	石膏粉	kg	1.93	0.50	0.97
101	无光调和漆	kg	9.58	16.00	153.28
102	调和漆	kg	14.76	14.50	214.02
103	漆片	kg	0.03	24.00	0.72
104	酒精	kg	0.16	13.00	2.08
105	催干剂	kg	0.51	15.00	7.65
106	砂纸	张	26.79	0.18	4.82
107	白布	m^2	0.14	5.60	0.78
108	双飞粉	kg	3910	0.50	1955
109	软填料	kg	25.85	3.80	98.23
110	油灰	kg	1.63	2.60	4.24
111	乳白胶	kg	4.61	7.00	32.27
112	防腐油	kg	11.14	1.50	16.71
113	清油	kg	3.08	11.80	36.34
114	80 号草板纸	张	125.65	1.10	138.22
115	隔离剂	kg	314.46	1.20	377.35
116	炉渣	m^3	1.85	15.00	27.75
117	三角金刚石	块	99.53	3.70	368.26
118	200×75×50 金刚石	块	9.95	10.00	99.50
119	草酸	kg	3.32	7.00	23.24
120	硬白蜡	kg	8.79	6.00	52.74
121	煤油	kg	13.27	1.60	21.23
122	草袋子	m^2	297.52	0.55	163.64
123	108 胶	kg	42.11	1.10	46.32
124	117 胶	kg	1563.90	1.15	1798.49
125	防锈漆	kg	70.0	10.00	700
126	溶剂油	kg	15.09	7.60	114.68
127	挡脚板	m^3	0.16	900.00	144
128	标准砖	千块	125.61	150.00	18841.50
	合计：				317445.86

（四）某食堂工程脚手架费、模板费分析

某食堂工程脚手架费、模板费分析见表5-13所列。

某食堂工程脚手架费、模板费分析表（根据表5-10、表5-11、表5-12计算）

表5-13

费用名称		工料机名称	单位	数量	单价	合价	小	计
脚手架费	人工费	人工	工日	127.33	25.00	3183.25	3183.25	10343.55
	材料费	钢管	kg	812.18	3.50	2842.63	6665.35	
		直角扣件	个	159.70	4.80	766.56		
		对接扣件	个	22.33	4.30	96.02		
		回转扣件	个	7.40	4.80	35.52		
		底座	个	5.60	4.20	23.52		
		8号钢丝	kg	132.20	3.50	462.70		
		铁钉	kg	31.00	6.00	186.00		
		钢丝绳	kg	3.61	4.50	16.25		
		木脚手架	m^3	1.421	1000.00	1421.00		
		60×60×60垫木	块	25.10	0.30	7.53		
		缆风桩木	m^3	0.036	1000.00	36.00		
		防锈漆	kg	70.00	10.00	700.00		
		溶剂油	kg	7.53	7.60	57.23		
		挡脚板	m^3	0.016	900.00	14.40		
	机械费	6t载重汽车	台班	2.04	242.62	494.94	494.94	
模板及支架费	人工费	人工	工日	443.90	25.00	11097.50	11097.50	22512.24
	材料费	组合钢模板	kg	532.69	4.30	2290.57	10292.54	
		模板方板材	m^3	2.147	1100.00	2361.70		
		方木	m^3	1.867	1200.00	2240.40		
		零星卡具	kg	142.82	4.60	656.97		
		铁钉	kg	125.23	6.00	751.38		
		8号钢丝	kg	113.95	3.50	398.83		
		80号草板纸	张	125.65	1.10	138.22		
		隔离剂	kg	314.46	1.20	377.35		
		1∶2水泥砂浆	m^3	0.197	230.02	45.31		
		22号铁丝	kg	2.981	4.00	11.92		
		钢管及扣件	kg	281.96	3.50	986.86		
		梁卡具	kg	7.34	4.50	33.03		
	机械费	6t载重汽车	台班	2.13	242.62	516.78	1122.20	
		5t汽车起重机	台班	1.10	385.53	424.08		
		500内圆锯	台班	2.43	22.29	54.16		
		3t内卷扬机	台班	2.01	63.03	126.69		
		600内木工单面压刨机	台班	0.02	24.17	0.48		

第六章

建筑安装工程费用计算

第一节　建筑安装工程费用的构成

建筑安装工程费用亦称建筑安装工程造价。

为了加强建设项目投资管理和适应建筑市场的发展，有利于合理确定和控制工程造价，提高建设投资效益，国家统一了建筑安装工程费用划分的口径。这一做法使得业主、承包商、监理公司、政府主管及监督部门各方，在编制设计概算、建筑工程预算、建设工程招标文件、进行工程成本核算、确定工程承包价、工程结算等方面有了统一的标准。

按照现行规定，建筑安装工程费（造价）由直接费、间接费、利润、税金等四部分构成，如图 6-1 所示，其中直接费与间接费之和称为工程预算成本。

第二节　建筑安装工程费用的内容

一、直接费

直接费的各项内容详见本书前面各部分的叙述。

二、间接费

间接费由规费、企业管理费组成。

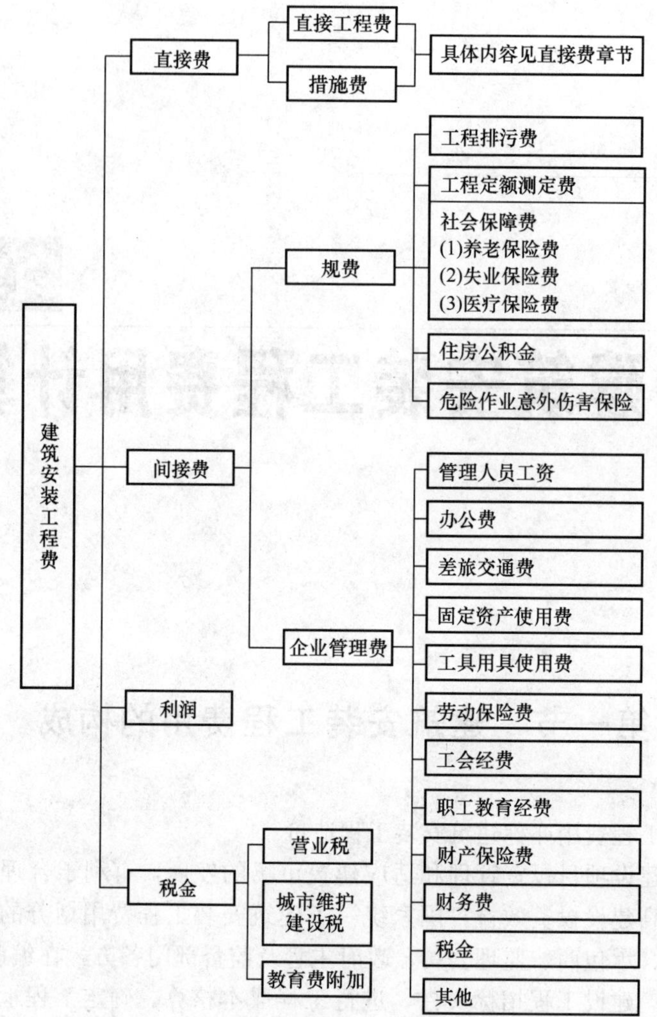

图 6-1　建筑安装工程费用构成示意图

1. 规费

是指政府和有关权力部门规定必须缴纳的费用（简称规费）。包括：

(1) 工程排污费

是指施工现场按规定缴纳的工程排污费。

(2) 社会保障费

社会保障费包括养老保险费、失业保险费、医疗保险费。

养老保险费是指企业按规定标准为职工缴纳的基本养老保险费。

失业保险费是指企业按照国家规定标准为职工缴纳的失业保险费。

医疗保险费是指企业按照规定标准为职工缴纳的基本医疗保险费。

(3) 住房公积金

是指企业按规定标准为职工缴纳的住房公积金。

(4) 危险作业意外伤害保险

是指按照建筑法规定，企业为从事危险作业的建筑安装施工人员支付的意外伤害保险费。

2. 企业管理费

是指建筑安装企业组织施工生产和经营管理所需费用，由管理人员工资、办公费等费用组成。内容包括：

(1) 管理人员工资

是指管理人员的基本工资、工资性补贴、职工福利费、劳动保护费等。

(2) 办公费

是指企业管理办公用的文具、纸张、账表、印刷、邮电、书报、会议、水电、烧水和集体取暖（包括现场临时宿舍取暖）用煤等费用。

(3) 差旅交通费

是指职工因公出差、调动工作的差旅费、住勤补助费。市内交通费和误餐补助费，职工探亲路费，劳动力招募费，职工离退休、退职一次性路费，工伤人员就医路费，工地转移费以及管理部门使用的交通工具的油料、燃料、养路费及牌照费。

(4) 固定资产使用费

是指管理和试验部门及附属生产单位使用的属于固定资产的房屋、设备仪器等的折旧、大修、维修或租赁费。

(5) 工具用具使用费

是指管理使用的不属于固定资产的生产工具、器具、家具、交通工具和检验、试验、测绘、消防用具等的购置、维修和摊销费。

(6) 劳动保险费：是指由企业支付离退休职工的易地安家补助费、职工退职金、六个月以上的病假人员工资、职工死亡丧葬补助费、抚恤费、按规定支付给离休干部的各项经费。

(7) 工会经费

是指企业按职工工资总额计提的工会经费。

(8) 职工教育经费

是指企业为职工学习先进技术和提高文化水平，按职工工资总额计提的费用。

(9) 财产保险费

是指施工管理用财产、车辆保险。

(10) 财务费

是指企业为筹集资金而发生的各种费用。

(11) 税金

是指企业按规定缴纳的房产税、车船使用税、土地使用税、印花税等。

(12) 其他

包括技术转让费、技术开发费、业务招待费、绿化费、广告费、公证费、法律顾问费、审计费、咨询费等。

三、利润

是指施工企业完成所承包工程获得的盈利。

四、税金

是指国家税法规定的应计入建筑安装工程造价内的营业税、城市维护建设税及教育费附加等。

五、间接费、利润、税金的计算方法

1. 间接费

间接费的计算方法按取费基础的不同分为以下三种：

(1) 以直接费为计算基础

间接费＝直接费合计×间接费费率（%）

(2) 以人工费和机械费合计为计算基础

间接费＝人工费和机械费合计×间接费费率（%）

(3) 以人工费为计算基础

间接费＝人工费合计×间接费费率（%）

2. 利润

利润计算公式：

(1) 以直接费为计算基础

利润＝直接费×利润率

(2) 以人工费和机械费合计为计算基础

利润＝（人工费＋机械费）×利润率

(3) 以人工费为计算基础

利润＝人工费×利润率

3. 税金的计算

税金＝（税前造价＋税金）×税率（%）

第三节　建筑安装工程费用计算方法

一、建筑安装工程费用（造价）理论计算方法

根据前面论述的建筑安装工程预算编制原理中计算工程造价的理论公式和建筑安装工程的费用构成，可以确定以下理论计算方法，见表 6-1 所列。

建筑安装工程费用（造价）理论计算方法　　表 6-1

序号	费用名称	计　算　式	
(一)	直接费	定额直接工程费	Σ（分项工程量×定额基价）
		措施费	定额直接工程费×有关措施费费率或：定额人工费×有关措施费费率或：按规定标准计算
(二)	间接费	(一)×间接费费率 或：定额人工费×间接费费率	
(三)	利润	(一)×利润率 或：定额人工费×利润率	
(四)	税　金	营业税=[(一)+(二)+(三)]×[(营业税率)÷(1−营业税率)] 城市维护建设税=营业税×税率 教育费附加=营业税×附加税率	
	工程造价	(一)+(二)+(三)+(四)	

二、计算建筑安装工程费用的原则

定额直接工程费根据预算定额基价算出，这具有很强的规范性。按照这一思路，对于措施费、规费、企业管理费等有关费用的计算也必须遵循其规范性，以保证建筑安装工程造价的社会必要劳动量的水平。为此，工程造价主管部门对各项费用的计算做了明确的规定：

1. 建筑工程一般以定额直接工程费为基础计算各项费用；
2. 安装工程一般以定额人工费为基础计算各项费用；
3. 装饰工程一般以定额人工费为基础计算各项费用；
4. 材料价差不能作为计算间接费等费用的基础。

为什么要规定上述计算基础呢？这是因为确定工程造价的客观需要。

首先要保证计算出的措施费、间接费等各项费用的水平具有稳定性。我们知道，措施费、间接费等费用是按一定的取费基础乘上规定的费率确定的。当费率确定后，要求计算基础必须相对稳定。因而，以定额直接工程费或定额人工费作为取费基础，具有相对稳定性，不管工程在定额执行范围内的什么地方施工，不管由哪个施工单位施工，都能保证计算出水平较一致的各项费用。

其次，以定额直接工程费作为取费基础，既考虑了人工消耗与管理费用的内在关系，又考虑了机械台班消耗量对施工企业提高机械化水平的推动作用。

再者，安装工程、建筑装饰工程的材料、设备由于设计的要求不同，使材料费产生较大幅度的变化，而定额人工费具有相对稳定性，再加上措施费、间接费等费用与人员的管理幅度有直接联系，所以，安装工程、装饰工程采用定额人工费为取费基础计算各项费用较合理。

三、建筑安装工程费用计算程序

建筑安装工程费用计算程序亦称建筑安装工程造价计算程序，是指计算建筑安装工程造价有规律的顺序。

建筑安装工程费用计算程序没有全国统一的格式，一般由省、市、自治区工程造价主管部门结合本地区具体情况确定。

1. 建筑安装工程费用计算程序的拟定

拟定建筑安装工程费用计算程序主要有两个方面的内容：一是拟定费用项目和计算顺序；二是拟定取费基础和各项费率。

（1）建筑安装工程费用项目及计算顺序的拟定

各地区参照国家主管部门规定的建筑安装工程费用项目和取费基础，结合本地区实际情况拟定费用项目和计算顺序，并颁布本地区使用的建筑安装工程费用计算程序。

（2）费用计算基础和费率的拟定

在拟定建筑安装工程费用计算基础时，应遵照国家的有关规定，应遵守确定工程造价的客观经济规律，使工程造价的计算结果能较准确地反映本行业的生产力水平。

当取费基础和费用项目确定之后，就可以根据有关资料测算出各项费用的费率，以满足计算工程造价的需要。

2. 建筑安装工程费用计算程序实例

建筑安装工程费用计算程序实例见表 6-2 所列。

建筑安装工程费用（造价）计算程序 **表 6-2**

<table>
<tr><th rowspan="2">费用名称</th><th rowspan="2">序号</th><th rowspan="2" colspan="2">费用项目</th><th colspan="2">计算式</th></tr>
<tr><th>以定额直接工程费为计算基础</th><th>以定额人工费为计算基础</th></tr>
<tr><td rowspan="16">直接费</td><td>（一）</td><td colspan="2">直接工程费</td><td>Σ(分项工程量×定额基价)</td><td>Σ(分项工程量×定额基价)</td></tr>
<tr><td>（二）</td><td colspan="2">单项材料价差调整</td><td>Σ[单位工程某材料用量×(现行材料单价－定额材料单价)]</td><td>Σ[单位工程某材料用量×(现行材料单价－定额材料单价)]</td></tr>
<tr><td>（三）</td><td colspan="2">综合系数调整材料价差</td><td>定额材料费×综调系数</td><td>定额材料费×综调系数</td></tr>
<tr><td rowspan="13">（四）</td><td rowspan="13">措施费</td><td>环境保护费</td><td>按规定计取</td><td>按规定计取</td></tr>
<tr><td>文明施工费</td><td>(一)×费率</td><td>定额人工费×费率</td></tr>
<tr><td>安全施工费</td><td>(一)×费率</td><td>定额人工费×费率</td></tr>
<tr><td>临时设施费</td><td>(一)×费率</td><td>定额人工费×费率</td></tr>
<tr><td>夜间施工费</td><td>(一)×费率</td><td>定额人工费×费率</td></tr>
<tr><td>二次搬运费</td><td>(一)×费率</td><td>定额人工费×费率</td></tr>
<tr><td>大型机械进出场及安拆费</td><td>按措施项目定额计算</td><td>按措施项目定额计算</td></tr>
<tr><td>混凝土、钢筋混凝土模板及支架费</td><td>按措施项目定额计算</td><td>按措施项目定额计算</td></tr>
<tr><td>脚手架费</td><td>按措施项目定额计算</td><td>按措施项目定额计算</td></tr>
<tr><td>已完工程及设备保护费</td><td>按措施项目定额计算</td><td>按措施项目定额计算</td></tr>
<tr><td>施工排水、降水费</td><td>按措施项目定额计算</td><td>按措施项目定额计算</td></tr>
</table>

续表

费用名称	序号	费用项目		计算式	
				以定额直接工程费为计算基础	以定额人工费为计算基础
间接费	（五）	规费	工程排污费	按规定计算	按规定计算
			社会保障费	定额人工费×费率	定额人工费×费率
			住房公积金	定额人工费×费率	定额人工费×费率
			危险作业意外伤害保险	定额人工费×费率	定额人工费×费率
	（六）	企业管理费		（一）×企业管理费费率	定额人工费×企业管理费费率
利润	（七）	利 润		（一）×利润率	定额人工费×利润率
税金	（八）	营业税		[（一）～（七）之和]×（营业税率）÷（1－营业税率）	[（一）～（七）之和]×（营业税率）÷（1－营业税率）
	（九）	城市维护建设税		（八）×城市维护建设税率	（八）×城市维护建设税率
	（十）	教育费附加		（八）×教育费附加税率	（八）×教育费附加税率
工程造价		工程造价		（一）～（十）之和	（一）～（十）之和

第四节　确定计算建筑安装工程费用的条件

计算建筑安装工程费用，要根据工程类别和施工企业取费等级确定各项费率。

一、建设工程类别划分

1. 建筑工程类别划分

建筑工程类别划分见表 6-3 所列。

建筑工程类别划分表　　表 6-3

类别	内容
一类工程	（1）跨度 30m 以上的单层工业厂房；建筑面积 9000m^2 以上的多层工业厂房 （2）单炉蒸发量 10t/h 以上或蒸发量 30t/h 以上的锅炉房 （3）层数 30 层以上多层建筑 （4）跨度 30m 以上的钢网架、悬索、薄壳屋盖建筑 （5）建筑面积 12000m^2 以上的公共建筑，20000 个座位以上的体育场 （6）高度 100m 以上的烟囱；高度 60m 以上或容积 100m^3 以上的水塔；容积 4000m^3 以上的池类
二类工程	（1）跨度 30m 以内的单层工业厂房；建筑面积 6000m^2 以上的多层工业厂房 （2）单炉蒸发量 6.5t/h 以上或蒸发量 20t/h 以上的锅炉房 （3）层数 15 层以上多层建筑 （4）跨度 30m 以内的钢网架、悬索、薄壳屋盖建筑 （5）建筑面积 8000m^2 以上的公共建筑，20000 个座位以内的体育场 （6）高度 100m 以内的烟囱；高度 60m 以内或容积 100m^3 以内的水塔；容积 3000m^3 以上的池类

续表

三类工程	(1) 跨度 24m 以内的单层工业厂房；建筑面积 $3000m^2$ 以上的多层工业厂房 (2) 单炉蒸发量 4t/h 以上或蒸发量 10t/h 以上的锅炉房 (3) 层数 8 层以上多层建筑 (4) 建筑面积 $5000m^2$ 以上的公共建筑 (5) 高度 50m 以内的烟囱；高度 40m 以内或容积 $50m^3$ 以内的水塔；容积 $1500m^3$ 以上的池类 (6) 栈桥、混凝土贮仓、料斗
四类工程	(1) 跨度 18m 以内的单层工业厂房；建筑面积 $3000m^2$ 以内的多层工业厂房 (2) 单炉蒸发量 4t/h 以内或蒸发量 10t/h 以内的锅炉房 (3) 层数 8 层以内多层建筑 (4) 建筑面积 $5000m^2$ 以内的公共建筑 (5) 高度 30m 以内的烟囱；高度 25m 以内的水塔；容积 $1500m^3$ 以内的池类 (6) 运动场、混凝土挡土墙、围墙、保坎、砖、石挡土墙

注：1. 跨度：指按设计图标注的相邻两纵向定位轴线的距离，多跨厂房或仓库按主跨划分。
2. 层数：指建筑分层数。地下室、面积小于标准层 30%的顶层、2.2m 以内的技术层，不计层数。
3. 面积：指单位工程的建筑面积。
4. 公共建筑：指①礼堂、会堂、影剧院、俱乐部、音乐厅、报告厅、排演厅、文化宫、青少年宫。②图书馆、博物馆、美术馆、档案馆、体育馆。③火车站、汽车站的客运楼、机场候机楼、航运站客运楼。④科学实验研究楼、医疗技术楼、门诊楼、住院楼、邮电通讯楼、邮政大楼、大专院校教学楼、电教楼、试验楼。⑤综合商业服务大楼、多层商场、贸易科技中心大楼、食堂、浴室、展销大厅。
5. 冷库工程和建筑物有声、光、超净、恒温、无菌等特殊要求者按相应类别的上一类取费。
6. 工程分类均按单位工程划分，内部设施、相连裙房及附属于单位工程的零星工程（如化粪池、排水、排污沟等）。如为同一企业施工，应并入该单位工程一并分类。

2. 装饰工程类别划分

装饰工程类别划分见表 6-4 所列。

装饰工程类别划分表　　表 6-4

一类工程	每平方米（装饰建筑面积）定额直接费（含未计价材料费）1600 元以上的装饰工程；外墙面各种幕墙、石材干挂工程
二类工程	每平方米（装饰建筑面积）定额直接费（含未计价材料费）1000 元以上的装饰工程；外墙面二次块斜面层单项装饰工程
三类工程	每平方米（装饰建筑面积）定额直接费（含未计价材料费）500 元以上的装饰工程
四类工程	独立承包的各类单项装饰工程；每平方米（装饰建筑面积）定额直接费（含未计价材料费）500 元以内的装饰工程；家庭装饰工程

注：除一类装饰工程外，有特殊声光要求的装饰工程，其类别按上表规定相应提高一类。

二、施工企业工程取费级别评审条件

施工企业工程取费级别评审条件见表 6-5 所列。

施工企业工程取费级别评审条件　　表 6-5

取费级别	评审条件
一级取费	1. 企业具有一级资质证书 2. 企业近五年来承担过两个以上一类工程 3. 企业参加了社会劳保统筹，退（离）休职工人数占在册职工人数 30%以上
二级取费	1. 企业具有二级资质证书 2. 企业近五年来承担过两个以上二类及其以上工程 3. 企业参加了社会劳保统筹，退（离）休职工人数占在册职工人数 20%以上
三级取费	1. 企业具有三级资质证书 2. 企业近五年来承担过两个三类及其以上工程 3. 企业参加了社会劳保统筹，退（离）休职工人数占在册职工人数 10%以上
四级取费	1. 企业具有四级资质证书 2. 企业五年来承担过两个四类及其以上工程 3. 企业参加了社会劳保统筹，退（离）休职工人数占在册职工人数 10%以下

第五节　建筑安装工程费用费率实例

一、措施费标准

1. 建筑工程

某地区建筑工程主要措施费标准见表 6-6 所列。

建筑工程措施费标准　　表 6-6

工程类别	计算基础	文明施工（%）	安全施工（%）	临时设施（%）	夜间施工（%）	二次搬运（%）
一类	定额直接工程费	1.5	2.0	2.8	0.8	0.6
二类	定额直接工程费	1.2	1.6	2.6	0.7	0.5
三类	定额直接工程费	1.0	1.3	2.3	0.6	0.4
四类	定额直接工程费	0.9	1.0	2.0	0.5	0.3

2. 装饰工程

某地区装饰工程主要措施费标准见表 6-7 所列。

装饰工程主要措施费标准　　表 6-7

工程类别	计算基础	文明施工（%）	安全施工（%）	临时设施（%）	夜间施工（%）	二次搬运（%）
一类	定额人工费	7.5	10.0	11.2	3.8	3.1
二类	定额人工费	6.0	8.0	10.4	3.4	2.6
三类	定额人工费	5.0	6.5	9.2	2.9	2.2
四类	定额人工费	4.5	5.0	8.1	2.3	1.6

二、规费标准

某地区建筑工程、装饰工程主要规费标准见表6-8所列。

建筑工程、装饰工程主要规费标准　　表6-8

工程类别	计算基础	社会保障费（%）	住房公积金（%）	危险作业意外伤害保险（%）
一类	定额人工费	16	6.0	0.8
二类	定额人工费	16	6.0	0.6
三类	定额人工费	16	6.0	0.6
四类	定额人工费	16	6.0	0.6

三、企业管理费标准

某地区企业管理费标准见表6-9所列。

企业管理费标准　　表6-9

工程类别	建筑工程		装饰工程	
	计算基础	费率（%）	计算基础	费率（%）
一类	定额直接工程费	7.5	定额人工费	38.6
二类	定额直接工程费	6.9	定额人工费	35.2
三类	定额直接工程费	5.9	定额人工费	32.5
四类	定额直接工程费	5.1	定额人工费	27.6

四、利润标准

某地区利润标准见表6-10所列。

利　润　标　准　　表6-10

取费级别		计算基础	利润（%）	计算基础	利润（%）
一级取费	Ⅰ	定额直接工程费	10	定额人工费	55
	Ⅱ	定额直接工程费	9	定额人工费	50
二级取费	Ⅰ	定额直接工程费	8	定额人工费	44
	Ⅱ	定额直接工程费	7	定额人工费	39
三级取费	Ⅰ	定额直接工程费	6	定额人工费	33
	Ⅱ	定额直接工程费	5	定额人工费	28
四级取费	Ⅰ	定额直接工程费	4	定额人工费	22
	Ⅱ	定额直接工程费	3	定额人工费	17

五、计取税金的标准

某地区计取税金的标准见表6-11所列。

计 取 税 金 标 准 **表 6-11**

工程所在地	营业税		城市维护建设税		教育费附加	
	计算基础	税率（%）	计算基础	税率（%）	计算基础	税率（%）
在市区	直接费＋间接费＋利润	3.093	营业税	7	营业税	3
在县城、镇	直接费＋间接费＋利润	3.093	营业税	5	营业税	3
不在市区、县城、镇	直接费＋间接费＋利润	3.093	营业税	1	营业税	3

第六节 建筑工程费用计算实例

某食堂工程由某二级施工企业施工，根据表 6-3、表 6-4 中汇总的数据和下列有关条件，计算该工程的工程造价（见表 6-12 所列）。

某食堂工程建筑工程造价计算表 **表 6-12**

序号	费用名称		计 算 式	金额（元）
（一）	直接工程费（见表 5-12）		317445.86－10343.55－22512.24	284590.07
（二）	单项材料价差调整		采用实物金额法不计算此费用	
（三）	综合系数调整材料价差		采用实物金额法不计算此费用	
（四）	措施费	环境保护费	284590.07×0.4%＝1138.36	47480.57
		文明施工费	284590.07×0.9%＝2561.31	
		安全施工费	284590.07×1.0%＝2845.90	
		临时设施费	284590.07× 2.0%＝5691.80	
		夜间施工增加费	284590.07×0.5%＝1422.95	
		二次搬运费	284590.07×0.3%＝853.77	
		大型机械进出场及安拆费		
		脚手架费	（见表 5-13）10343.55	
		已完工程及设备保护费		
		混凝土及钢筋混凝土模板及支架费	（见表 5-13）22512.24	
		施工排、降水费		
（五）	规费	工程排污费		18889.93
		社会保障费	（见表 6-8） 84311.00×16%＝13489.76	
		住房公积金	（见表 6-8） 84311.00× 6.0%＝5058.66	
		危险作业意外伤害保险		
（六）	企业管理费		284590.07×5.1%＝14514.09	14514.09
（七）	利润		284590.07×7%＝19921.30	19921.30
（八）	营业税		385396.00×3.093%＝11920.30	11920.30
（九）	城市维护建设税		11920.30× 7%＝834.42	834.42
（十）	教育费附加		11920.30×3%＝357.61	357.61
	工程造价		（一）～（十）之和	398508.29

有关条件如下：

1. 建筑层数及工程类别：

三层；四类工程；工程在市区。

2. 取费等级：

二级Ⅱ档。

3. 直接工程费：

人工费：84311.00 元；

机械费：22732.23 元；

材料费：210402.63 元；

扣减脚手架费：10343.55 元（见表 5-13）

扣减模板费：22512.24 元（见表 5-13）

直接工程费小计：317445.86－10343.55－2512.24＝284590.07 元

4. 有关规定：

按合同规定收取下列费用：

（1）环境保护费（某地区规定，按直接工程费的 0.4％收取）

（2）文明施工费

（3）安全施工费

（4）临时设施费

（5）二次搬运费

（6）脚手架费

（7）混凝土及钢筋混凝土模板及支架费

（8）社会保障费

（9）住房公积金

（10）利润

（11）税金

5. 根据上述条件和表 6-6～6-11 确定有关费率和计算各项费用。

6. 根据费用计算程序以直接工程费为基础计算某食堂工程的工程造价。

附录一　住宅施工图

附录二　《全国统一建筑工程基础定额》摘录

附录三　《建筑安装工程费用项目组成》建标［2003］206 号

附录一

住宅施工图

一、建筑施工图

设计总说明

一、设计依据

1. ××市建设局××年×月批准的建筑方案。
2. ××市发展计划委员会批准的计委立项批文。
3. 国家现行《民用建筑设计通则》GB 50352—2005、《住宅设计规范》GB 50096—2011、《建筑设计防火规范》GB 50016、《夏热冬冷地区居住建筑节能设计标准》JGJ 134—2010、《四川省居住建筑节能设计标准》DB 51/5027—2008、《住宅建筑规范》GB 50368—2005

二、工程概况

1. 本工程为住宅工程。
2. 本工程为砖混结构住宅，总建筑面积：625.73m²。
3. 本工程建筑总高 14.65m。
4. 本建筑物相对标高±000与所对应的绝对标高由规划部门确定。
5. 本工程根据项目复杂程度为四类三级建筑，耐火等级为二级，主体结构设计合理使用年限为 50 年。
6. 本工程位于××市，具体位置见总平面位置图，抗震设防烈度为 6 度，设计基本地震加速度为 0.05g，Ⅱ类场地，设计特征周期为 0.35s。

三、设计范围

本设计仅包括室内建筑、结构、给水排水、电气专业的设计。内装需进行二次设计的，由业主另行委托。

四、设计要求

1. 施工图中除应按照设计文件进行外，还必须严格遵照国家颁发的各项现行施工和验收规范，确保施工质量。
2. 图中露台、坡屋面标高均指结构板面标高。
3. 施工中若有更改设计处，必须通过设计单位同意后方可进行修改，不得任意更改设计。
4. 施工中若发现图纸中有矛盾处或其他未尽事宜，应及时召集设计、建设、施工、监理单位现场协商解决。

五、砌体工程

1. 本工程均采用页岩空心砖砌体，强度等级详结施。
2. 在土建施工中各专业工种应及时配合敷设管道，减少事后打洞。

建施1/14

六、楼地面

1. 地面施工必须符合《建筑地面工程施工质量验收规范》GB 50209—2010 要求。
2. 地面有积水的厨房、卫生间沿周边墙体做 120mm 高 C20 细石混凝土止水线。
3. 阳台排水坡向地漏，排水坡度为 1%，并接入雨水管。
4. 厨卫排水坡向地漏，排水坡度为 1%，地漏以及蹲便器周围 50mm 范围内坡度为 2%。

七、屋面工程

1. 屋面施工必须符合《屋面工程质量验收规范》GB 50207—2002 要求。
2. 本工程屋面防水等级上人屋面为Ⅱ级，防水材料为 SBC 聚乙烯丙纶复合卷材（每道不小于 1.2mm），不上人屋面为Ⅲ级，防水材料为 SBC 聚乙烯丙纶复合卷材（每道不小于 1.2mm）。水落管、水落斗安装应牢固，排水通畅不漏。

八、门窗工程

1. 1.2mm 断热桥彩铝门窗，玻璃规格详节能设计，玻璃的外观质量和性能及玻璃安装材料均应符合《建筑玻璃应用技术规程》JGJ 113 及《建筑装饰装修工程质量验收规范》GB 50210—2001 中各项要求和规定。
2. 位置：窗户居墙中设，外墙门位置均与开启方向墙面平，内墙门仅按图中门窗位置预留洞口施工（预留门窗预埋件）。
3. 所有门窗洞口间隙应以沥青麻线添塞密实，门窗樘下应留出 20～30mm 的缝隙，以沥青麻丝填实，外侧留 5～8mm 深槽口，填嵌密封材料，切实防止雨水倒灌。
4. 单块玻璃面积大于 1.5m^2 且小于 3m^2 的窗使用安全玻璃（结合门窗表选型）。

九、抹灰工程

1. 抹灰应先清理基层表面，用钢丝刷清除表面浮土和松散部分，填补缝隙孔洞并浇水润湿。
2. 窗台、雨棚、女儿墙压顶等突出墙面部分其顶面做 1%斜坡，其余坡向室外，下面做滴水线，详西南 04J516-P8-J，宽窄应整齐一致。

十、油漆工程

本工程金属面油性调合漆详西南 04J312-P43-3289，木制面油性调合漆详西南 04J312-P41-3278。

十一、空调工程

客厅、卧室均设计空调洞。平面图中洞 1 为 D85 空调洞，洞中距楼地面 50mm，洞 2 为 D85 空调洞，洞中均距楼地面 2200mm、洞 3 为 D160 浴霸排气口，洞中均距楼地面 2500mm；均靠所在墙边设置。空调洞内外墙设置护套。

十二、其他

1. 所有材料施工及备案均按国家有关标准办理，外墙装饰材料及色彩需经规划部门和设计单位看样后订货。
2. 所有楼面、吊顶等的二装饰面材料和构造不得降低本工程的耐火等级，遵照《建筑内部装修设计防火规范》GB 50222—95中相关条文执行并不得任意添加设计规定以外的超载物。
3. 本套设计图中所有栏杆立杆净距均要求不大于 110mm，否则应采取其他技术措施。
4. 户内楼梯栏杆要有防止儿童攀爬的措施，立杆净距不大于 110mm，斜段净高不小于 900mm，水平段净高不小于 1050mm，且距地 100mm 内不得留空。
5. 水泥瓦用 18 号铜丝与 $\phi 6$ 钢筋绑扎。

门窗统计表

设计编号	名称	洞口尺寸（宽×高）(mm×mm)	数量	图集代号	备注 K 为外门窗的传热系数[W/(m·K)]
DJM1521	防盗对讲门	1500×2100	1	厂家提供	
M0821	门洞	800×2100	7		
M0921	门洞	900×2100	11		
M1021	防盗门	1000×2100	4	厂家提供	
M1821	平开铝合金门	1800×2100	1	厂家提供	
M2121	平开铝合金门	2100×2100	4	厂家提供	
MLC1	彩铝单坡推拉窗	900×1500	4	厂家提供	$K \leqslant 4.7$，窗台距地 900mm，带不锈钢纱窗 5mm 厚浮法玻璃
	平开铝合金门	800×2400	4	厂家提供	$K \leqslant 4.7$　5mm 厚安全玻璃

注：1. 单块玻璃面积大于 1.5m^2 且小于 3m^2 的窗及所有推拉门使用 5 厚钢化玻璃。
2. 门窗安装应满足其强度，热工，声学及安全性等技术要求。

建施2/14

标准图集目录

序号	图集名称	图集编号	备注
1	西南地区建筑标准设计通用图		
2	住宅厨房卫生间变压式排风道图集（Ⅱ型）	川 02J902	
3	坡屋面建筑构造（一）	00J202—1	
4	住宅建筑构造	03J930—1	

室内装修表

名称	做法	部位
地面 1	黑色花岗石地面详西南 04J312—3147a/12	公共楼梯间
地面 2	1. 素土夯实 2. 80mm 厚 C10 混凝土找坡，表面赶光 3. 25mm 厚 1∶2.5 水泥砂浆找平拉毛	其余房间等
楼面 1	1. 钢筋混凝土楼面 2. 水泥浆结合层一道 3. 1∶2.5 水泥砂浆找坡，最薄处 15mm 厚 4. SBC120 聚乙烯丙纶复合防水卷材一道（1.2mm 厚） 5. 25mm 厚 1∶2.5 水泥砂浆找平	厨房、坐便卫生间、阳台
楼面 2	1. 钢筋混凝土楼面 2. 刷水泥浆一道 3. 15mm 厚 1∶2.5 水泥砂浆找平拉毛 4. SBC120 聚乙烯丙纶复合防水卷材一道（1.2mm 厚） 5. 1∶4 水泥炉渣垫层兼找坡 6. 25mm 厚 1∶2.5 水泥砂浆找平	蹲便卫生间
楼面 3	1. 钢筋混凝土楼面 2. 水泥浆结合层一道 3. 25mm 厚 1∶2.5 水泥砂浆找平拉毛	其余房间等
楼面 4	黑色花岗石楼面详西南 04J312—3149/12	楼梯间
内墙面 1	水泥混合砂浆抹灰刮仿瓷底料两遍，面料一遍，做法参西南 04J515—N054	楼梯间
内墙面 2	水泥砂浆抹灰刮仿瓷底料两遍，做法参西南 04J515—N08/5	阳台
内墙面 3	1. 基层处理 2. 7mm 厚 1∶3 水泥砂浆打底 3. 6mm 厚 1∶3 水泥砂浆垫层，做法参西南 04J515—N08/5	厨房、卫生间
内墙面 4	水泥混合砂浆抹灰刮仿瓷底料两遍 做法参西南 04J515—N05/4	其余房间等
顶棚 1	1. 基层处理 2. 刷水泥一道（加建筑胶适量） 3. 10mm 厚 1∶1∶1 水泥石灰砂浆，做法参西南 04J515—P05/12	厨房、卫生间
顶棚 2	水泥砂浆抹灰刮仿瓷底料两遍，面料一遍，做法参西南 04J515—P05/12	楼梯间
顶棚 3	水泥砂浆抹灰刮仿瓷底料两遍，做法参西南 04J515—P05/12	其余房间等
踢脚	黑色天然石材踢脚 150mm 高，做法详西南 04J312 3153/13	楼梯间

注：1. 厨、卫楼地面防水层均为改性沥青一布四涂防水层；厨卫墙面在水泥砂浆找平层中加 5%防水剂。
2. 本室内装修表中楼地面、墙面、顶棚做法应与节能措施表中的做法相结合。
3. 楼梯间和下沉式卫生间楼面不再增做保温层。

门窗统计表（mm）

C1212	彩铝单玻推拉窗	1200×1500	7	厂家提供	$K\leqslant4.7$，窗台距地 1200mm，带不锈钢纱窗 5mm 厚浮法玻璃
C1228	彩铝单玻推拉窗	1200×按实际	3	厂家提供	$K\leqslant1.7$ 5mm 厚浮法玻璃
T1821	彩铝单玻推拉窗	1800×2100	7	厂家提供	$K\leqslant4.7$，窗台距地 550mm，带不锈钢纱窗 5mm 厚浮法玻璃
T2121	彩铝单玻推拉窗	2100×2100	4	厂家提供	$K\leqslant4.7$，窗台距地 550mm，带不锈钢纱窗 5mm 厚浮法玻璃
T3021	彩铝单玻推拉窗	3000×2100	3	厂家提供	$K\leqslant4.7$，窗台距地 350mm，带不锈钢纱窗 5mm 厚浮法玻璃
T3023	彩铝单玻推拉窗	3000×2300	1	厂家提供	$K\leqslant4.7$，窗台距地 350mm，带不锈钢纱窗 5mm 厚浮法玻璃

建施3/14

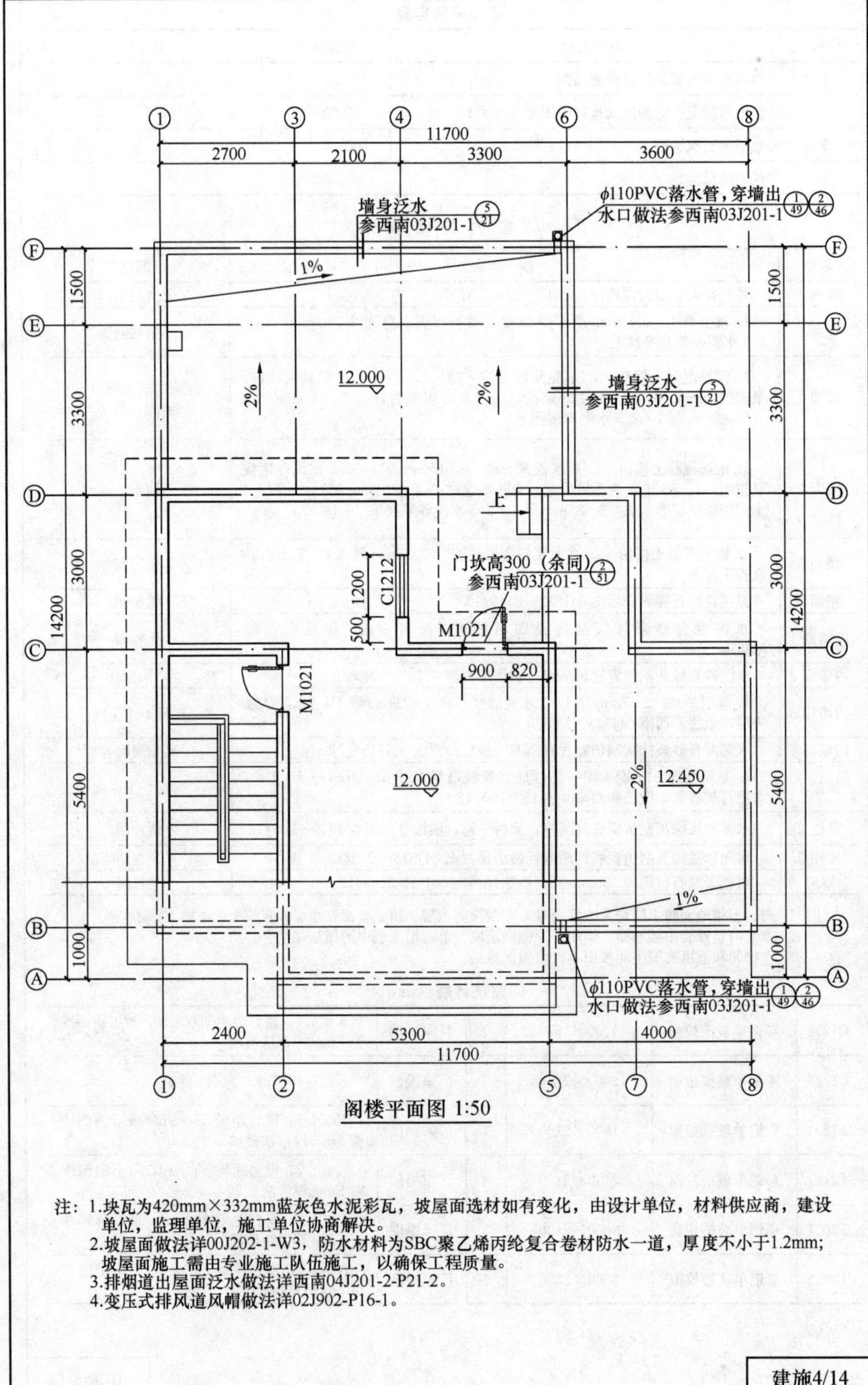

阁楼平面图 1:50

注：1.块瓦为420mm×332mm蓝灰色水泥彩瓦，坡屋面选材如有变化，由设计单位，材料供应商，建设单位，监理单位，施工单位协商解决。

2.坡屋面做法详00J202-1-W3，防水材料为SBC聚乙烯丙纶复合卷材防水一道，厚度不小于1.2mm；坡屋面施工需由专业施工队伍施工，以确保工程质量。

3.排烟道出屋面泛水做法详西南04J201-2-P21-2。

4.变压式排风道风帽做法详02J902-P16-1。

建施4/14

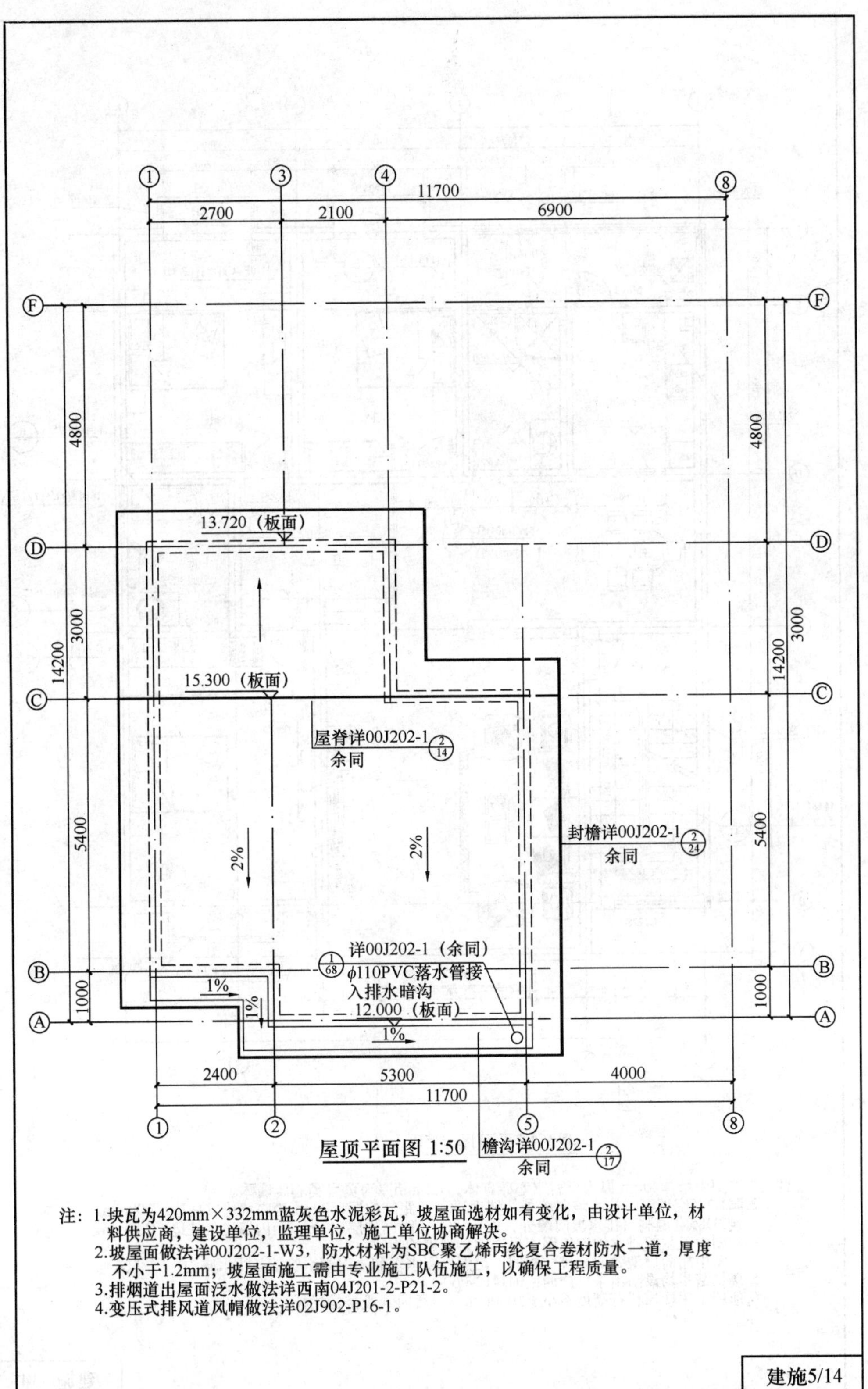

屋顶平面图 1:50

注：1.块瓦为420mm×332mm蓝灰色水泥彩瓦，坡屋面选材如有变化，由设计单位，材料供应商，建设单位，监理单位，施工单位协商解决。

2.坡屋面做法详00J202-1-W3，防水材料为SBC聚乙烯丙纶复合卷材防水一道，厚度不小于1.2mm；坡屋面施工需由专业施工队伍施工，以确保工程质量。

3.排烟道出屋面泛水做法详西南04J201-2-P21-2。

4.变压式排风道风帽做法详02J902-P16-1。

建施5/14

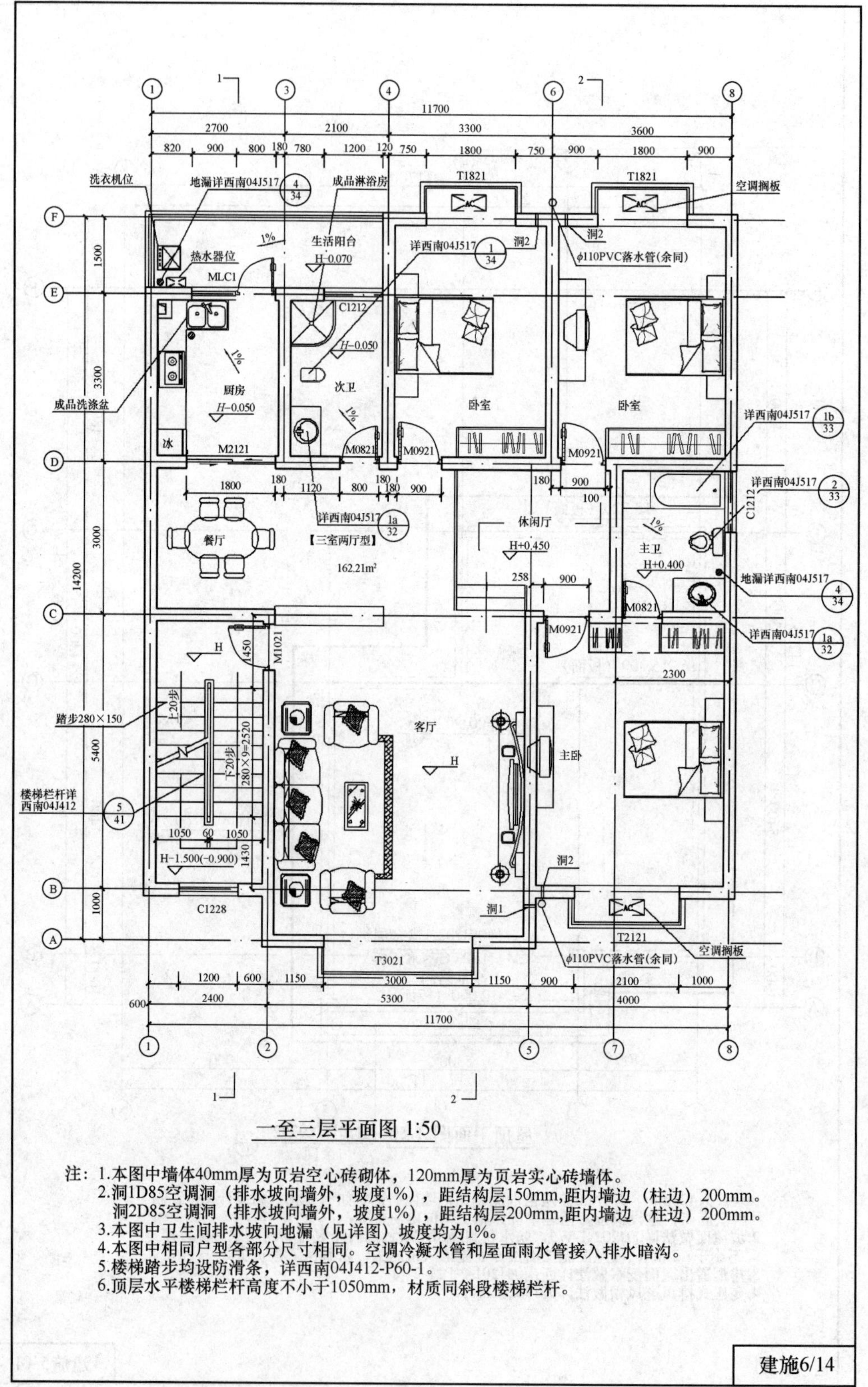

一至三层平面图 1:50

注：1.本图中墙体40mm厚为页岩空心砖砌体，120mm厚为页岩实心砖墙体。

2.洞1D85空调洞（排水坡向墙外，坡度1%），距结构层150mm,距内墙边（柱边）200mm。
洞2D85空调洞（排水坡向墙外，坡度1%），距结构层200mm,距内墙边（柱边）200mm。

3.本图中卫生间排水坡向地漏（见详图）坡度均为1%。

4.本图中相同户型各部分尺寸相同。空调冷凝水管和屋面雨水管接入排水暗沟。

5.楼梯踏步均设防滑条，详西南04J412-P60-1。

6.顶层水平楼梯栏杆高度不小于1050mm，材质同斜段楼梯栏杆。

建施6/14

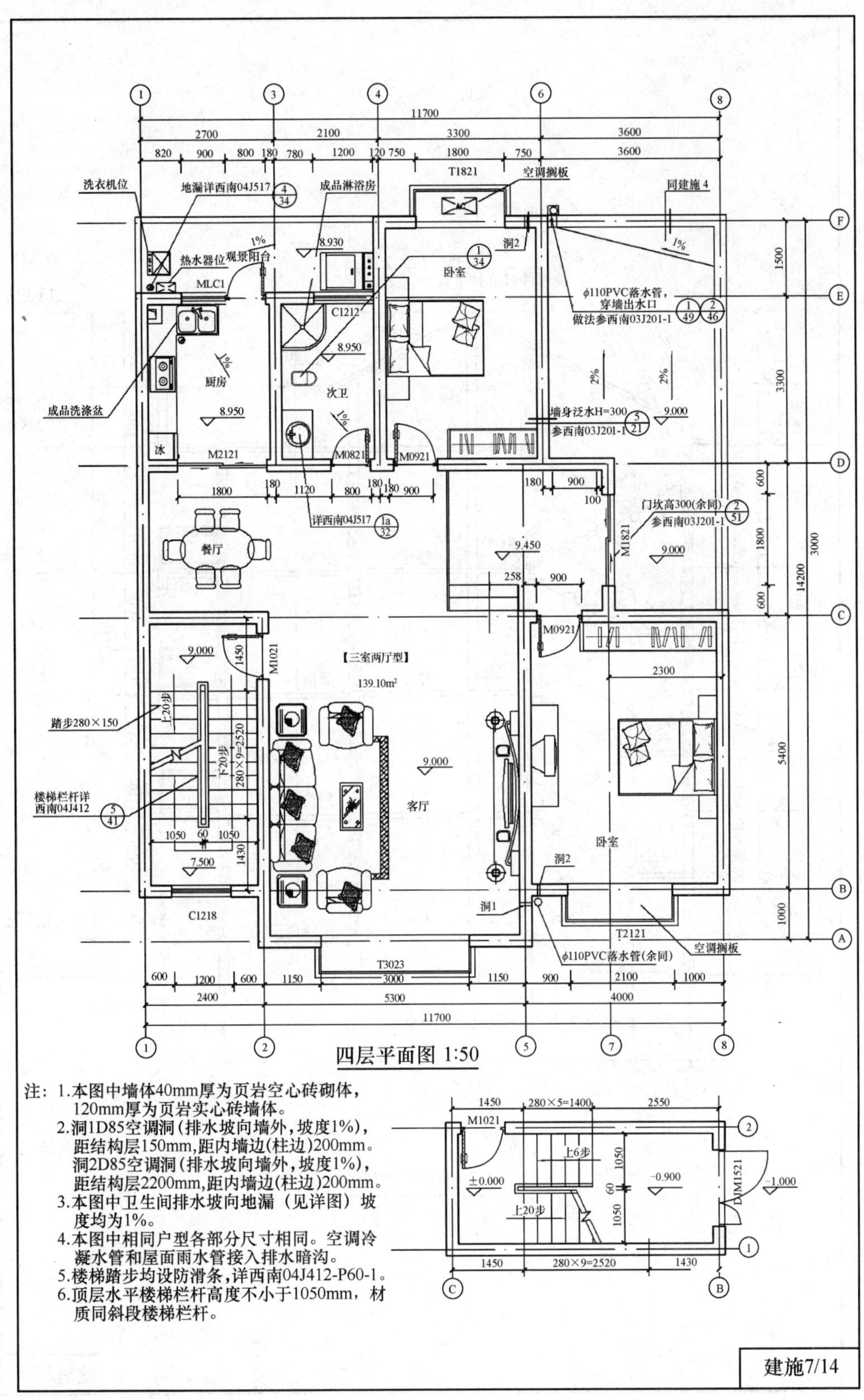

四层平面图 1:50

注：1.本图中墙体40mm厚为页岩空心砖砌体，120mm厚为页岩实心砖墙体。
2.洞1D85空调洞（排水坡向墙外，坡度1%），距结构层150mm，距内墙边(柱边)200mm。洞2D85空调洞（排水坡向墙外，坡度1%），距结构层2200mm，距内墙边(柱边)200mm。
3.本图中卫生间排水坡向地漏（见详图）坡度均为1%。
4.本图中相同户型各部分尺寸相同。空调冷凝水管和屋面雨水管接入排水暗沟。
5.楼梯踏步均设防滑条，详西南04J412-P60-1。
6.顶层水平楼梯栏杆高度不小于1050mm，材质同斜段楼梯栏杆。

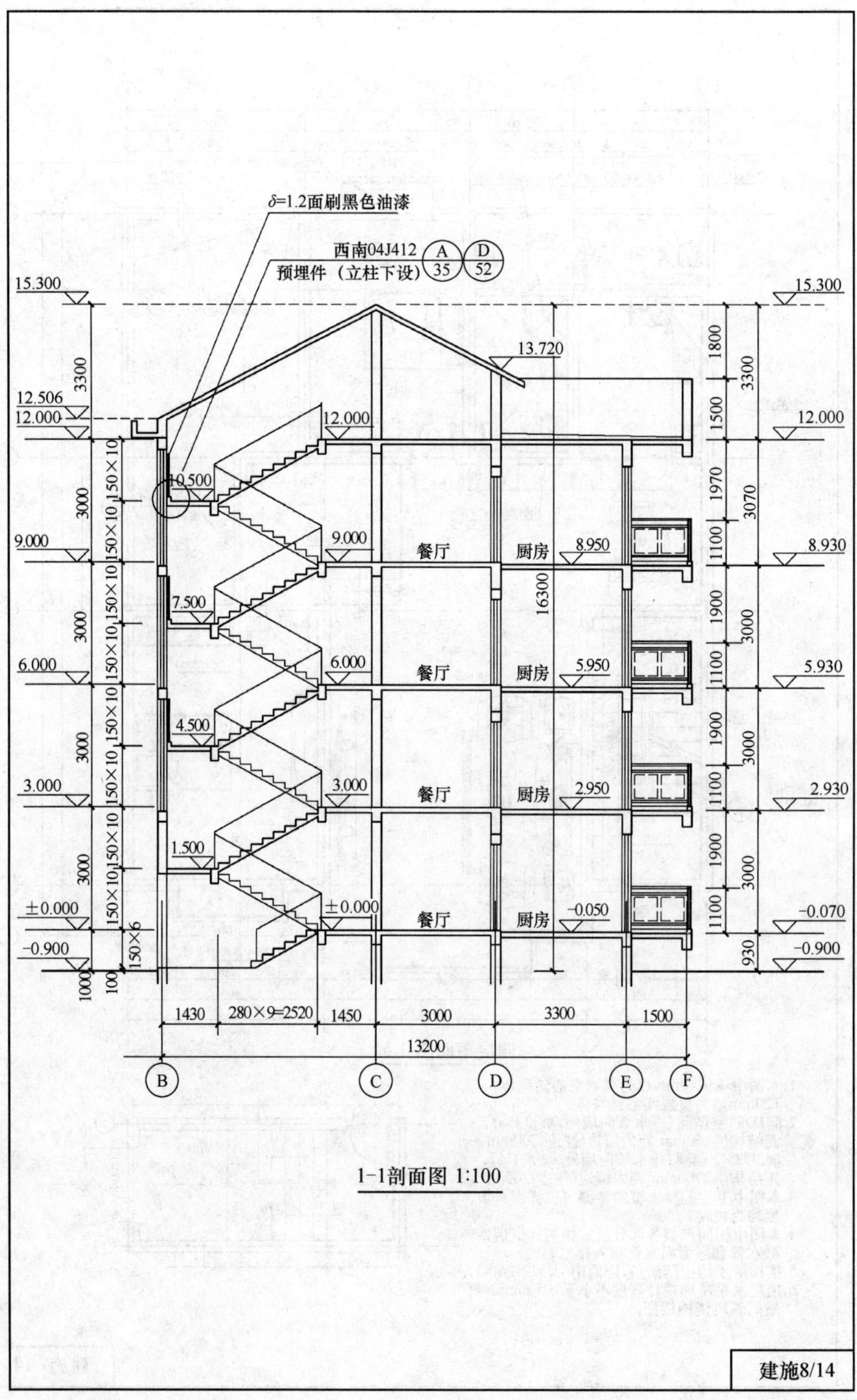

1-1剖面图 1:100

建施8/14

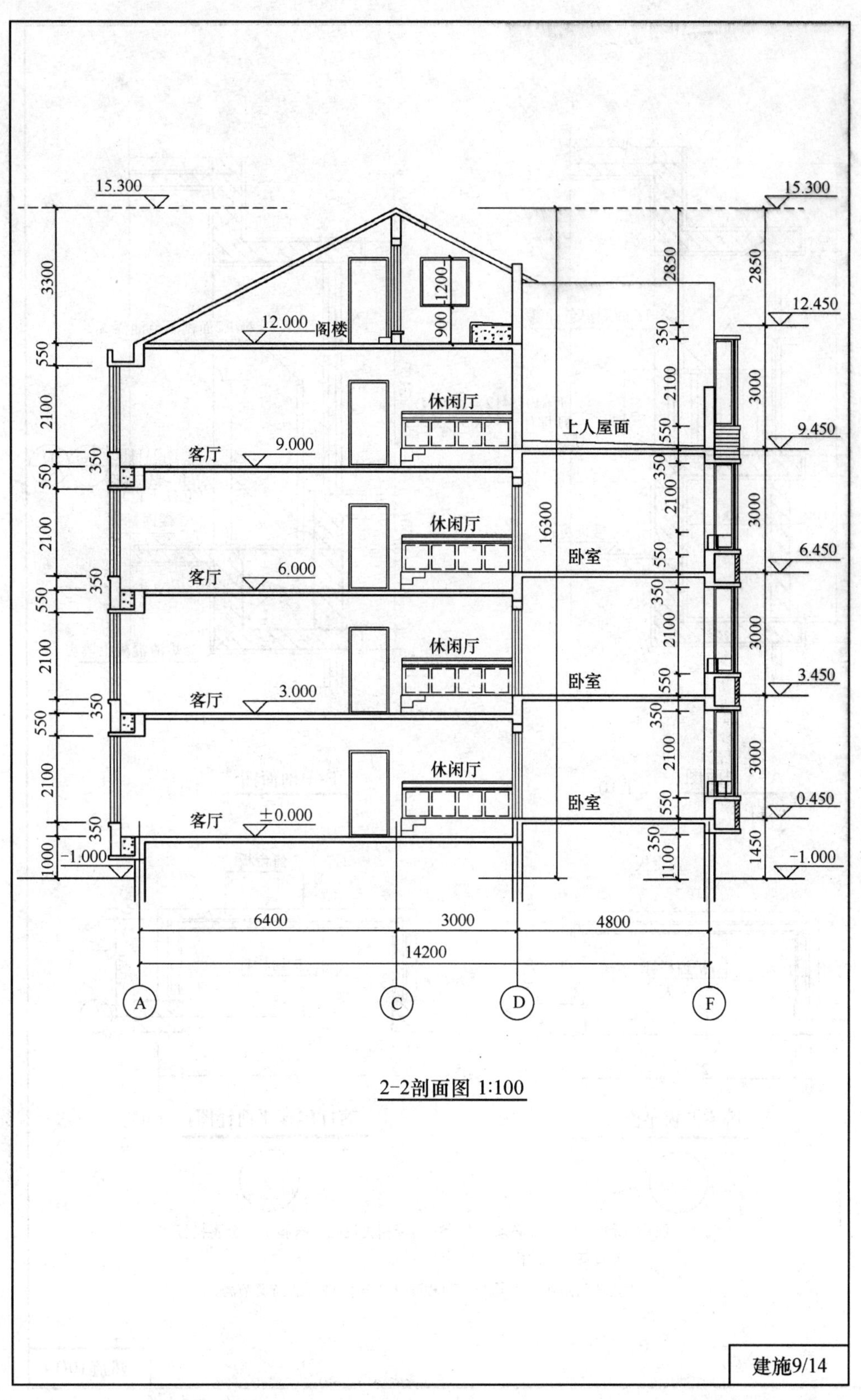
15.300
15.300
12.000
阁楼
1200
900
12.450
休闲厅
上人屋面
9.000
客厅
9.450
休闲厅
卧室
6.000
客厅
6.450
休闲厅
卧室
3.000
客厅
3.450
休闲厅
卧室
±0.000
客厅
0.450
-1.000
-1.000
3300
550
2100
350
550
2100
350
550
2100
350
550
2100
350
1000
16300
2850
350
2100
550
350
2100
550
350
2100
550
350
2100
550
350
1100
2850
3000
3000
3000
3000
1450
6400
3000
4800
14200
A
C
D
F
建施9/14
2-2剖面图 1:100

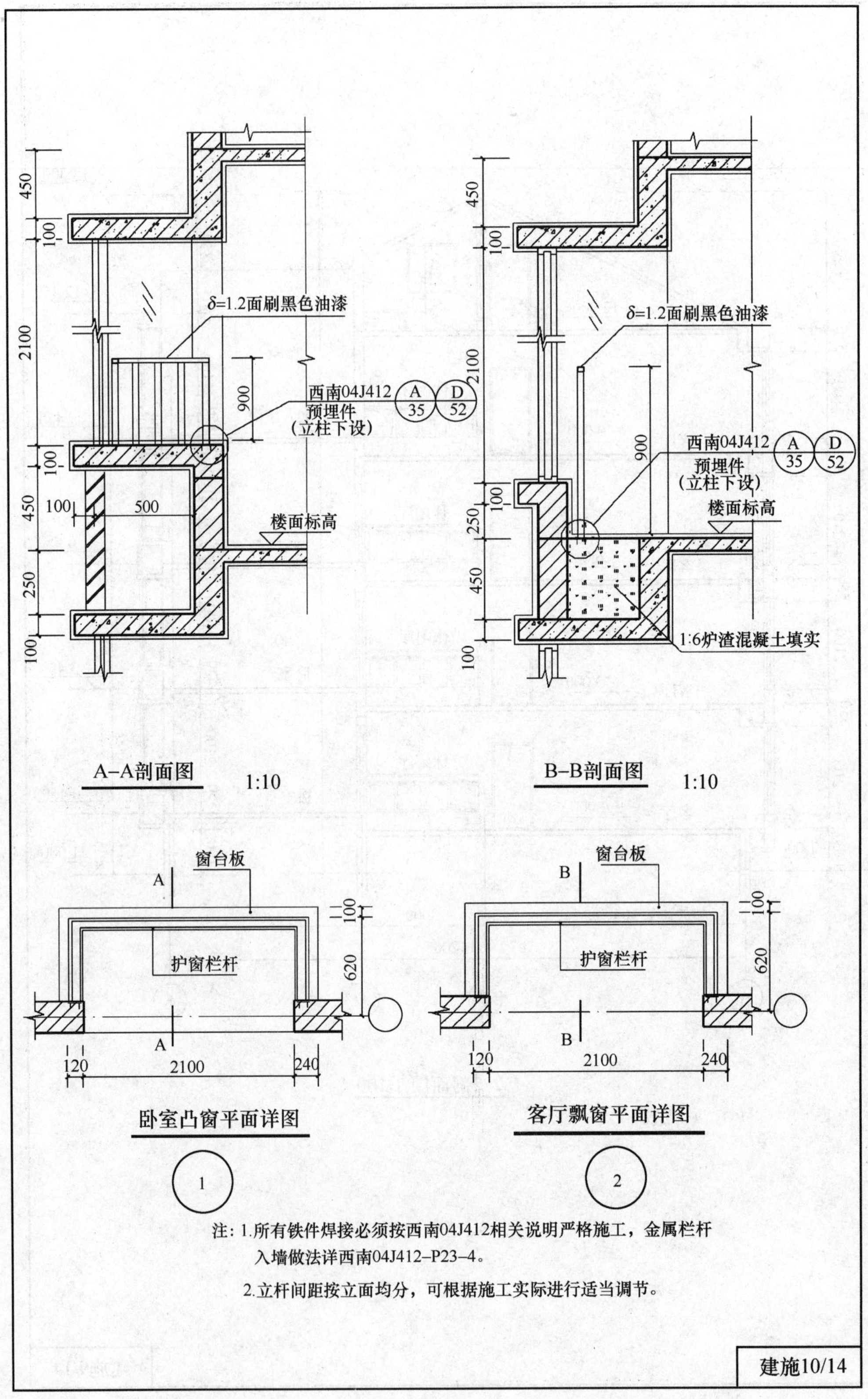
450
100
2100
900
100
450
100
500
250
100
δ=1.2面刷黑色油漆
西南04J412
预埋件
(立柱下设)
A
35
D
52
楼面标高
1:6炉渣混凝土填实
A-A剖面图
1:10
B-B剖面图
1:10
窗台板
护窗栏杆
A
B
620
120
2100
240
卧室凸窗平面详图
客厅飘窗平面详图
1
2
注：1.所有铁件焊接必须按西南04J412相关说明严格施工，金属栏杆入墙做法详西南04J412-P23-4。
2.立杆间距按立面均分，可根据施工实际进行适当调节。
建施10/14

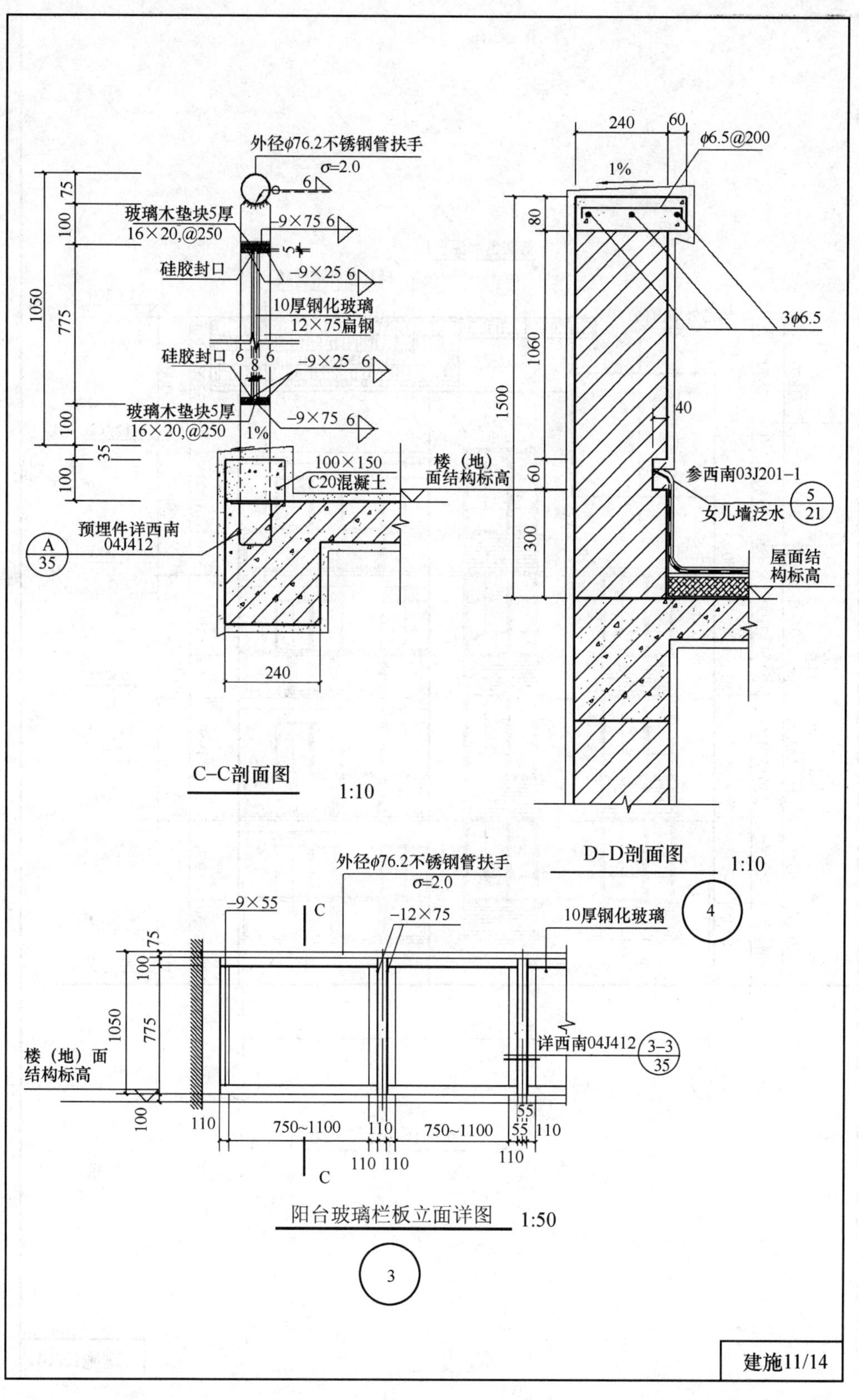
外径φ76.2不锈钢管扶手
σ=2.0
玻璃木垫块5厚
16×20,@250
-9×75
硅胶封口
-9×25
10厚钢化玻璃
12×75扁钢
1%
100×150
C20混凝土
楼（地）
面结构标高
预埋件详西南
04J412
A
35
240
1050
775
C–C剖面图
1:10
240
60
φ6.5@200
3φ6.5
1060
1500
参西南03J201–1
女儿墙泛水
5
21
屋面结
构标高
D–D剖面图
1:10
4
-9×55
-12×75
10厚钢化玻璃
楼（地）面
结构标高
详西南04J412
3–3
35
750~1100
阳台玻璃栏板立面详图
1:50
3
建施11/14

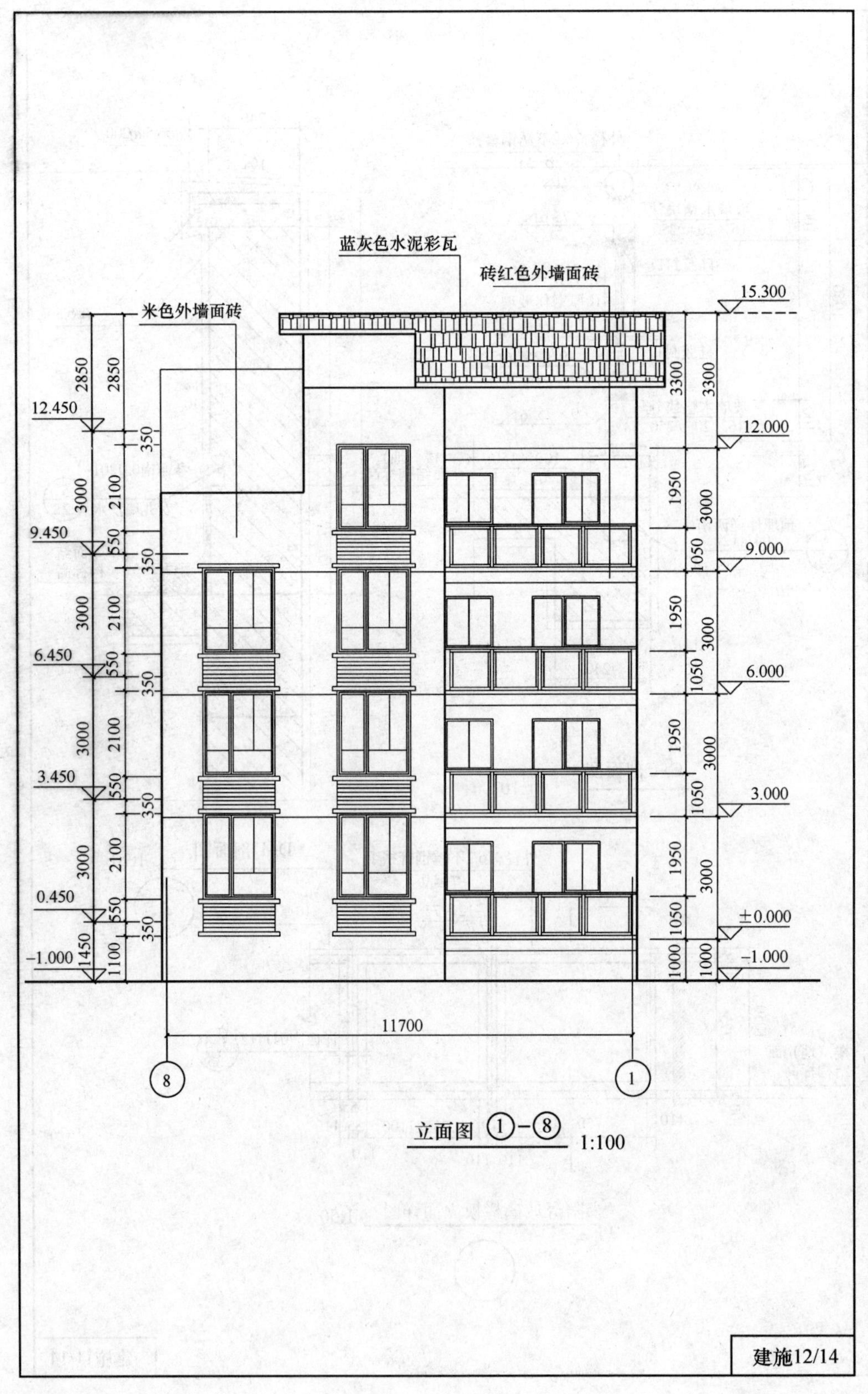
蓝灰色水泥彩瓦
砖红色外墙面砖
米色外墙面砖
15.300
12.450
12.000
9.450
9.000
6.450
6.000
3.450
3.000
0.450
±0.000
−1.000
2850
3300
350
3000
2100
550
1950
1050
1450
1100
1000
11700
8
1
立面图 ①−⑧ 1:100
建施12/14

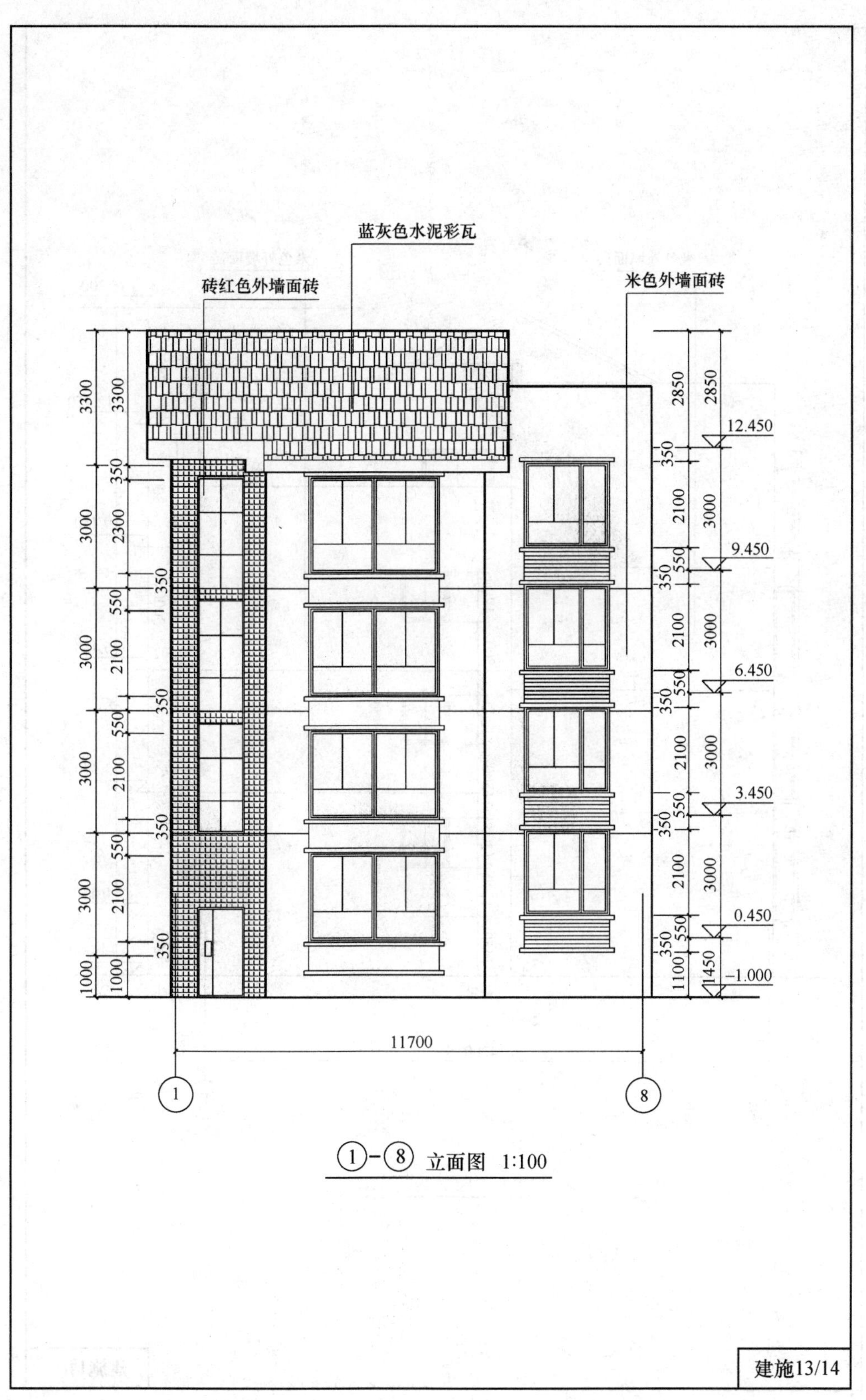
蓝灰色水泥彩瓦
砖红色外墙面砖
米色外墙面砖
12.450
9.450
6.450
3.450
0.450
-1.000
11700
建施13/14
①-⑧ 立面图 1:100

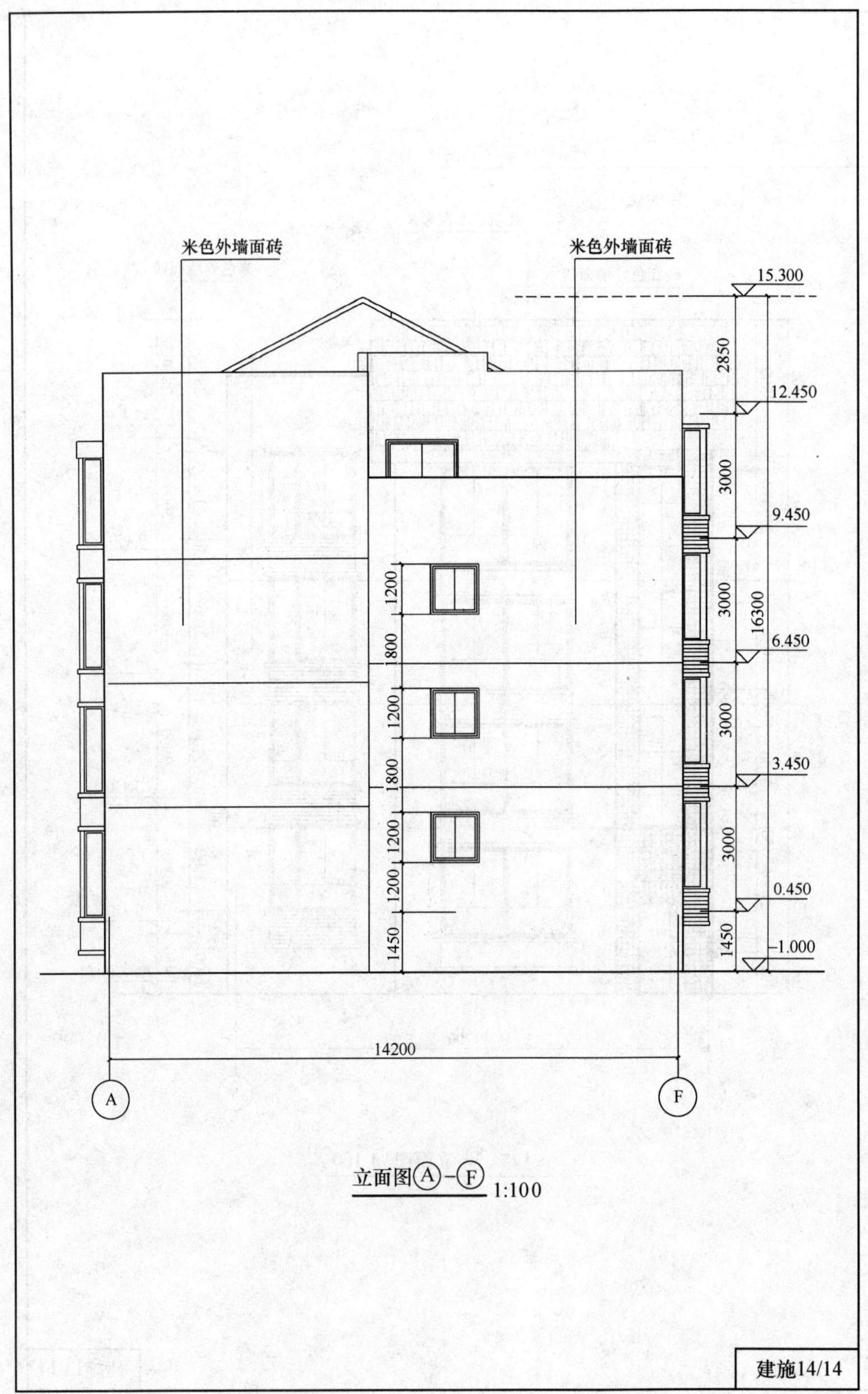
米色外墙面砖
米色外墙面砖
15.300
2850
12.450
3000
9.450
3000
16300
6.450
3000
3.450
3000
0.450
1450
−1.000
1200
1800
1200
1800
1200
1200
1450
14200
A
F
立面图Ⓐ−Ⓕ 1:100
建施14/14

二、结构施工图

结构设计说明

一、设计依据

1.《建筑结构荷载规范》GB 50009—2012、《混凝土结构设计规范》GB 50010—2010，《建筑地基基础设计规范》GB 50007—2011，《建筑抗震设计规范》GB 50011—2010，《砌体结构设计规范》GB 50003—2011，《冷轧带肋钢筋混凝土结构技术规程》JGJ 95—2003。

2. 由建设单位提供的《岩土工程勘察报告》(2007年05月)。

二、设计概况

1. 本工程为砌体结构，地上四层（局部五层，层高3.3m)，层高3.0m。

2. 本工程设计使用年限为50年。

3. 本工程结构安全等级为二级，按建筑物的重要性，本工程抗震设防类别为丙类。

4. 本工程地基基础设计等级为丙级。

5. 本工程地面粗糙度为B类。

6. 本工程场地土类别为Ⅱ类，抗震设防烈度为6度。设计特征周期为0.35s。

7. 本工程所标注尺寸以mm为单位，标高以m为单位。

8. 本工程耐火等级为二级，各构件的耐火极限满足《建筑设计防火规范》GB 50016—2006的要求。

9. 未经设计许可或技术鉴定，不得改变结构的用途和使用环境。

三、活荷载取值

活荷载标准值（kN/m^2） **表1**

类别	坡屋面	1人屋面	客厅	餐厅	卧室	卫生间	厨房	阳台	楼梯	露台	备注
取值	0.5	2.0	2.0	2.0	2.0	2.0	2.0	2.5	2.0	2.0	

注：1. 在施工和使用过程中不得超过表中取值。

2. 楼面铺装荷载按普通地砖考虑，不得超过$0.72kN/m^2$。

四、地基基础工程

1. 根据本工程的岩土工程勘察报告（2007年05月），本工程采用天然地基，以砾砂层作为地基持力层，持力层的地基承载力特征值$f_{ak}=140kPa$土的压缩模量$E_\theta=10.0MPa$。

2. 本工程基础形式为砖放脚混凝土条形基础，基础埋深为室外地坪以下2.5m。

3. 基础施工前，应做好场地的排水和施工安全防护，基坑开挖后严禁淹水。

4. 基坑开挖到设计标高后，经地勘、设计、监理等单位验槽合格后方可进行下道工序的施工。

5. 若施工时发现实际地质情况与设计条件不符，应及时通知设计单位与地勘部门现场处理。

6. 基础工程完工后必须及时回填，回填土压实系数不应小于0.94。

五、砌体工程

1. 本工程砌体结构施工质量控制等级为B级。

2. 砌体砌筑时砂浆必须饱满，砖应充分湿润后方可砌筑，梁下支承处砌体中严禁采用平砖或断砖。

3. 墙身防潮层作法：20mm厚1∶2水泥砂浆加5%防水剂。

4. 块材、砂浆。

砌体材料强度等级 **表2**

部位 品种	±0.000以下	一层至三层	四层及以上			备注
页岩砖	MU10	MU10	MU10			±0.000以上为混合砂浆 ±0.000以下为水泥砂浆
砂浆	M10	M7.5	M5.0			

结施1/16

5. 抗震构造措施。

1）钢筋混凝土圈梁按设计图布置。

2）抗震构造措施详见表6所列。

六、钢筋混凝土工程

1. 混凝土。

混凝土强度等级 **表3**

构　件	基础垫层	基　础	构造杆	圈梁	现浇梁	现浇楼梯	现浇板
强度等级		C15	C20	C20	C20	C20	C20

2. 钢材。

"φ"为HPB235钢筋，"ф"为HRB335钢筋，"ϕ^R"为CRB550钢筋，型钢为Q235B-F。

3. 焊条。

HPB235级钢筋与HPB235、HRB335级钢筋焊接用E43型焊条，HRB335钢筋之间焊接用E50型焊条；Q235B-F钢焊接用E43型。

4. 钢筋的混凝土保护层厚度（mm）。

表4

构　件	基础	地圈梁	±0.000以下构造杆	构造杆/圈梁/现浇梁（XL）/挑梁	现浇板
混凝土强度等级	C15	C20	C20	C20	C20
保护层厚（mm）		30	30	30	20

5. 钢筋最小锚固长度(L_a)。

表5

	混凝土强度等级			备　注
钢筋种类	C20	C25	C30	
HPB235	31d	27d	21d	1. CRB550级为冷轧带肋钢筋。
HRB335	39d	31d	30d	2. 其余钢筋均为普通钢筋，钢筋直径均≤25mm。
CRB550	10d	35d	30d	3. 吊筋为20d

注：HPB235、HRB335所有锚固长度均应不小于250mm，CRB550锚固长度均应不小于200mm。

6. 纵向受拉钢筋绑扎搭接长度为$L=1.2L_a$，且不小于300mm；纵向受压钢筋绑扎搭接长度不应小于$0.7L_L$，且不应小于200mm。

7. 在绑扎搭接接头的长度范围内，当搭接钢筋为受拉时，其箍筋加密间距不应大于5d（且不大于100mm），搭接钢筋为受压时，其箍筋间距不应大于10d（且不应大于200mm），当受压钢筋直径大于25mm时，尚应在搭接接头两个端面外100mm范围内各设置两个箍筋。

8. 板厚不大于100mm时，板面分布钢筋为φ6@200，板厚为100～120mm时，板面分布钢筋为φ8@250，跨度不小于3.9m的屋面板板面温度钢筋做法详图一。

9. 当梁的跨度大于4m时，应按跨度3%起拱，悬臂构件应按5‰起拱，且不小于20mm。

10. 当梁上开圆洞时，洞口直径应不大于1/5梁高以及150mm，洞口周边应设加强钢筋（图二）。

11. 现浇板上的预留孔洞尺寸不大于300mm时，将板内钢筋由洞边绕过，不得截断；当洞口尺寸大于300mm时应设加强钢筋（图三）。

12. 当预制构件与现浇构件相碰时，预制构件改为现浇。

13. 现浇板采用CRB550钢筋，图中K表示钢筋间距为200mm、F表示钢筋间距为180mm、N表示钢筋间距为150mm、E表示钢筋间距为130mm、D表示钢筋间距为100mm。

14. 现浇板阳角处加强钢筋做法详图四。

15. 现浇板支座钢筋长度详图五。

七、施工制作及其他

1. 管径50～100mm的水电管线横穿墙体时，应在该处砌预留块（图六）。

2. 管径50～100mm的水电管线竖直埋入墙体时，其做法见图七。

3. 水平暗埋直径小于20mm的水平暗管时，在该水平处砌筑（图八）的预制块（C20混凝土预制）。

结施2/16

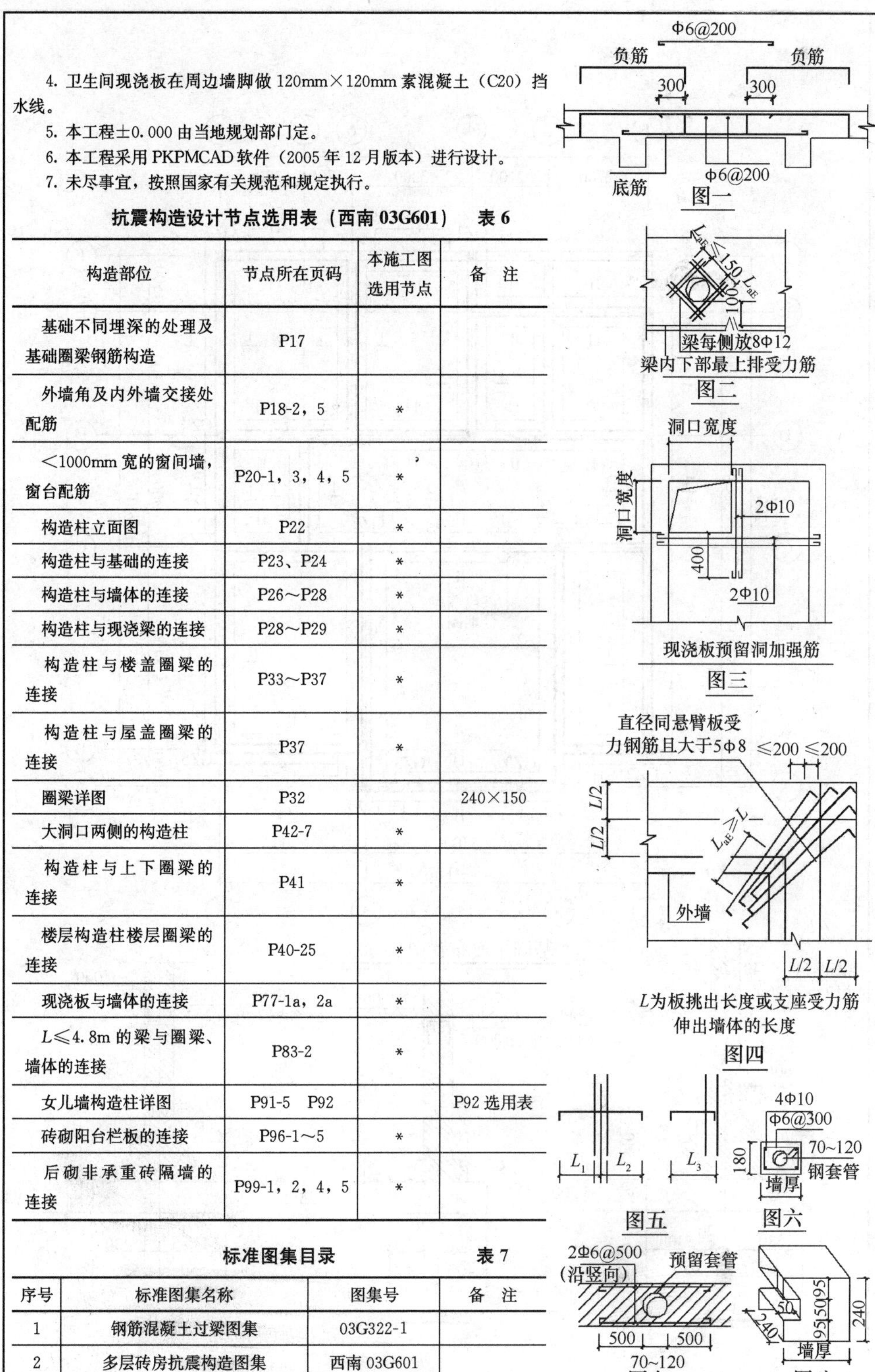

4. 卫生间现浇板在周边墙脚做120mm×120mm素混凝土（C20）挡水线。

5. 本工程±0.000由当地规划部门定。

6. 本工程采用PKPMCAD软件（2005年12月版本）进行设计。

7. 未尽事宜，按照国家有关规范和规定执行。

抗震构造设计节点选用表（西南03G601）　　表6

构造部位	节点所在页码	本施工图选用节点	备　注
基础不同埋深的处理及基础圈梁钢筋构造	P17		
外墙角及内外墙交接处配筋	P18-2，5	*	
<1000mm宽的窗间墙，窗台配筋	P20-1，3，4，5	*	
构造柱立面图	P22	*	
构造柱与基础的连接	P23、P24	*	
构造柱与墙体的连接	P26～P28	*	
构造柱与现浇梁的连接	P28～P29	*	
构造柱与楼盖圈梁的连接	P33～P37	*	
构造柱与屋盖圈梁的连接	P37	*	
圈梁详图	P32		240×150
大洞口两侧的构造柱	P42-7	*	
构造柱与上下圈梁的连接	P41	*	
楼层构造柱楼层圈梁的连接	P40-25	*	
现浇板与墙体的连接	P77-1a，2a	*	
L≤4.8m的梁与圈梁、墙体的连接	P83-2	*	
女儿墙构造柱详图	P91-5　P92		P92选用表
砖砌阳台栏板的连接	P96-1～5	*	
后砌非承重砖隔墙的连接	P99-1，2，4，5	*	

标准图集目录　　表7

序号	标准图集名称	图集号	备　注
1	钢筋混凝土过梁图集	03G322-1	
2	多层砖房抗震构造图集	西南03G601	

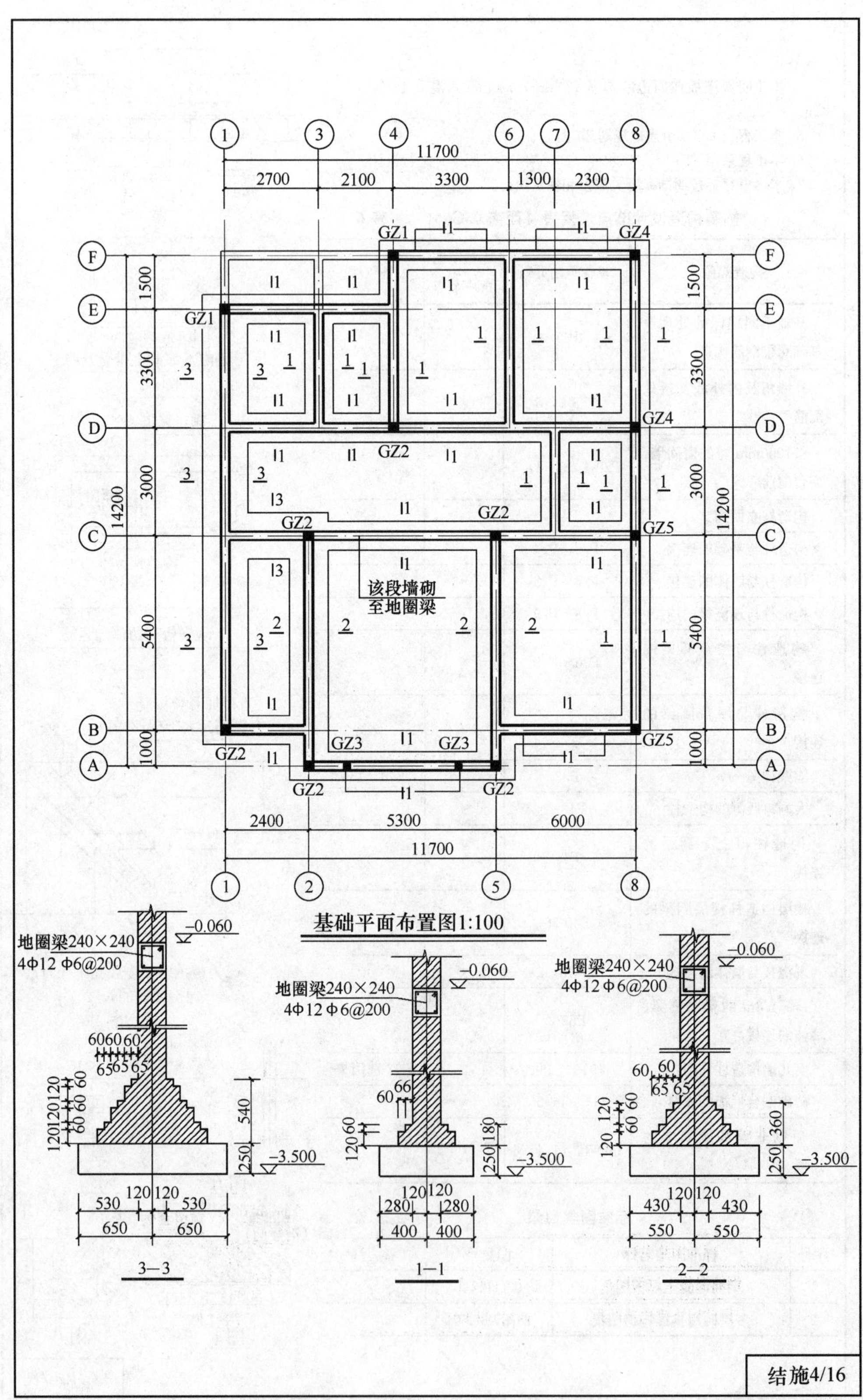

基础平面布置图1:100
该段墙砌至地圈梁
地圈梁240×240
4Φ12 Φ6@200
-0.060
-3.500
3—3
1—1
2—2
结施4/16

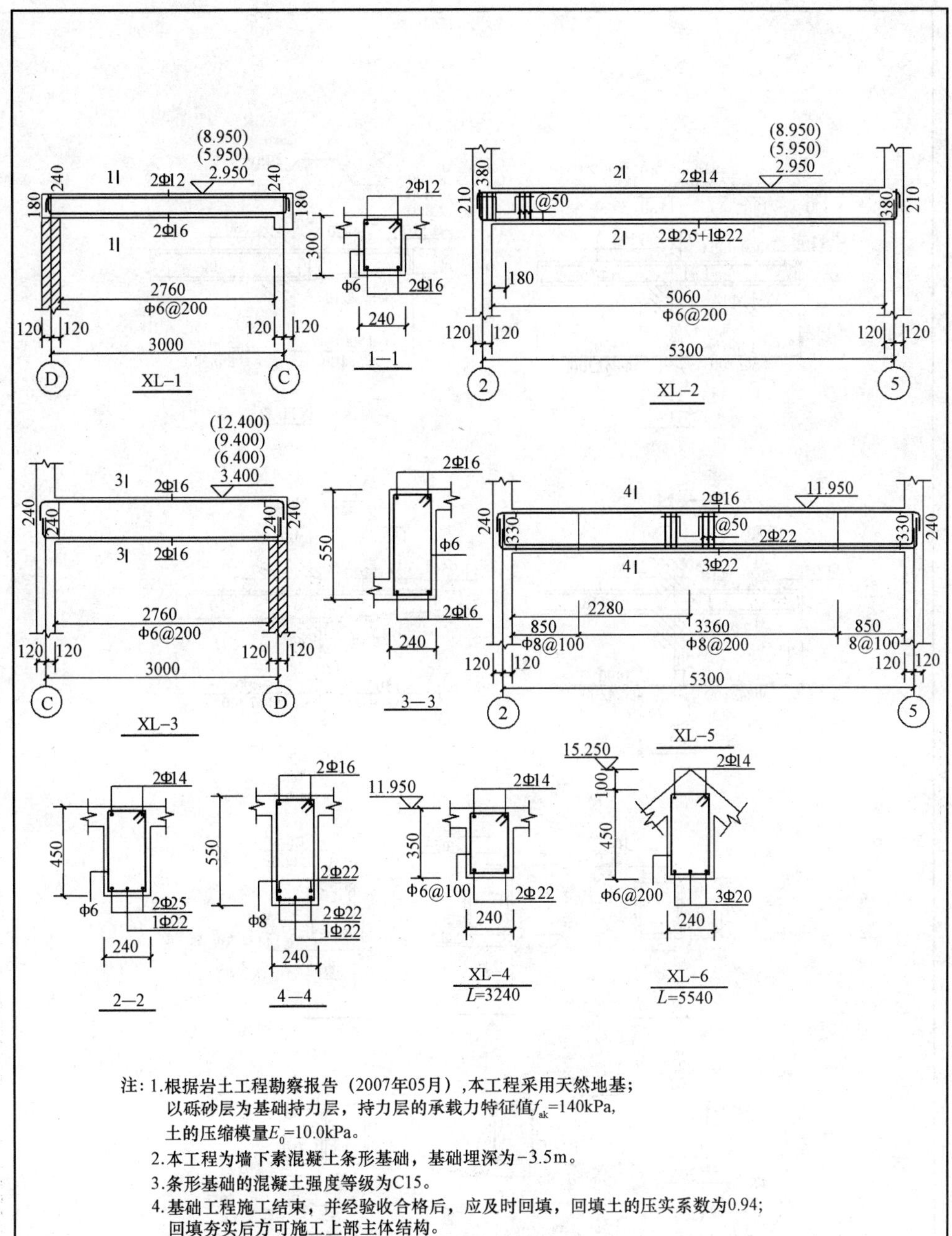

注：1.根据岩土工程勘察报告（2007年05月），本工程采用天然地基；
以砾砂层为基础持力层，持力层的承载力特征值f_{ak}=140kPa，
土的压缩模量E_0=10.0kPa。
2.本工程为墙下素混凝土条形基础，基础埋深为–3.5m。
3.条形基础的混凝土强度等级为C15。
4.基础工程施工结束，并经验收合格后，应及时回填，回填土的压实系数为0.94；
回填夯实后方可施工上部主体结构。
5.基础工程施工结束后，即可建立沉降观测点；每加载一层荷载，应观测一次。
6.基槽开挖后，应及时通知相关单位的人员进行验槽，验槽合格后方可进行下一道工序的施工。
7.底层阳台布置同二、二层阳台，标高为–0.110。

结施5/16

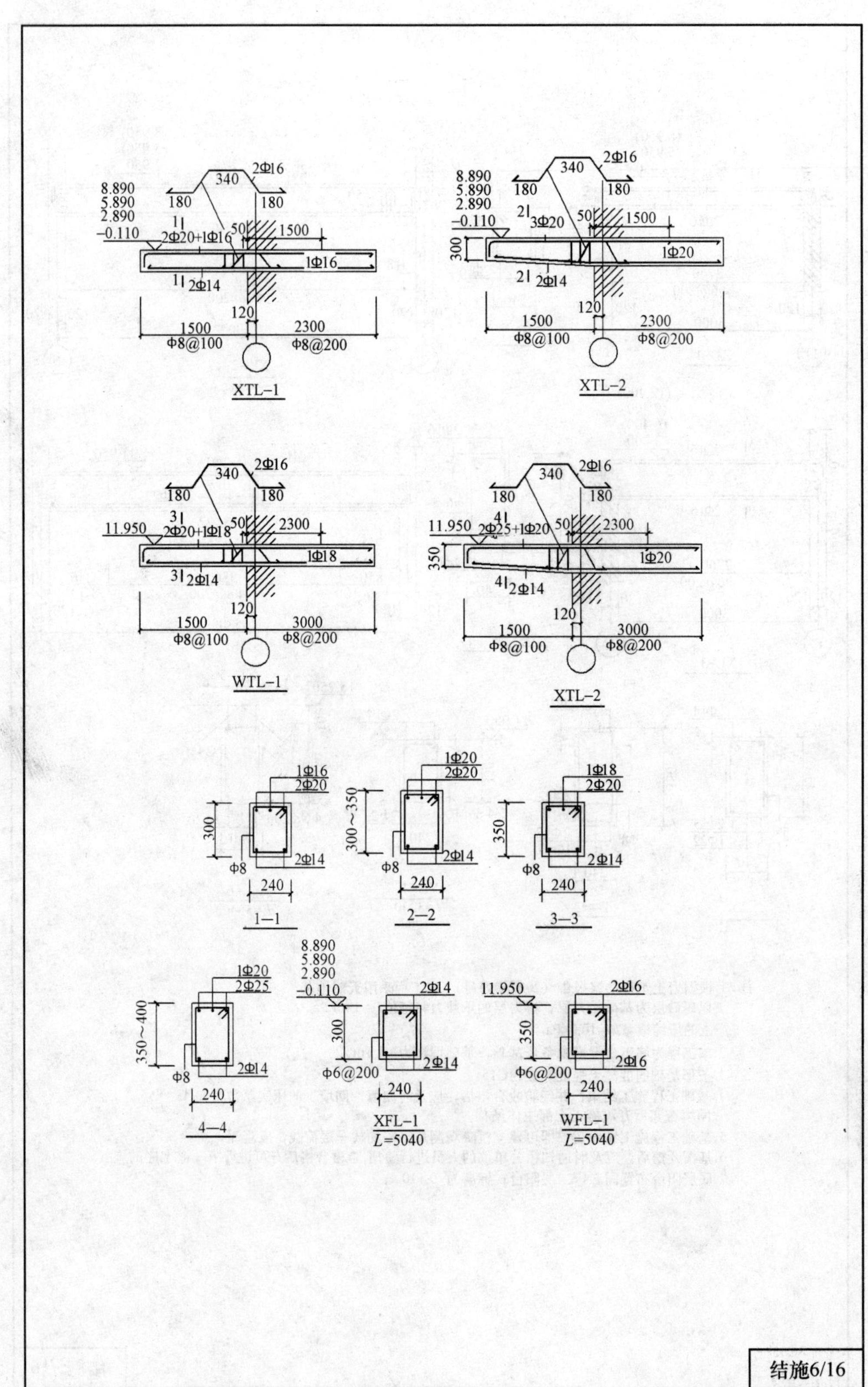
XTL−1
XTL−2
WTL−1
XTL−2
1−1
2−2
3−3
4−4
XFL−1
L=5040
WFL−1
L=5040
2Φ16
2Φ20+1Φ16
1Φ16
2Φ14
3Φ20
1Φ20
2Φ20+1Φ18
1Φ18
2Φ25+1Φ20
Φ8@100
Φ8@200
Φ6@200
8.890
5.890
2.890
−0.110
11.950
结施6/16

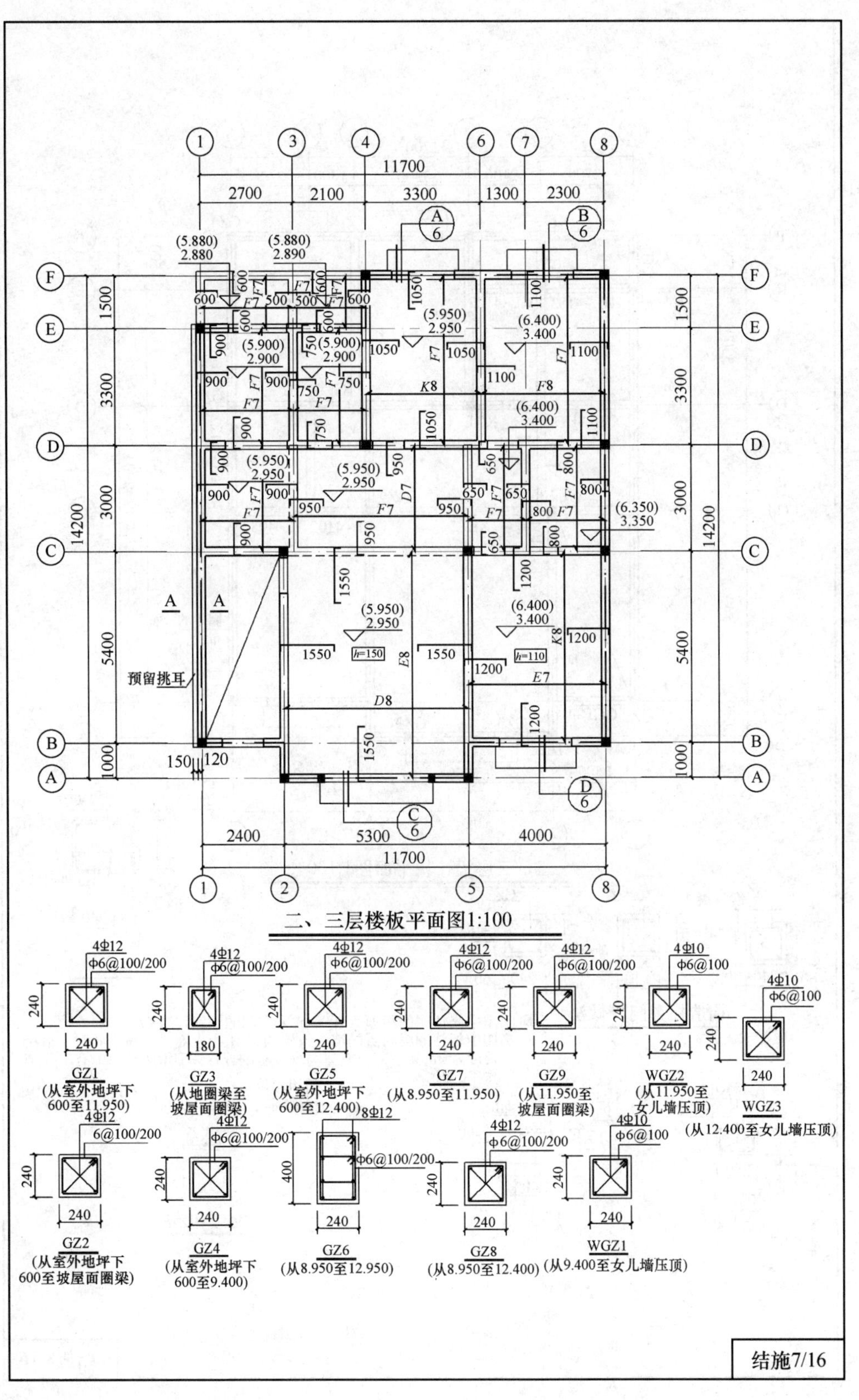

二、三层楼板平面图1:100
预留挑耳
11700
2700 2100 3300 1300 2300
2400 5300 4000
14200
1500 3300 3000 5400 1000
4Φ12 ϕ6@100/200
GZ1 (从室外地坪下600至11.950)
GZ3 (从地圈梁至坡屋面圈梁)
GZ5 (从室外地坪下600至12.400)
GZ7 (从8.950至11.950)
GZ9 (从11.950至坡屋面圈梁)
4Φ10 ϕ6@100
WGZ2 (从11.950至女儿墙压顶)
WGZ3 (从12.400至女儿墙压顶)
GZ2 (从室外地坪下600至坡屋面圈梁)
GZ4 (从室外地坪下600至9.400)
8Φ12 ϕ6@100/200
GZ6 (从8.950至12.950)
GZ8 (从8.950至12.400)
WGZ1 (从9.400至女儿墙压顶)
结施7/16

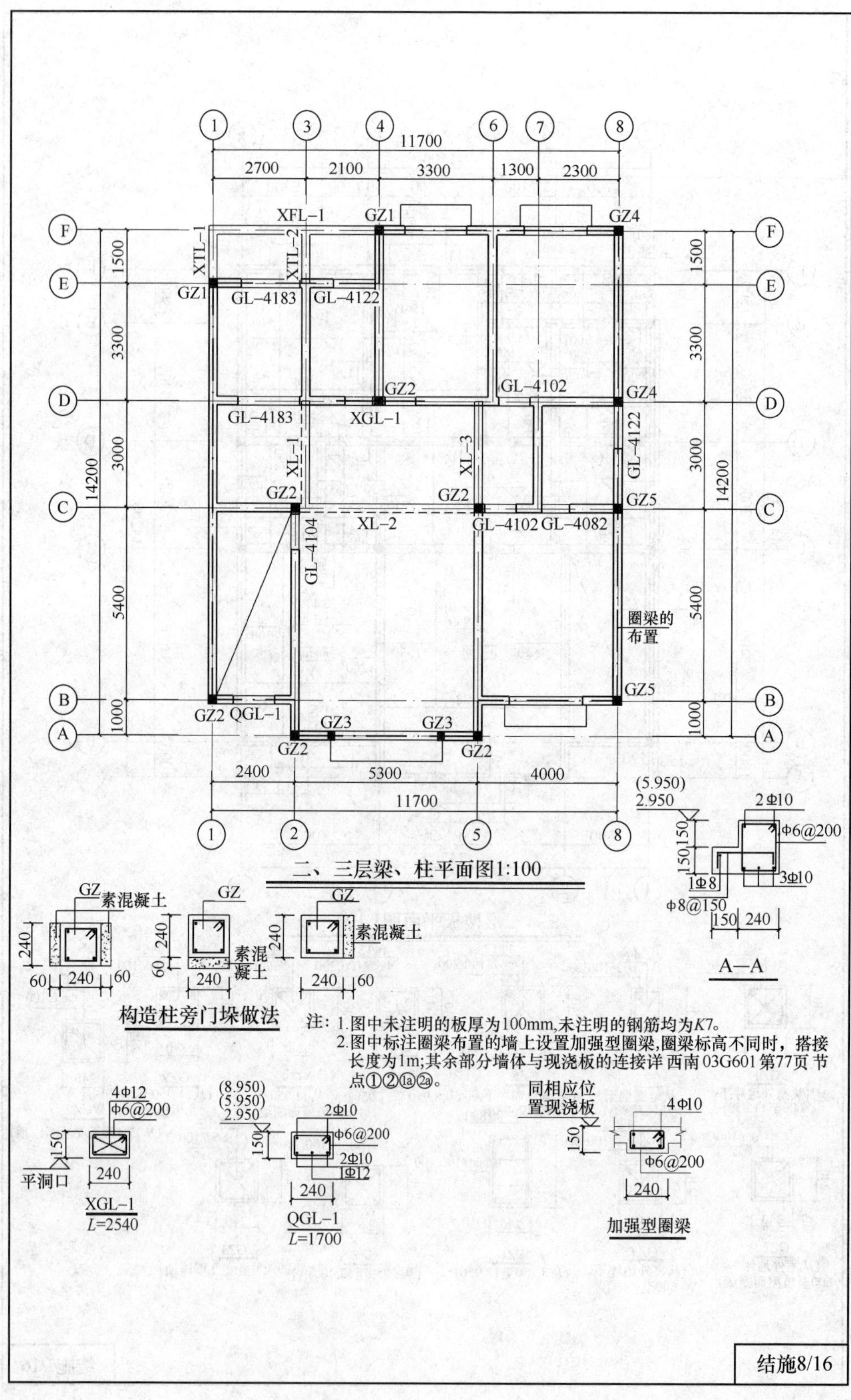
二、三层梁、柱平面图1:100
构造柱旁门垛做法
注：1.图中未注明的板厚为100mm,未注明的钢筋均为K7。
2.图中标注圈梁布置的墙上设置加强型圈梁,圈梁标高不同时，搭接长度为1m;其余部分墙体与现浇板的连接详 西南 03G601 第77页 节点①②⑴ⓐ⑵ⓐ。
A—A
XGL−1
L=2540
QGL−1
L=1700
加强型圈梁
圈梁的布置
结施8/16

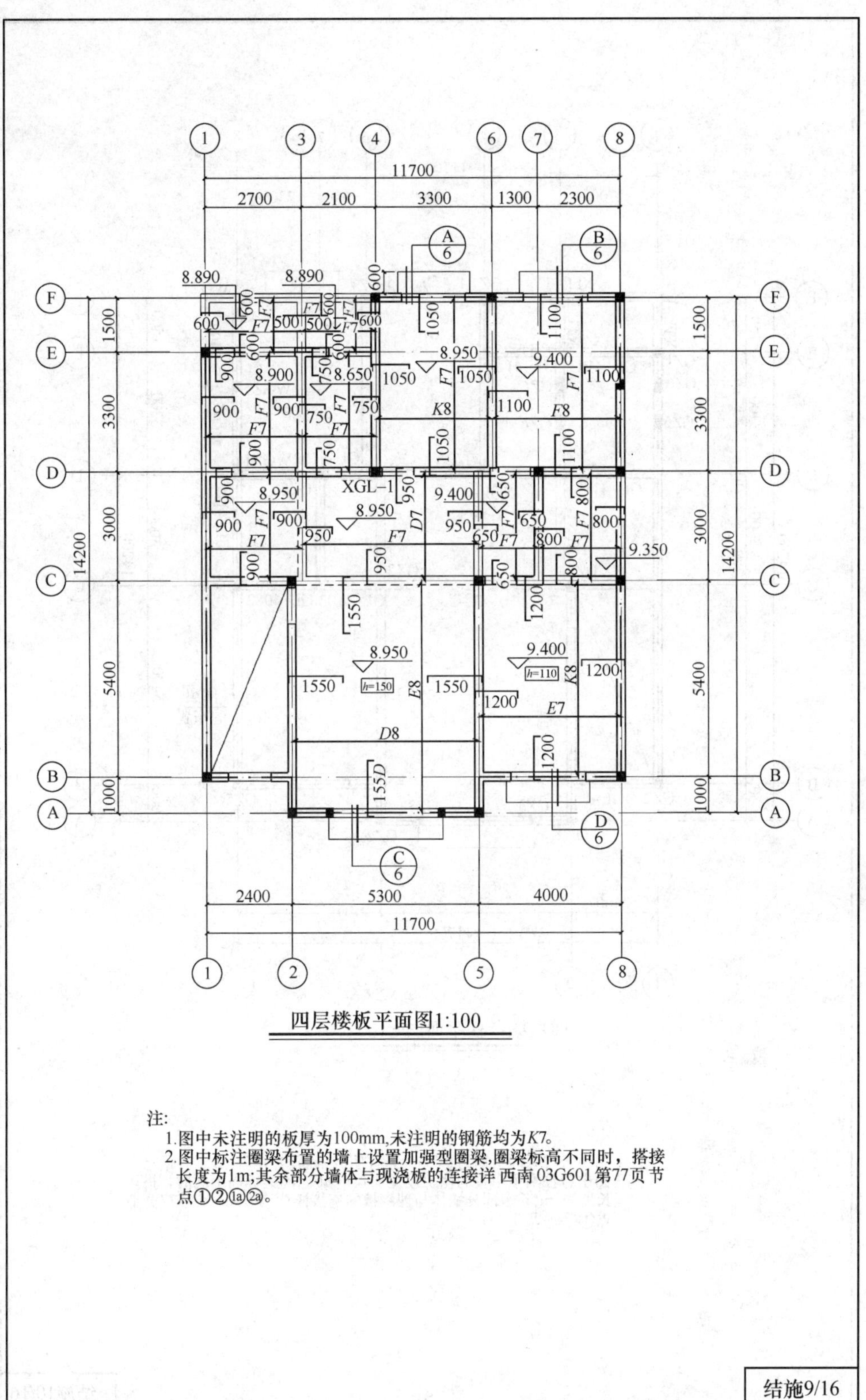

四层楼板平面图1:100

注:

1.图中未注明的板厚为100mm,未注明的钢筋均为*K*7。

2.图中标注圈梁布置的墙上设置加强型圈梁,圈梁标高不同时，搭接长度为1m;其余部分墙体与现浇板的连接详 西南 03G601 第77页节点①②ⓘⓐ②ⓐ。

结施9/16

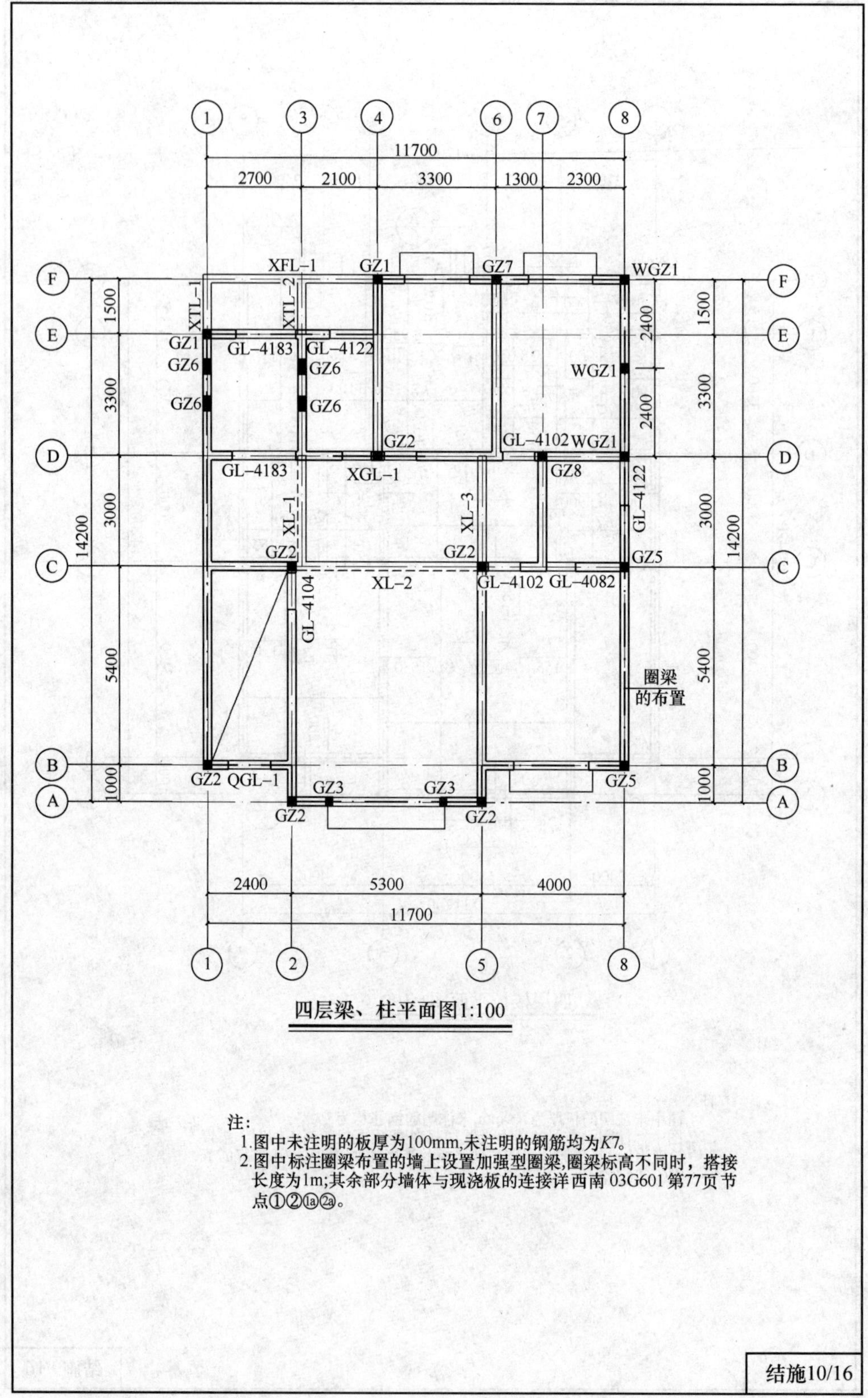

四层梁、柱平面图1:100

注:
1.图中未注明的板厚为100mm,未注明的钢筋均为K7。
2.图中标注圈梁布置的墙上设置加强型圈梁,圈梁标高不同时，搭接长度为1m;其余部分墙体与现浇板的连接详西南 03G601 第77页节点①②ⓘⓐ②ⓐ。

结施10/16

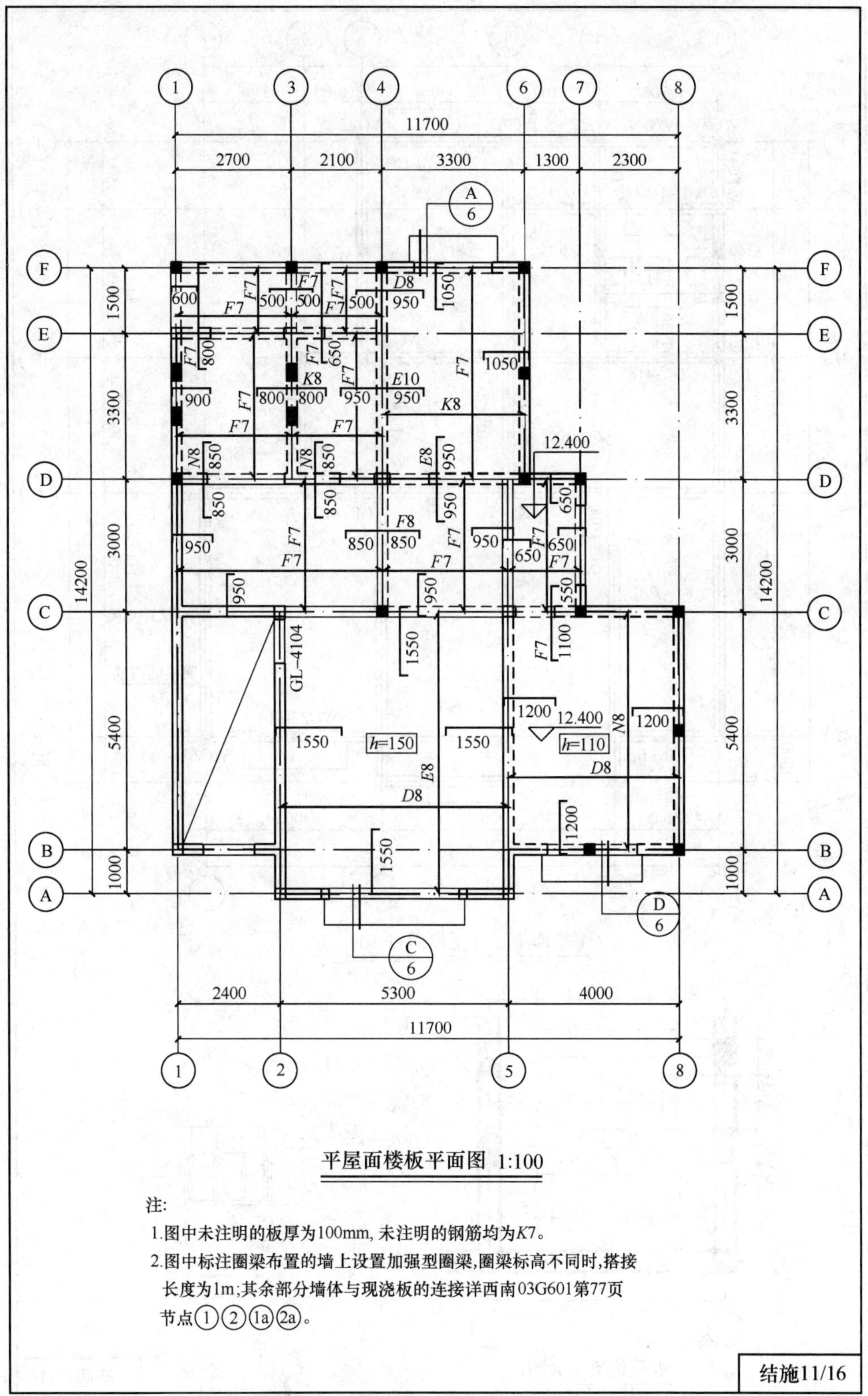

平屋面楼板平面图 1:100

注:

1.图中未注明的板厚为100mm, 未注明的钢筋均为*K*7。

2.图中标注圈梁布置的墙上设置加强型圈梁,圈梁标高不同时,搭接长度为1m;其余部分墙体与现浇板的连接详西南03G601第77页节点①②(1a)(2a)。

结施11/16

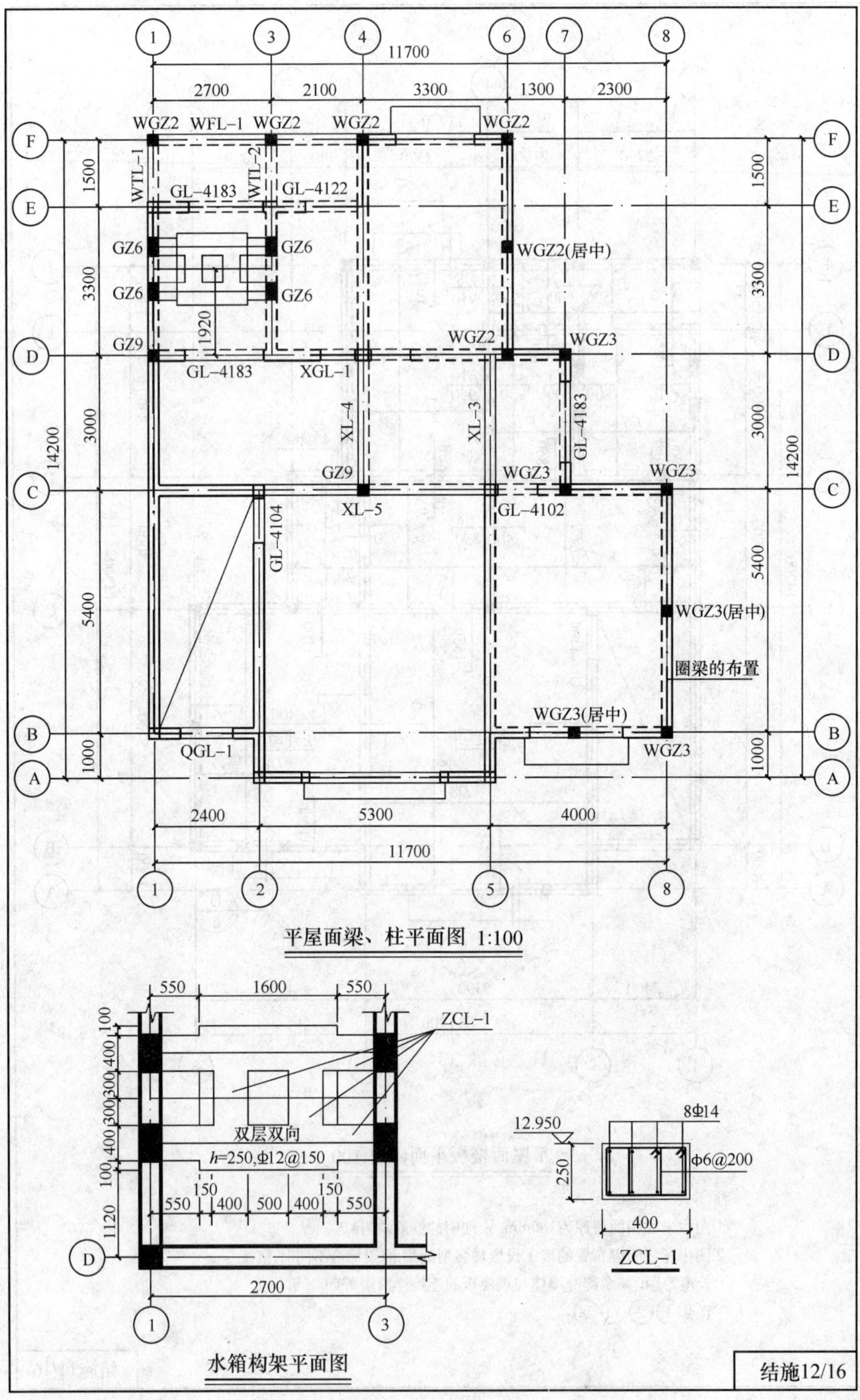

11700
2700
2100
3300
1300
2300
WGZ2
WFL-1
WTL-1
WTL-2
GL-4183
GL-4122
GZ6
GZ6
GZ6
GZ6
WGZ2(居中)
1920
GZ9
GL-4183
XGL-1
WGZ2
WGZ3
XL-4
XL-3
GL-4183
GZ9
XL-5
WGZ3
GL-4102
WGZ3
GL-4104
WGZ3(居中)
圈梁的布置
WGZ3(居中)
QGL-1
WGZ3
1500
3300
3000
5400
1000
14200
2400
5300
4000
11700
平屋面梁、柱平面图 1:100
550
1600
550
ZCL-1
双层双向
h=250,Φ12@150
150
150
550
400
500
400
550
1120
2700
12.950
8Φ14
Φ6@200
250
400
ZCL-1
水箱构架平面图
结施12/16

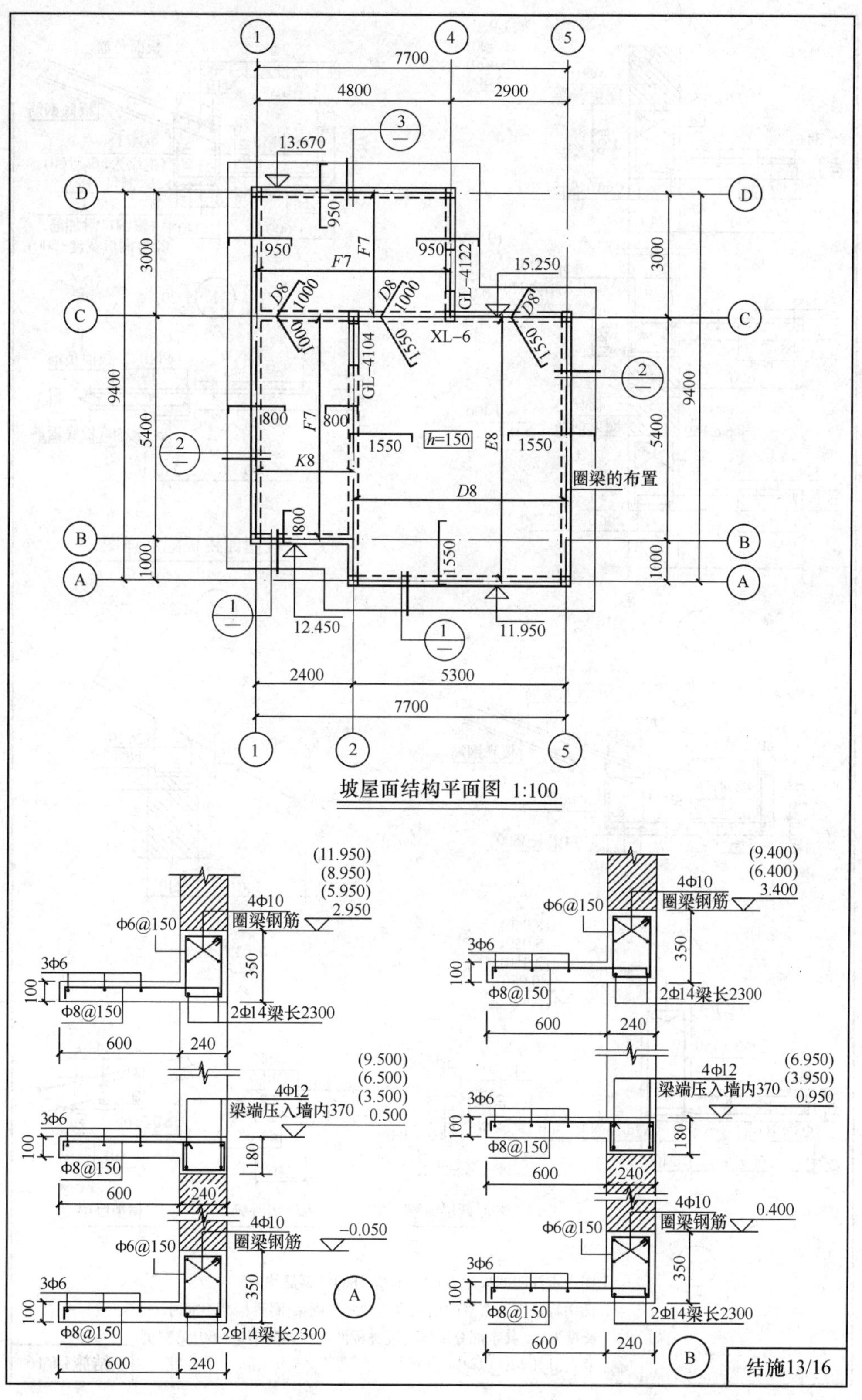
坡屋面结构平面图 1:100
圈梁的布置
h=150
XL-6
GL-4122
GL-4104
13.670
15.250
12.450
11.950
7700
4800
2900
2400
5300
9400
3000
5400
1000
圈梁钢筋
梁端压入墙内370
4Φ10
4Φ12
Φ6@150
3Φ6
Φ8@150
2Φ14梁长2300
(11.950)
(8.950)
(5.950)
2.950
(9.500)
(6.500)
(3.500)
0.500
−0.050
(9.400)
(6.400)
3.400
(6.950)
(3.950)
0.950
0.400
结施13/16

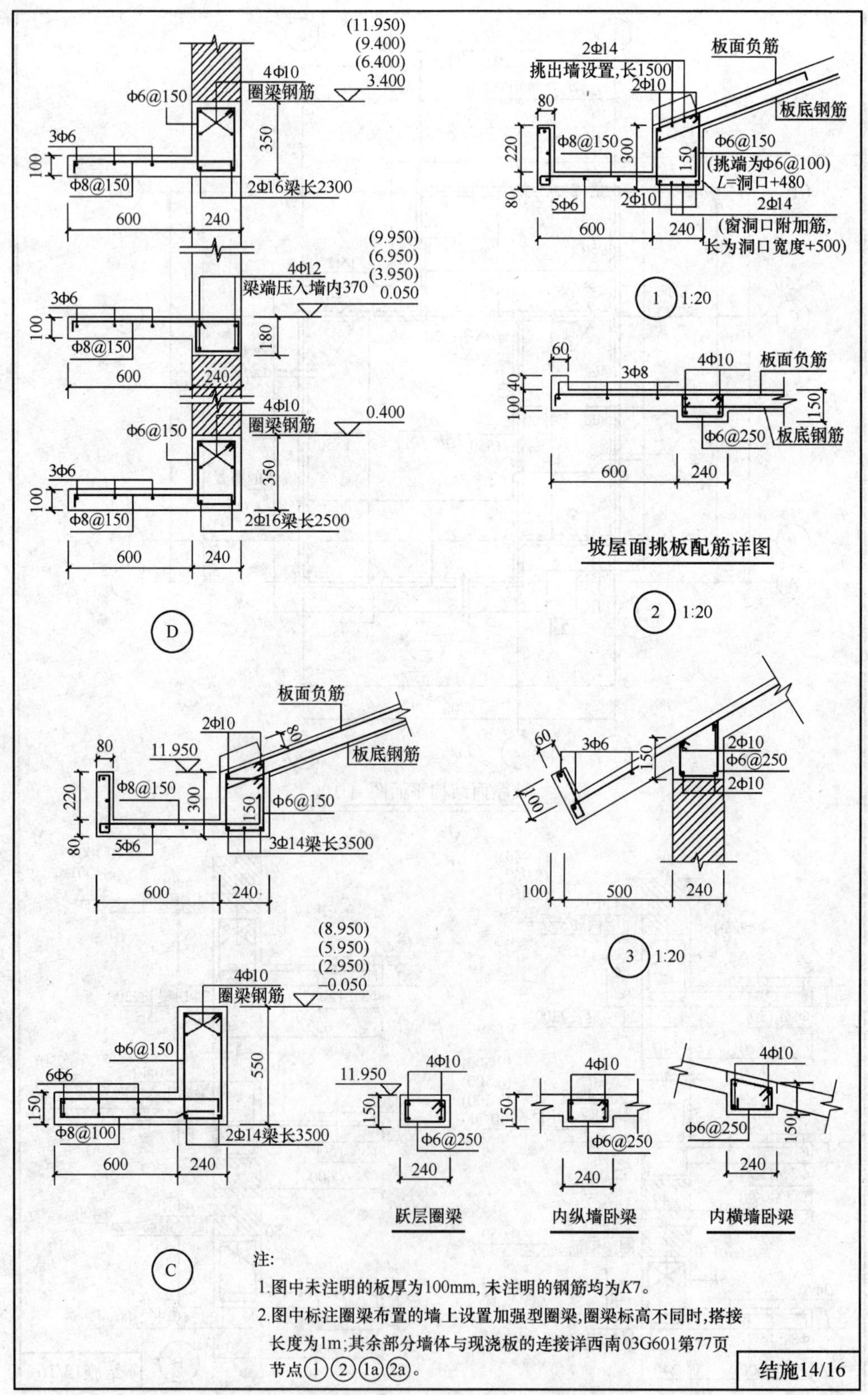

注:

1.图中未注明的板厚为100mm,未注明的钢筋均为K7。

2.图中标注圈梁布置的墙上设置加强型圈梁,圈梁标高不同时,搭接长度为1m;其余部分墙体与现浇板的连接详西南03G601第77页节点①②(1a)(2a)。

结施14/16

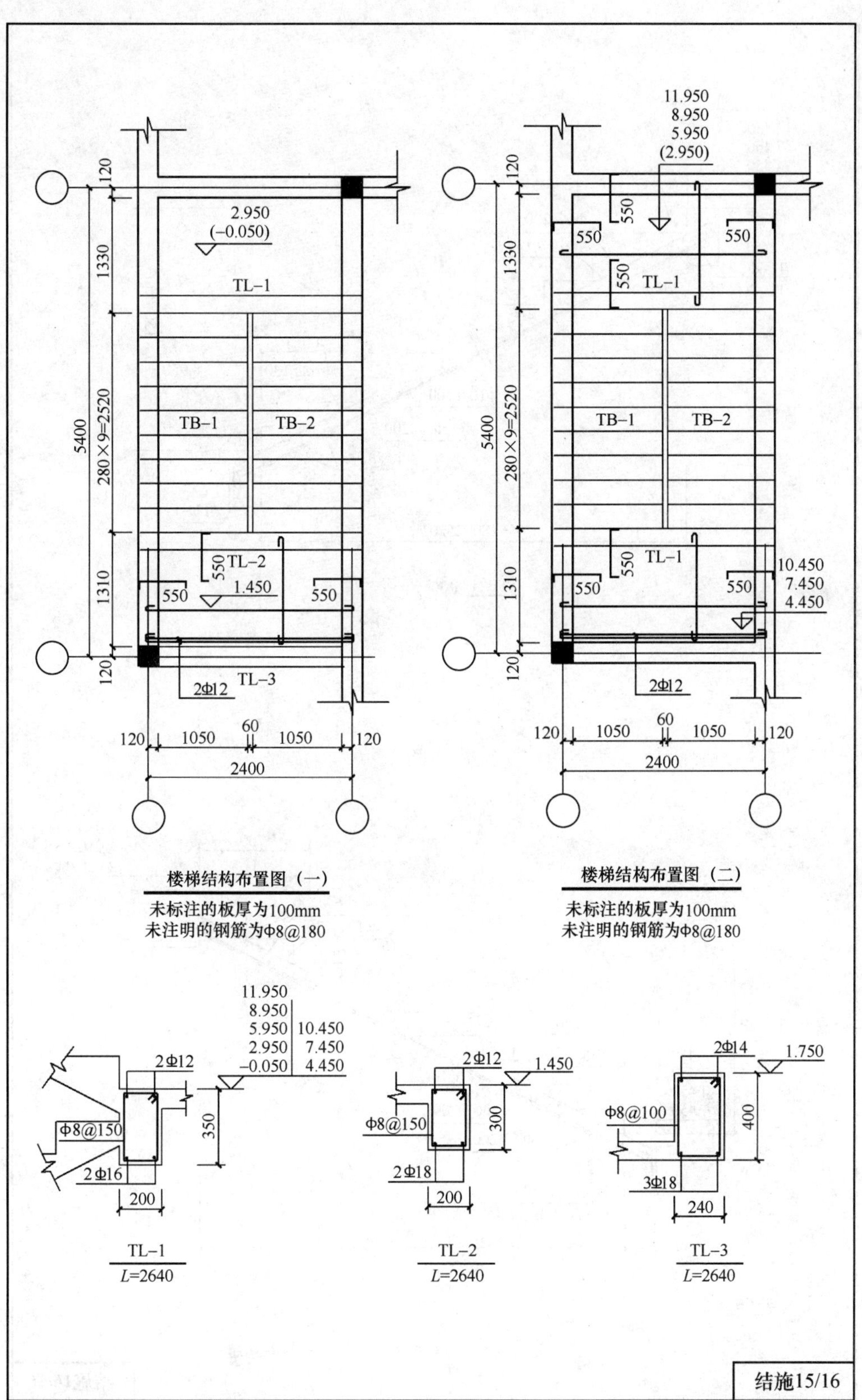

2.950
(−0.050)
TL−1
TB−1
TB−2
TL−2
1.450
TL−3
2Φ12
5400
280×9=2520
1330
1310
120
550
60
1050
2400
楼梯结构布置图（一）
未标注的板厚为100mm
未注明的钢筋为Φ8@180
11.950
8.950
5.950
(2.950)
10.450
7.450
4.450
楼梯结构布置图（二）
未标注的板厚为100mm
未注明的钢筋为Φ8@180
11.950
8.950
5.950
2.950
−0.050
2Φ12
Φ8@150
2Φ16
350
200
TL−1
L=2640
2Φ12
1.450
Φ8@150
300
2Φ18
200
TL−2
L=2640
2Φ14
1.750
Φ8@100
400
3Φ18
240
TL−3
L=2640
结施15/16

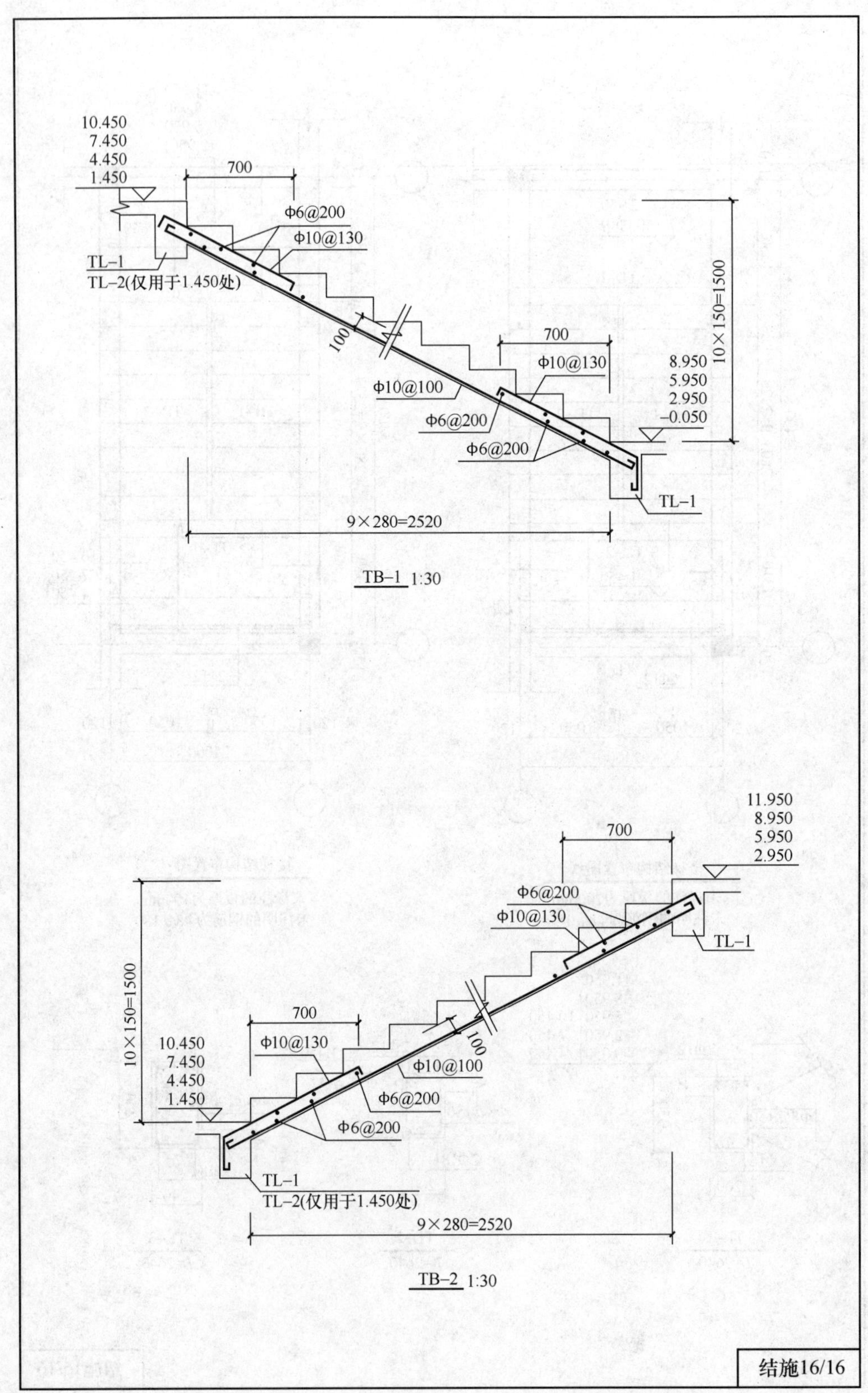
10.450
7.450
4.450
1.450
700
Φ6@200
Φ10@130
TL–1
TL–2(仅用于1.450处)
100
700
Φ10@130
8.950
5.950
2.950
–0.050
10×150=1500
Φ10@100
Φ6@200
Φ6@200
TL–1
9×280=2520
TB–1 1:30
11.950
8.950
5.950
2.950
700
Φ6@200
Φ10@130
TL–1
10×150=1500
700
100
Φ10@130
10.450
7.450
4.450
1.450
Φ10@100
Φ6@200
Φ6@200
TL–1
TL–2(仅用于1.450处)
9×280=2520
TB–2 1:30
结施16/16

三、住宅工程选用的某地区建筑标准图

卷材防水屋面

名称代号	构造简图	材料及做法	备注
卷材防水屋面 2201^a_b		1. 撒铺绿豆砂一层 2. 沥青类卷材（a. 三毡四油，b. 二毡三油） 3. 刷冷底子油一道 4. 25厚1∶3水泥砂浆找平层 5. 结构层	一道防水 二毡三油只用于Ⅳ防水等级 三毡四油可用于Ⅲ级 0.85kN/m²
卷材防水屋面 2202		1. 20厚1∶2.5水泥砂浆保护层，分格缝间距≤1.0m 2. 改性沥青或高分子卷材一道，同材性胶粘剂二道（卷材种类按工程设计） 3. 刷底胶剂一道(材性同上) 4. 25厚1∶3水泥砂浆找平层 5. 结构层	一道防水 用于Ⅲ 防水等级 0.95kN/m²
卷材防水屋面 （非上人） （a. 保温） （b. 不保温取消5.6.7） 2203^a_b		1. 20厚1∶2.5水泥砂浆保护层，分格缝间距≤1.0m 2. 高分子卷材一道，同材性胶粘剂二道（材料按工程设计） 3. 改性沥青卷材一道，胶粘剂二道（材料按工程设计） 4. 刷底胶剂一道(材性同上) 5. 25厚1∶3水泥砂浆找平层 6. 水泥膨胀珍珠岩或水泥膨胀蛭石预制块用1∶3水泥砂浆铺贴(材料及厚度按工程设计) 7. 隔汽层1.2.3.4.5（按工程设计） 8. 1∶3水泥砂浆找平层（厚度：预制板20，现浇板15） 9. 结构层	二道防水 保温 2.23kN/m² 不保温 0.90kN/m²
卷材防水屋面 （非上人保温） 2204		1. 2.3.4同2203 5. 20厚沥青砂浆找平层 6. 沥青膨胀珍珠岩或沥青膨胀蛭石现浇或预制块，预制块用乳化沥青铺贴（材料及厚度按工程设计） 7. 隔汽层1.2.3.4.5（按工程设计） 8. 1∶3水泥砂浆找平层（厚度：预制板20，现浇板15） 9. 结构层	二道防水 1.71kN/m²
卷材防水屋面 （上人） （a. 保温） （b. 不保温取消6.7.8） 2205^a_b		1. 35厚590×590钢筋混凝土预制板或铺地面砖 2. 10厚1∶2.5水泥砂浆结合层 3. 20厚1∶3水泥砂浆保护层 4. 5.6.7.8.9.10.11同2203（2.3.4.5.6.7.8.9）	二道防水 保温 3.01kN/m² 不保温 1.68kN/m²

注：1. 屋面宜由结构放坡，亦可用材料找坡（见第3页第九条），并按工程设计。
2. 保温层干燥有困难时，必须设排汽孔。
3. 卷材或涂膜等厚度按第4页表3规定。
4. 隔汽层见第5页第十五条，隔离层见第8页（二）。
5. 备注栏方框内数值为结构层以上材料总重量（其中：水泥膨胀珍珠岩或水泥膨胀蛭石按80厚计算）。

卷材防水屋面类型表(一)	西南03J201-1	
	页次	17

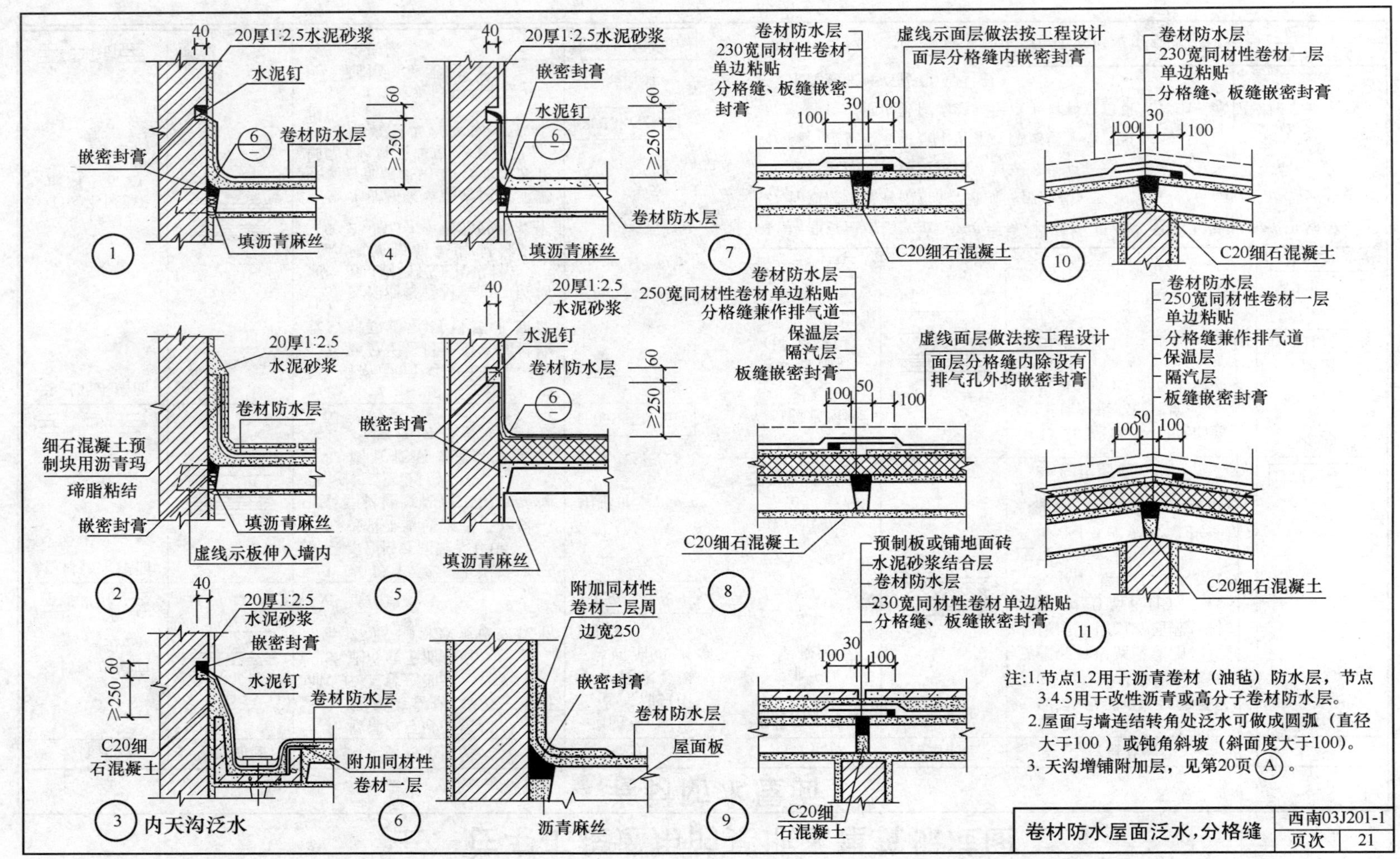
40
20厚1:2.5水泥砂浆
水泥钉
嵌密封膏
卷材防水层
填沥青麻丝
60
≥250
1
4
7
10
卷材防水层
230宽同材性卷材单边粘贴
分格缝、板缝嵌密封膏
虚线示面层做法按工程设计
面层分格缝内嵌密封膏
100 30 100
C20细石混凝土
230宽同材性卷材一层单边粘贴
20厚1:2.5水泥砂浆
细石混凝土预制块用沥青玛琋脂粘结
虚线示板伸入墙内
2
5
8
11
250宽同材性卷材单边粘贴
分格缝兼作排气道
保温层
隔汽层
板缝嵌密封膏
虚线面层做法按工程设计
面层分格缝内除设有排气孔外均嵌密封膏
100 50 100
250宽同材性卷材一层单边粘贴
预制板或铺地面砖
水泥砂浆结合层
230宽同材性卷材单边粘贴
C20细石混凝土
附加同材性卷材一层
附加同材性卷材一层周边宽250
屋面板
沥青麻丝
3 内天沟泛水
6
9
注:1.节点1.2用于沥青卷材（油毡）防水层，节点3.4.5用于改性沥青或高分子卷材防水层。
2.屋面与墙连结转角处泛水可做成圆弧（直径大于100）或钝角斜坡（斜面度大于100)。
3. 天沟增铺附加层，见第20页 A 。
卷材防水屋面泛水，分格缝
西南03J201-1
页次 21

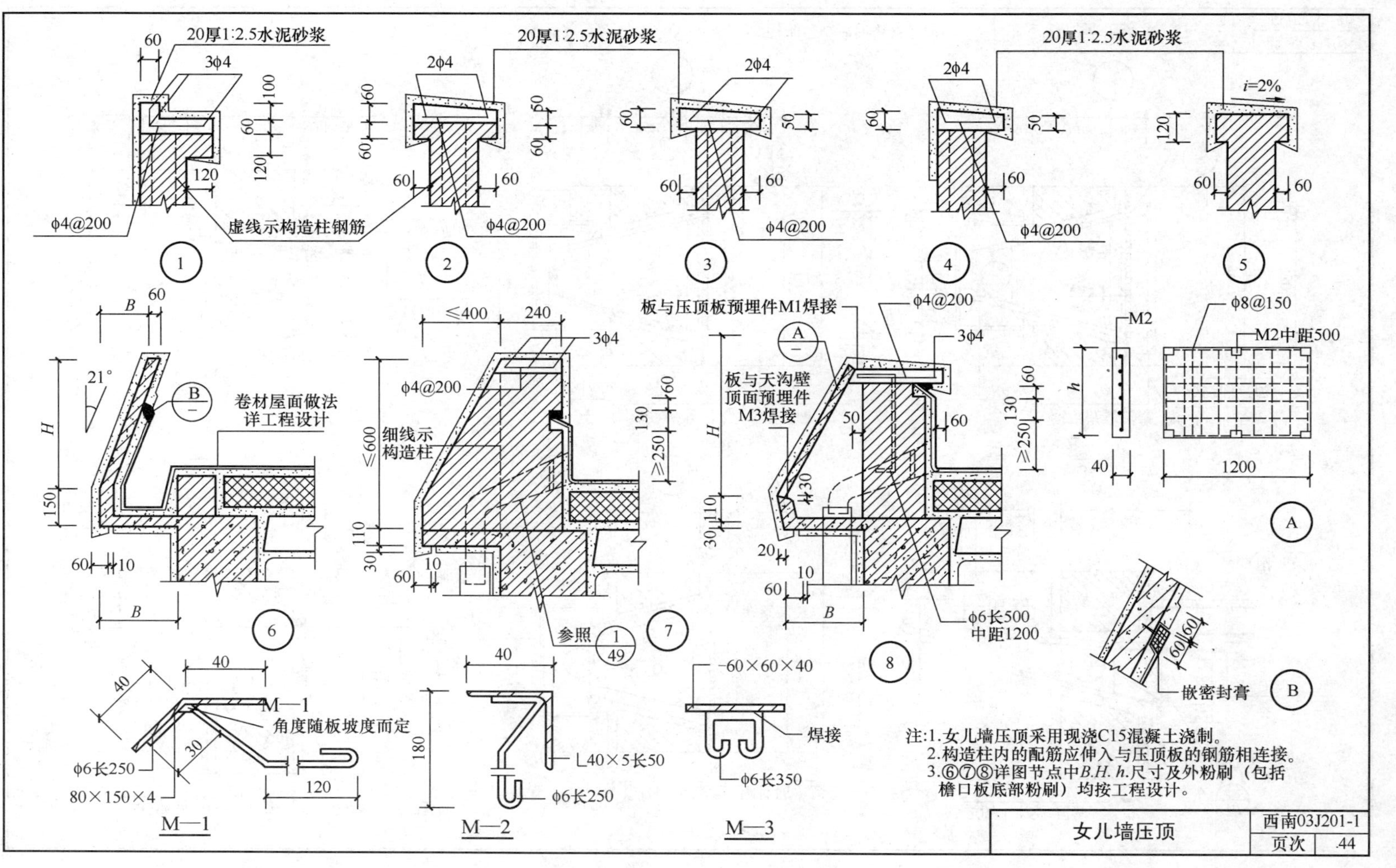
20厚1:2.5水泥砂浆
3φ4
2φ4
φ4@200
虚线示构造柱钢筋
i=2%
1
2
3
4
5
卷材屋面做法
详工程设计
细线示
构造柱
参照 1/49
板与压顶板预埋件M1焊接
板与天沟壁
顶面预埋件
M3焊接
φ6长500
中距1200
φ8@150
M2
M2中距500
6
7
8
A
B
嵌密封膏
M—1
角度随板坡度而定
φ6长250
80×150×4
L40×5长50
−60×60×40
焊接
φ6长350
M—1
M—2
M—3
注:1.女儿墙压顶采用现浇C15混凝土浇制。
2.构造柱内的配筋应伸入与压顶板的钢筋相连接。
3.⑥⑦⑧详图节点中B.H. h.尺寸及外粉刷（包括檐口板底部粉刷）均按工程设计。
女儿墙压顶
西南03J201-1
页次 44

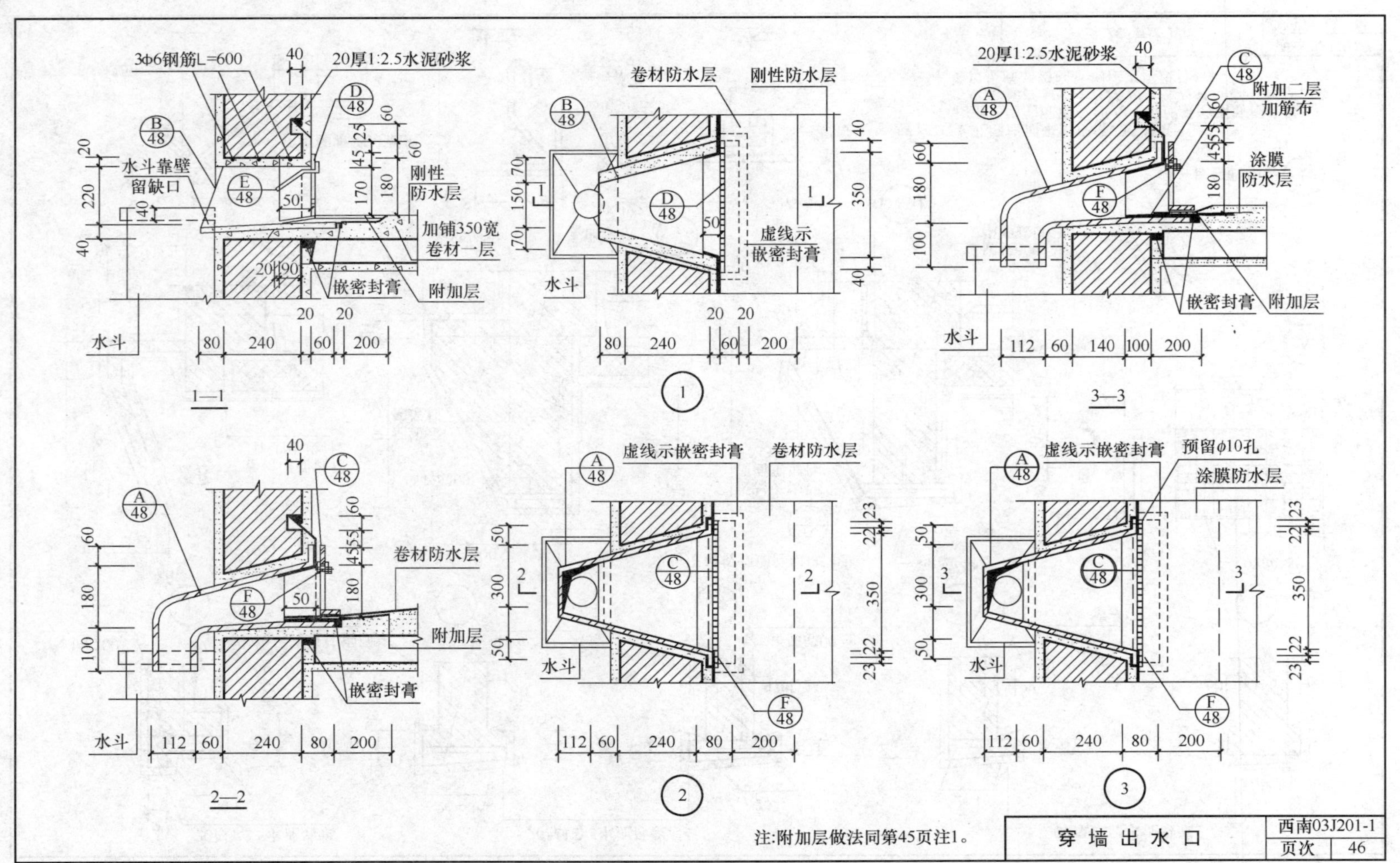
3φ6钢筋L=600
20厚1:2.5水泥砂浆
水斗靠壁
留缺口
刚性
防水层
加铺350宽
卷材一层
嵌密封膏
附加层
水斗
1—1
卷材防水层
刚性防水层
虚线示
嵌密封膏
①
附加二层
加筋布
涂膜
防水层
3—3
虚线示嵌密封膏
2—2
②
预留φ10孔
涂膜防水层
③
注:附加层做法同第45页注1。
穿墙出水口
西南03J201-1
页次 46

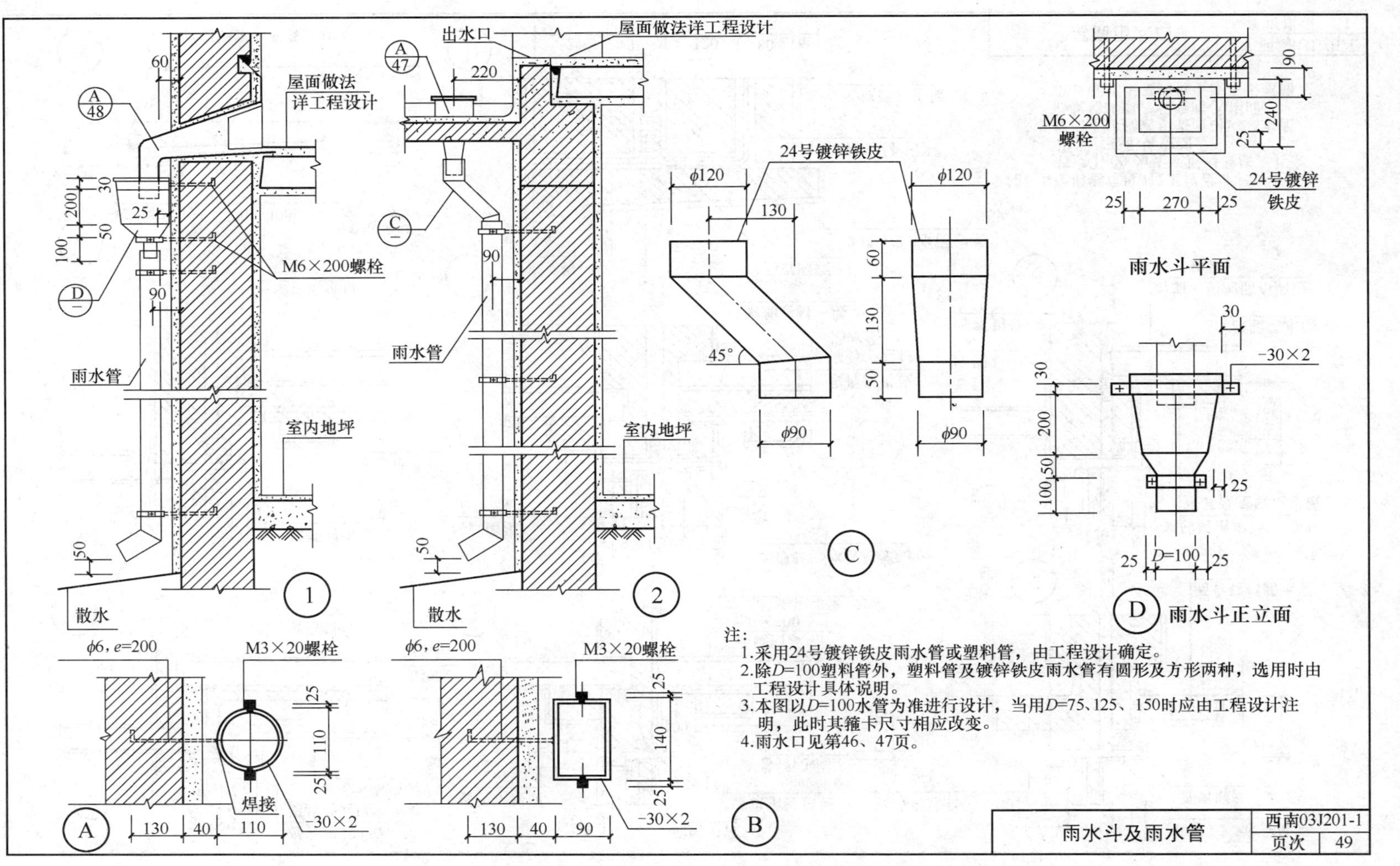

出水口
屋面做法详工程设计
屋面做法
详工程设计
A/48
A/47
C/—
D/—
M6×200螺栓
雨水管
室内地坪
散水
1
2
24号镀锌铁皮
φ120
130
45°
φ90
60
130
50
C
M6×200
螺栓
24号镀锌
铁皮
雨水斗平面
−30×2
D=100
D 雨水斗正立面
φ6，e=200
M3×20螺栓
焊接
−30×2
A
B
注：
1.采用24号镀锌铁皮雨水管或塑料管，由工程设计确定。
2.除D=100塑料管外，塑料管及镀锌铁皮雨水管有圆形及方形两种，选用时由工程设计具体说明。
3.本图以D=100水管为准进行设计，当用D=75、125、150时应由工程设计注明，此时其箍卡尺寸相应改变。
4.雨水口见第46、47页。
雨水斗及雨水管
西南03J201-1
页次 49

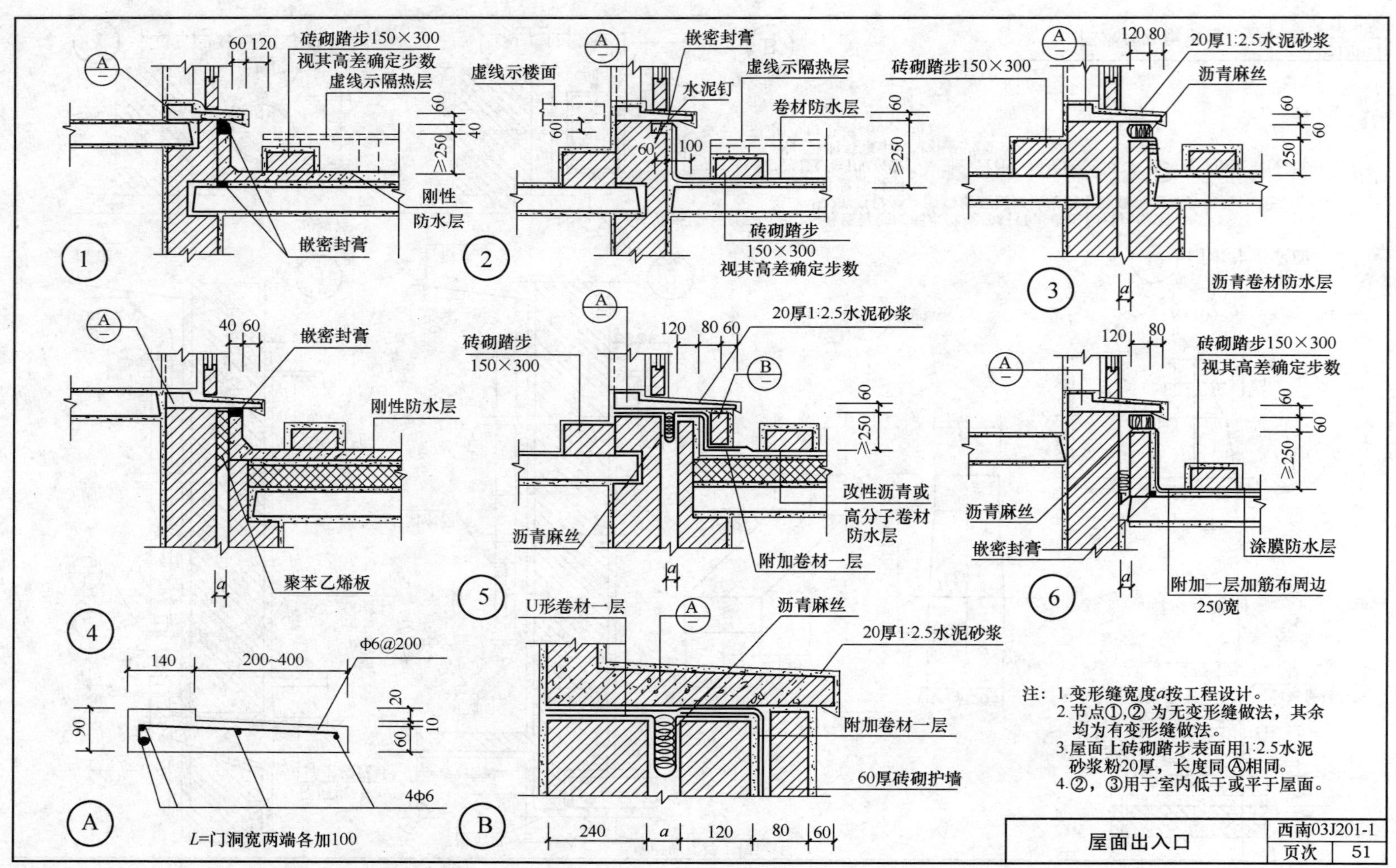

注：1.变形缝宽度a按工程设计。
2.节点①,② 为无变形缝做法，其余均为有变形缝做法。
3.屋面上砖砌踏步表面用1:2.5水泥砂浆粉20厚，长度同Ⓐ相同。
4.②，③用于室内低于或平于屋面。

屋面出入口	西南03J201-1	
	页次	51

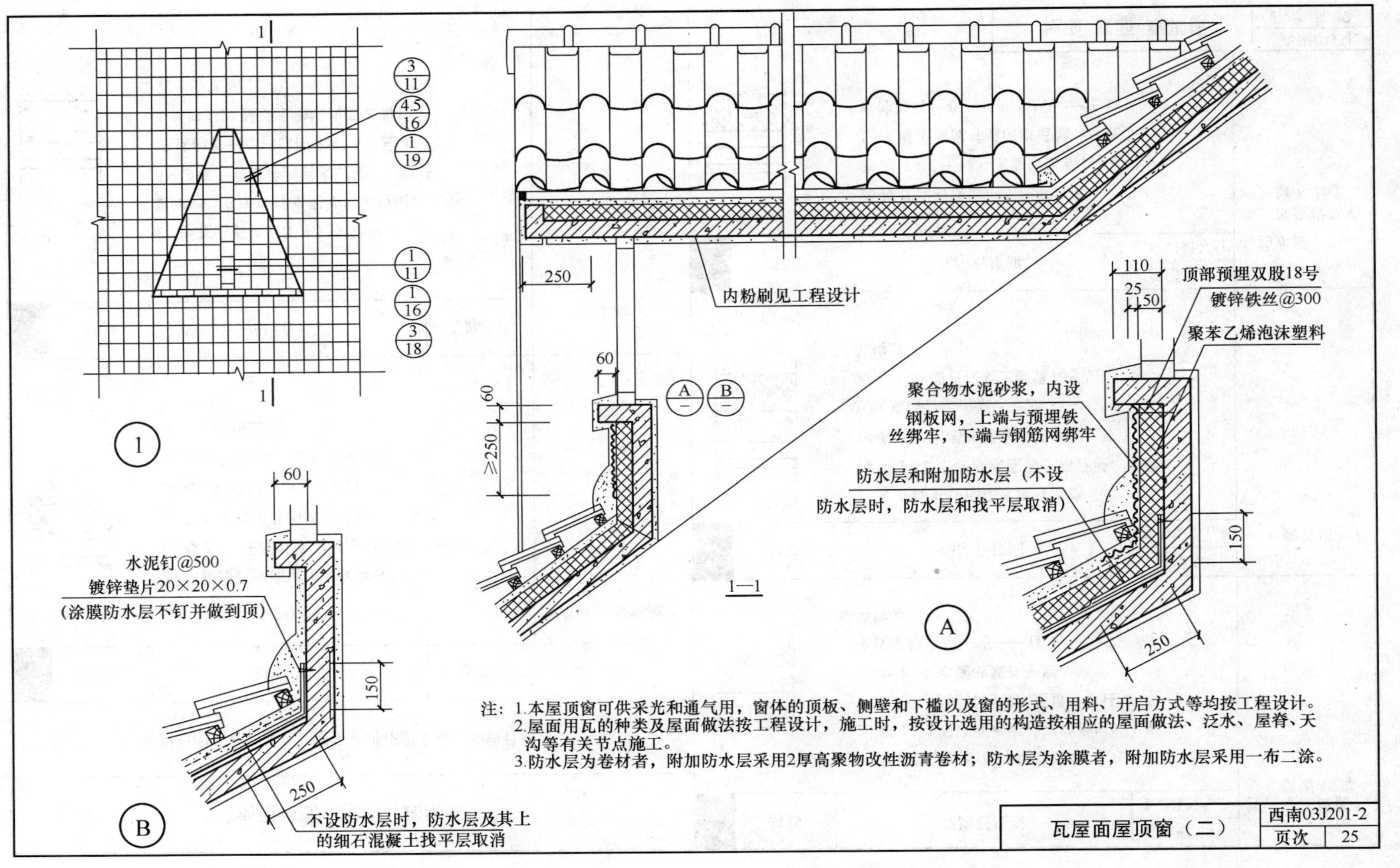

注：1.本屋顶窗可供采光和通气用，窗体的顶板、侧壁和下槛以及窗的形式、用料、开启方式等均按工程设计。
2.屋面用瓦的种类及屋面做法按工程设计，施工时，按设计选用的构造按相应的屋面做法、泛水、屋脊、天沟等有关节点施工。
3.防水层为卷材者，附加防水层采用2厚高聚物改性沥青卷材；防水层为涂膜者，附加防水层采用一布二涂。

瓦屋面屋顶窗（二）	西南03J201-2	
	页次	25

花岗石地面　楼面　踢脚板

花岗石的品种，颜色，规格，拼花图案由工程设计确定。

编号	名称	总厚	附注
3147a/b	花岗石地面	总厚 123/143	注 1： a 为 80 厚混凝土 b 为 100 厚混凝土

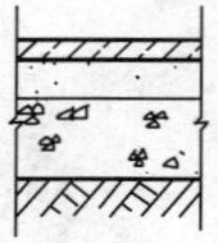

20 厚花岗石块面层水泥浆擦缝
20 厚 1：2 干硬性水泥砂浆粘合层，上洒
1～2 厚干水泥并洒清水适量——注 3
水泥浆结合层一道——注 1
80（100）厚 C10 混凝土垫层
素土夯实基土

编号	名称	总厚	附注
3148	花岗石地面	总厚 145	有防水层

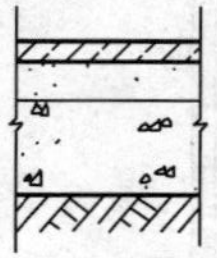

20 厚花岗石块面层水泥浆擦缝
20 厚 1：2 干硬性水泥砂浆粘合层，上洒
1～2 厚干水泥并洒清水适量——注 3
改性沥青一布四涂防水层——注 4
100 厚 C10 混凝土垫层找坡表面赶平
素土夯实基土

编号	名称	总厚 / 荷载	附注
3149	花岗石楼面	总厚 63 1.36kN/m²	注：现浇板找平层为 15 厚

20 厚花岗石块面层水泥浆擦缝
20 厚 1：2 干硬性水泥砂浆粘合层，上洒
1～2 厚干水泥并洒清水适量——注 3
20 厚 1：3 水泥砂浆找平层
水泥浆结合层一道——注 1
结构层

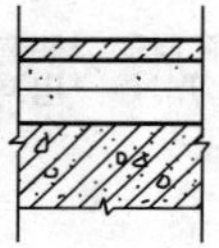

编号	名称	总厚 / 荷载	附注
3150	花岗石楼面	总厚 93 2.16kN/m²	有敷管层

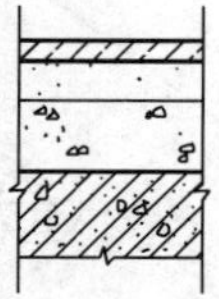

20 厚花岗石块面层水泥浆擦缝
20 厚 1：2 干硬性水泥砂浆粘合层，上洒
1～2 厚干水泥并洒清水适量——注 3
水泥浆结合层一道——注 1
50 厚 C10 细石混凝土敷管找平层
结构层

编号	名称	总厚 / 荷载	附注
3151	花岗石楼面	总厚≥66 ≤1.41kN/m²	有防水层 注：现浇板找平层为 15 厚

20 厚花岗石块面层水泥浆擦缝
20 厚 1：2 干硬性水泥砂浆粘合层，上洒
1～2 厚干水泥并洒清水适量——注 3
改性沥青一布四涂防水层——注 4

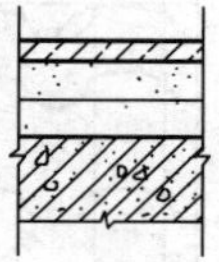

地面　楼面　踢脚板	西南04J312	
	页次	12

1：3 水泥砂浆找坡层，最薄处 20 厚
水泥浆结合层一道——注 1
结构层

3152	花岗石楼面	总厚≥95 ≤2.20kN/m²	有防水层及敷管层

20 厚花岗石块面层水泥浆擦缝
20 厚 1：2 干硬性水泥砂浆粘合层，上洒
1～2 厚干水泥并洒清水适量——注 3
改性沥青一布四涂防水层——注 4
C10 细石混凝土敷管找坡层，最薄处 50 厚
结构层

3153	花岗石踢脚板	总厚 45

20 厚花岗石块面层水泥浆擦缝
25 厚 1：2.5 水泥砂浆灌注——注 6

3154	花岗石踢脚板	总厚 48	有防水层

20 厚花岗石块面层水泥浆擦缝
纯水泥浆粘贴——水泥中掺 20%白乳胶
改性沥青一布四涂防水层——注 4
20 厚 1：2.5 水泥砂浆基层

大理石地面　楼面　踢脚板

大理石的品种，颜色，规格，拼花图案由工程设计确定

3155 a/b	大理石地面	总厚 123/143	注 1： a 为 80 厚混凝土 b 为 100 厚混凝土

20 厚大理石块面层水泥浆擦缝
20 厚 1：2 干硬性水泥砂浆粘合层，上洒
1～2 厚干水泥并洒清水适量——注 3
水泥浆结合层一道——注 1
80（100）厚 C10 混凝土垫层
素土夯实基土

3156	大理石地面	总厚145	有防水层

20 厚大理石块面层水泥浆擦缝
20 厚 1：2 干硬性水泥砂浆粘合层，上洒
1～2 厚干水泥并洒清水适量——注 3
改性沥青一布四涂防水层——注4
100 厚 C10 混凝土垫层找坡表面赶平
素土夯实基土

地面　楼面　踢脚板	西南04J312	
	页次	13

木材面做油漆

编号	名称	做法	说明
3277	厚漆（铅油）	木材表面清扫，除污；铲去脂囊，修补，砂纸打磨漆片点节疤；干性油打底；局部刮腻子，打磨；满刮腻子，打磨；刷厚漆一遍；复补腻子，磨光；刷厚漆二遍。	适用于木制构件、木门、木窗，该漆膜较软，干燥慢。
3278	油性调合漆	木材表面清扫，除污；铲去脂囊，修补，砂纸打磨漆片点节疤；干性油打底；局部刮腻子，打磨；满刮腻子，打磨；湿布擦净；刷首遍油性调和漆；复补腻子，磨光；湿布擦净；刷第二遍油性调和漆；磨光；湿布擦净；刷第三遍油性调合漆。	适用于室内木装修构件，该漆耐候性较酚醛调合漆、脂胶调合漆好，不易粉化龟裂，但漆膜较软，干燥慢。
3279	酯胶清漆（凡立水）	木材表面清扫，除污；砂纸打磨；润粉，满刮腻子；打磨；湿布擦净；刷油色，首遍酯胶清漆；拼色，复补腻子，磨光；湿布擦净；刷第二遍酯胶清漆；磨光；刷第三遍油性调合漆。	适用于木门、窗、家具木装修，漆膜光亮，耐火性好，但次于酚醛清漆。
3280	钙酯地板漆（地板清漆）	木材表面清扫，除污；砂纸打磨；润粉，满刮腻子，打磨；湿布擦净；刷油色，首遍钙酯地板漆；拼色，复补腻子，磨光；湿布擦净；刷第二遍钙酯地板漆；磨光刷第三遍钙酯地板漆。	适用于木地板、楼梯、木栏杆、木扶手，漆膜清彻透亮，坚固平滑，干燥快，耐磨性好，有一定耐水性。
3281	酯胶地板漆（紫红地板漆）	木材表面清扫，除污；铲去脂囊，修补，砂纸打磨漆片点节疤；干性油打底；局部刮腻子，打磨；满刮腻子，打磨；刷首遍酯胶地板漆；复补腻子，磨光；湿布擦净；刷第二遍酯胶地板漆；磨光；湿布擦净；刷第三遍酯胶地板漆。	适用于木地板、扶手，漆膜为铁红色或棕色，干燥快，遮盖率大，附着力强，耐磨性耐水性好。
3282	油性大漆（广漆）	木材表面清扫，除污；刷豆腐底，刮广漆腻子，打磨，复补腻子，磨光；刷较稀豆腐底；零号砂纸轻磨，刷首遍广漆，水磨；湿布擦净；刷第二遍广漆；水磨；湿布擦净；刷第三遍广漆。	适用于木扶手、台面、地板及其他木装修。耐久，耐酸，耐水，耐晒，耐化学腐蚀。
3283	酚醛清漆	木材表面清扫，除污；砂纸打磨；润粉，打磨；满刮腻子，打磨；刷油色。	适用于室内外显示木纹的装修。漆膜坚硬，干燥快，光泽良好。耐久性较酯胶清漆好。

编号	名称及做法	适用范围
3289	油性调和漆 金属表面除锈，清理，打磨；刷红丹防锈漆两遍； 局部刮腻子，打磨；满刮腻子，打磨，刷第一遍调合漆；复补腻子，磨光，刷第二遍调合漆，磨光，湿布擦净；刷第三遍调合漆。	适用于钢门窗、钢栏杆、铁皮泛水。
3290	醇酸磁漆 金属表面除锈，清理，打磨；刷丙苯乳胶金属底漆两遍厚 25～35mm；局部刮丙苯乳胶腻子，打磨，满刮丙苯乳胶腻子，打磨；刷第一遍醇酸磁漆；复补丙苯乳胶腻子，磨光，刷第二遍醇酸磁漆，磨光，湿布擦净；刷第三遍醇酸磁漆。	适用于金属结构、栏杆、花格、镀锌铁皮。
3291	酚醛磁漆 金属表面除锈，清理，打磨，刷铝钡酚醛防锈漆两遍，打磨，满刮酚醛腻子，打磨；刷第一遍酚醛磁漆，磨光，复补丙苯乳胶腻子，磨光，刷第二遍酚醛磁漆，磨光，湿布擦净；刷第三遍酚醛磁漆。	适用于设备及室内外金属面，附着力强，光泽好，漆膜坚硬，但耐候性不如醇酸磁漆好。
3292	硼钡酚醛防锈漆 金属表面除锈，清理，打磨；刷硼钡酚醛防锈漆两遍。	适用于金属水箱，无毒防锈性能好，干燥块，施工方便。
3293	沥青漆 金属表面除锈，清理，打磨；刷铁红醇酸底漆两遍；局部刮腻子，打磨；沥青漆两遍。	适用于一般防腐工程。

抹灰面油漆

编号	名称及做法	适用范围
3294	油性调和漆 墙面清扫，填补腻子，打磨；满刮腻子，打磨；干性油打底；刷第一遍调合漆，复补腻子，磨光；第二遍调合漆，磨光；第三遍调合漆。	适用于内外墙面，耐候性较强，不易粉化，不易龟裂，但干燥慢，漆膜较软。
3295	无光调合漆（平光调和漆） 墙面清扫，填补腻子，打磨；满刮腻子；打磨；干性油打底；刷第一遍无光调合漆，复补腻子，磨光；刷第二遍无光调合漆，磨光；刷第三遍无光调合漆。	适用于内墙面，漆膜反光很少，色彩柔和，耐久，耐一般洗刷，但不能用于室外。
3296	脂胶无光调合漆（磁性平光调和漆） 墙面清扫，填补腻子，打磨；满刮腻子，打磨；干性油打底；刷第一遍脂胶无光调合漆，复补腻子，磨光，刷第二遍脂胶无光调合漆，磨光，刷第三遍脂胶无光调合漆。	适用于内墙面，色彩鲜明，光彩柔和，可用水洗涤，但不能用于室外。

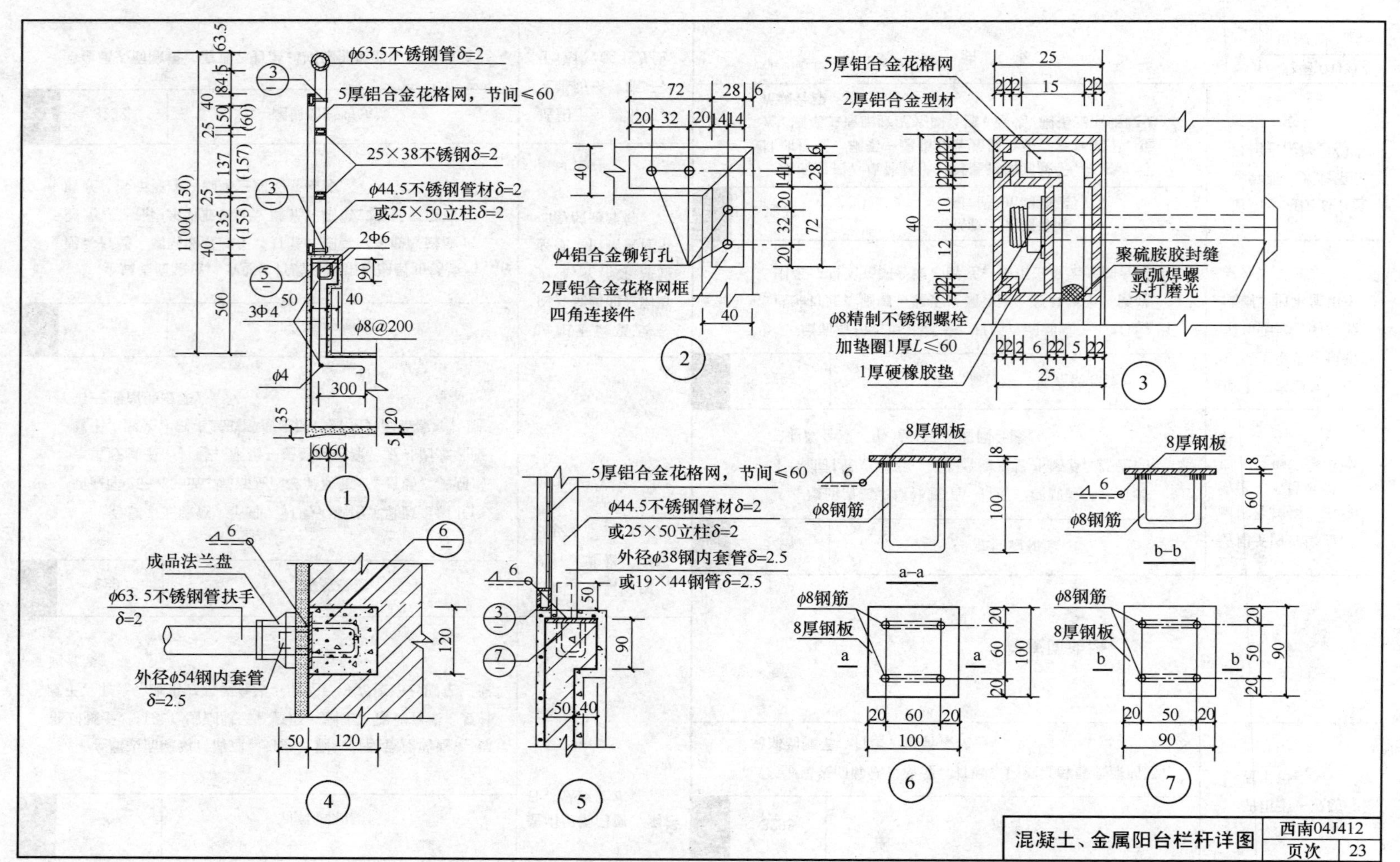

φ63.5不锈钢管δ=2
5厚铝合金花格网，节间≤60
25×38不锈钢δ=2
φ44.5不锈钢管材δ=2
或25×50立柱δ=2
2Φ6
3Φ4
φ8@200
φ4
1100(1150)
1
φ4铝合金铆钉孔
2厚铝合金花格网框
四角连接件
2
5厚铝合金花格网
2厚铝合金型材
聚硫胺胶封缝
氩弧焊螺头打磨光
φ8精制不锈钢螺栓
加垫圈1厚L≤60
1厚硬橡胶垫
3
成品法兰盘
φ63. 5不锈钢管扶手
δ=2
外径φ54钢内套管
δ=2.5
4
5厚铝合金花格网，节间≤60
φ44.5不锈钢管材δ=2
或25×50立柱δ=2
外径φ38钢内套管δ=2.5
或19×44钢管δ=2.5
5
8厚钢板
φ8钢筋
a–a
b–b
6
7
混凝土、金属阳台栏杆详图
西南04J412
页次 23

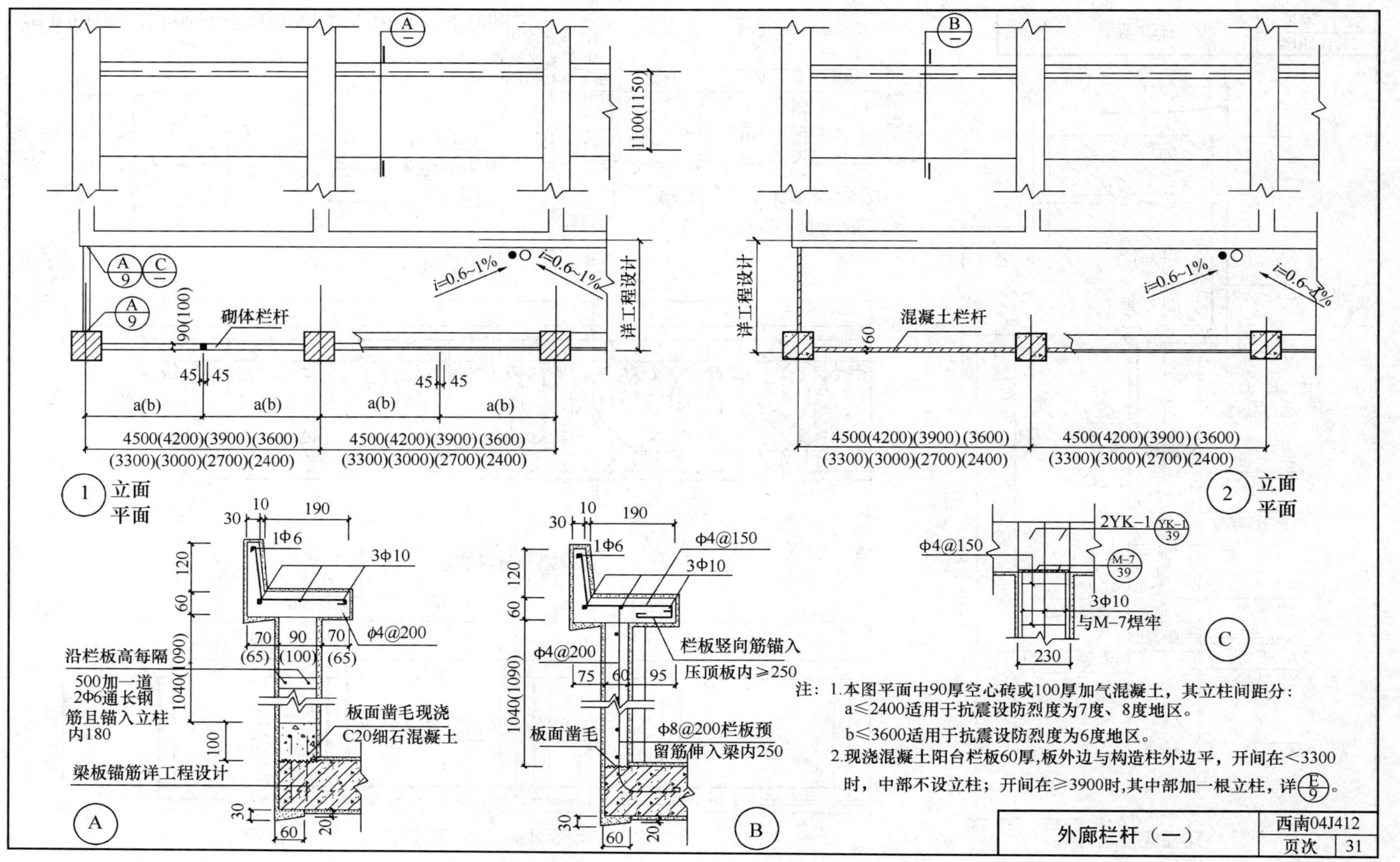

1 立面 平面
砌体栏杆
90(100)
a(b)
4500(4200)(3900)(3600)
(3300)(3000)(2700)(2400)
1100(1150)
详工程设计
i=0.6~1%
2 立面 平面
混凝土栏杆
A
沿栏板高每隔500加一道2Φ6通长钢筋且锚入立柱内180
板面凿毛现浇C20细石混凝土
梁板锚筋详工程设计
1Φ6
3Φ10
ϕ4@200
1040(1090)
B
ϕ4@150
栏板竖向筋锚入压顶板内≥250
板面凿毛
Φ8@200栏板预留筋伸入梁内250
C
2YK-1
3Φ10与M-7焊牢
230
注：1.本图平面中90厚空心砖或100厚加气混凝土，其立柱间距分：
a≤2400适用于抗震设防烈度为7度、8度地区。
b≤3600适用于抗震设防烈度为6度地区。
2.现浇混凝土阳台栏板60厚,板外边与构造柱外边平，开间在<3300时，中部不设立柱；开间在≥3900时,其中部加一根立柱，详E/9。
外廊栏杆（一）
西南04J412
页次 31

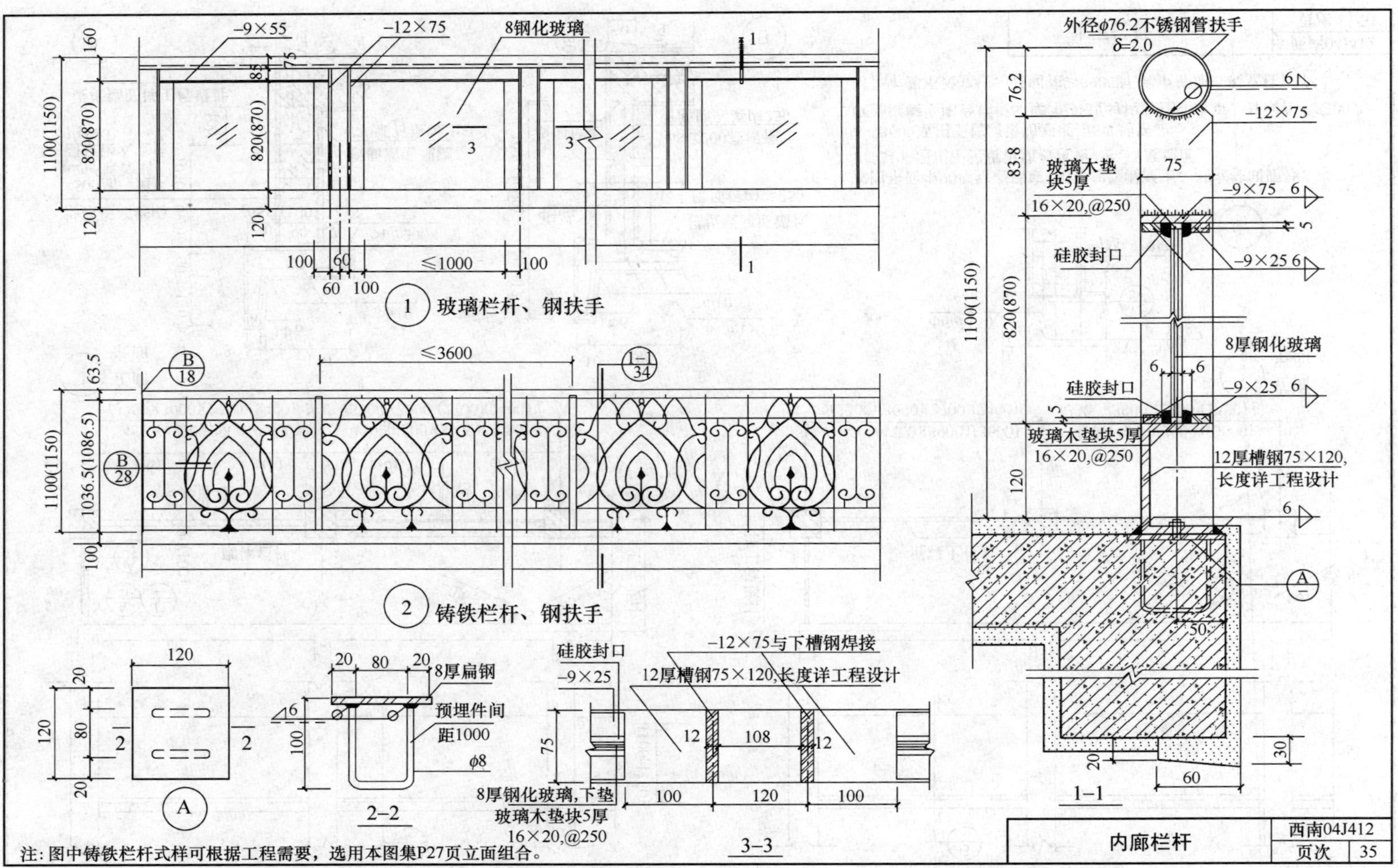
-9×55
-12×75
8钢化玻璃
1100(1150)
820(870)
120
160
≤1000
① 玻璃栏杆、钢扶手
≤3600
1036.5(1086.5)
63.5
② 铸铁栏杆、钢扶手
A
2–2
8厚扁钢
预埋件间距1000
φ8
硅胶封口
-9×25
-12×75与下槽钢焊接
12厚槽钢75×120,长度详工程设计
8厚钢化玻璃,下垫玻璃木垫块5厚16×20,@250
3–3
外径φ76.2不锈钢管扶手
δ=2.0
玻璃木垫块5厚
16×20,@250
-9×75
8厚钢化玻璃
12厚槽钢75×120,
长度详工程设计
1–1
注: 图中铸铁栏杆式样可根据工程需要，选用本图集P27页立面组合。
内廊栏杆
西南04J412
页次 35

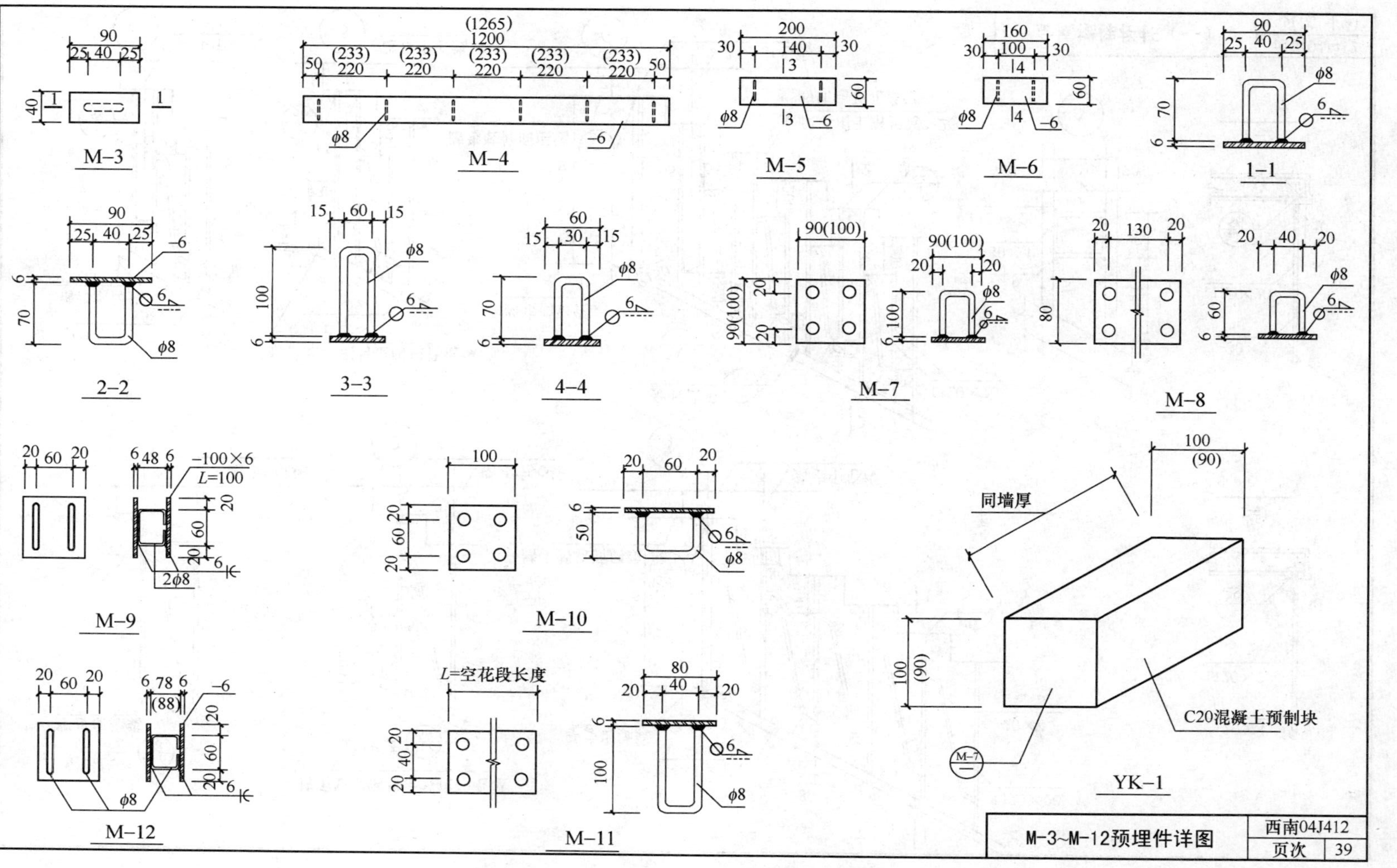
M-3
M-4
M-5
M-6
1-1
2-2
3-3
4-4
M-7
M-8
M-9
M-10
M-11
M-12
YK-1
同墙厚
C20混凝土预制块
L=空花段长度
M-3~M-12预埋件详图
西南04J412
页次 39

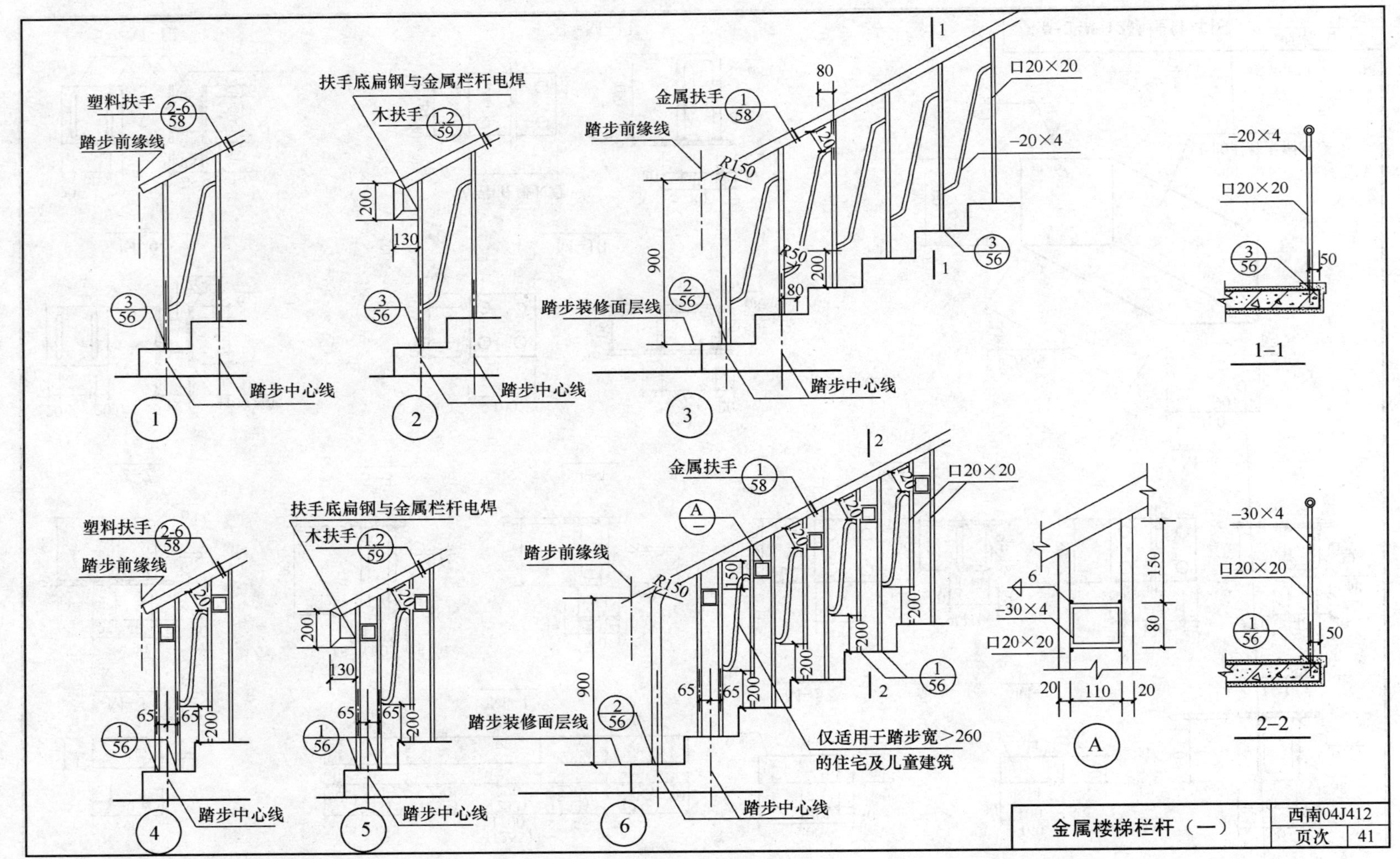
塑料扶手
2-6
58
踏步前缘线
3
56
踏步中心线
1
扶手底扁钢与金属栏杆电焊
木扶手
1.2
59
200
130
3
56
踏步中心线
2
金属扶手
1
58
踏步前缘线
R150
80
120
R50
200
80
900
2
56
踏步装修面层线
踏步中心线
3
口20×20
-20×4
3
56
1
1
-20×4
口20×20
3
56
50
1–1
塑料扶手
2-6
58
踏步前缘线
20
65
65
200
1
56
踏步中心线
4
扶手底扁钢与金属栏杆电焊
木扶手
1.2
59
20
200
130
65
65
200
1
56
踏步中心线
5
金属扶手
1
58
A
踏步前缘线
R150
150
120
120
120
200
200
200
200
65
65
900
2
56
踏步装修面层线
踏步中心线
6
仅适用于踏步宽＞260
的住宅及儿童建筑
口20×20
2
2
1
56
6
-30×4
口20×20
150
80
20
110
20
A
-30×4
口20×20
1
56
50
2–2
金属楼梯栏杆（一）
西南04J412
页次
41

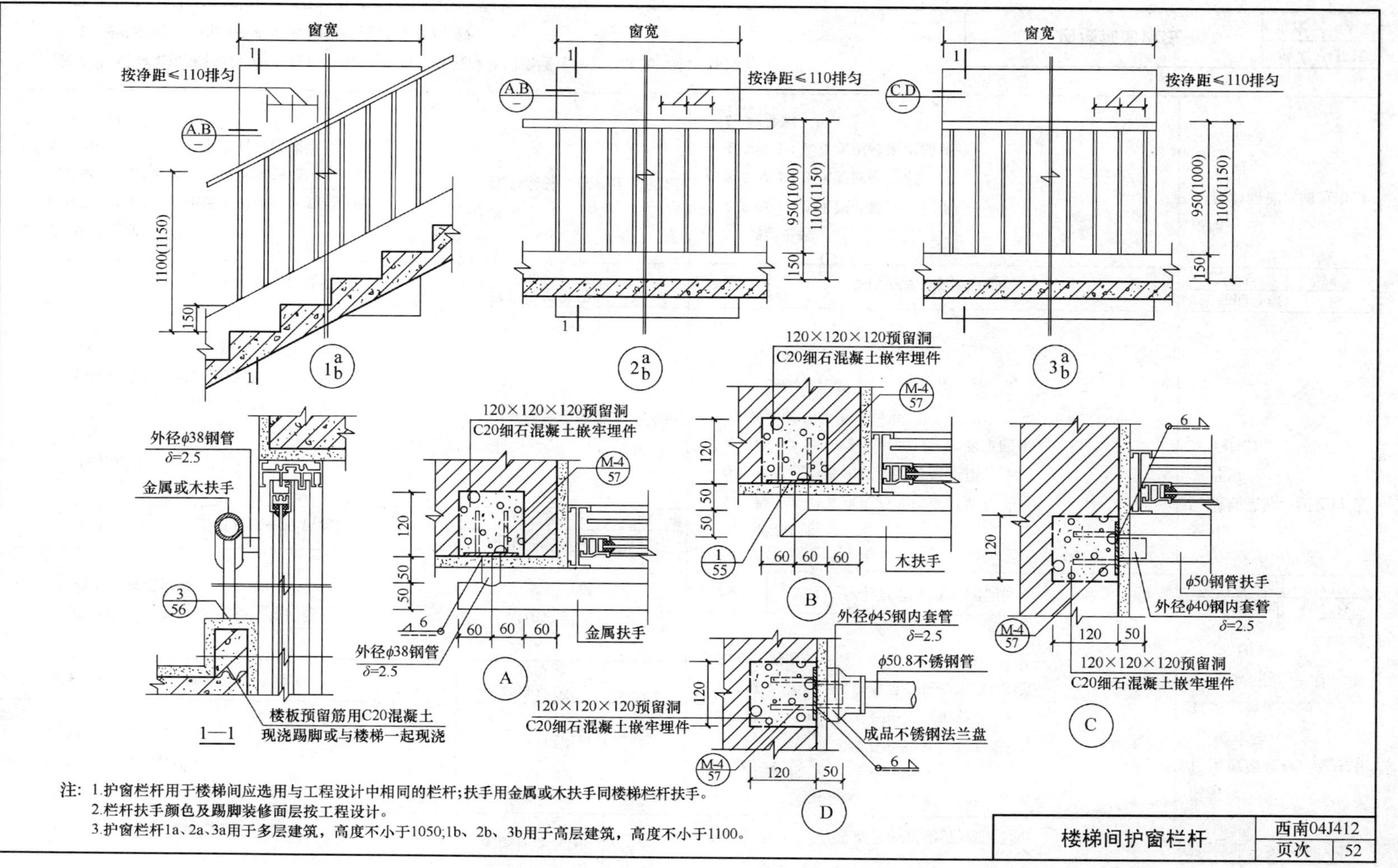

注：1.护窗栏杆用于楼梯间应选用与工程设计中相同的栏杆；扶手用金属或木扶手同楼梯栏杆扶手。
2.栏杆扶手颜色及踢脚装修面层按工程设计。
3.护窗栏杆1a、2a、3a用于多层建筑，高度不小于1050；1b、2b、3b用于高层建筑，高度不小于1100。

楼梯间护窗栏杆	西南04J412	
	页次	52

N01	大白浆平缝墙面	燃烧性能等级	A
		总厚度	

1. 清水砖墙原浆刮平缝
2. 喷大白浆或色浆

说明：
颜色由设计定

N02	大白浆凹逢墙面	燃烧性能等级	A
		总厚度	

1. 清水砖墙　1∶1水泥砂浆勾凹缝
2. 喷大白浆或色浆

说明：
颜色由设计定

N03	纸筋石灰浆喷涂料墙面	燃烧性能等级	A，B_1
		总厚度	18

1. 基层处理
2. 8厚1∶2.5石灰砂浆，加麻刀1.5%
3. 7厚1∶2.5石灰砂浆，加麻刀1.5%
4. 2厚纸筋石灰浆，加纸筋6%
5. 喷涂料

说明：
1. 涂料品种、颜色由设计定
2. （注1）

N04	混合砂浆喷涂料墙面	燃烧性能等级	A，B_1
		总厚度	22

1. 基层处理
2. 9厚1∶1∶6水泥石灰砂浆打底扫毛
3. 7厚1∶1∶6水泥石灰砂浆垫层
4. 5厚1∶0.3∶2.5水泥石灰砂浆罩面压光
5. 喷涂料

说明：
1. 涂料品种，颜色由设计定
2. （注1）

N05	混合砂浆刷乳胶漆墙面	燃烧性能等级	B_1，B_2
		总厚度	22

1. 基层处理
2. 9厚1∶1∶6水泥石灰砂浆打底扫毛
3. 7厚1∶1∶6水泥石灰砂浆垫层
4. 5厚1∶0.3∶2.5水泥石灰砂浆罩面压光
5. 刷乳胶漆

说明：
1. 乳胶漆品种、颜色由设计定
2. 乳胶漆湿涂覆比<1.5kg/m² 时，为B_1级

N06	混合砂浆贴壁纸墙面	燃烧性能等级	B_1，B_2
		总厚度	22

1. 基层处理
2. 9厚1∶1∶6水泥石灰砂浆打底扫毛
3. 7厚1∶1∶6水泥石灰砂浆垫层
4. 5厚1∶0.3∶2.5水泥石灰砂浆罩面压光
5. 满刮腻子一道，磨平
6. 补刮腻子，磨平
7. 贴壁纸

说明：
1. 壁纸品种，颜色由设计定
2. （注2）

N07	水泥砂浆喷涂料墙面	燃烧性能等级	B_1
		总厚度	19

1. 基层处理
2. 7厚1∶3水泥砂浆打底扫毛
3. 6厚1∶3水泥砂浆垫层
4. 5厚1∶2.5水泥砂浆罩面压光
5. 喷涂料

说明：
1. 涂料品种，颜色由设计定
2. （注1）

注：1. 涂料为无机涂料时，燃烧性能等级为A级；有机涂料湿涂覆比<1.5kg/m² 时，为B_1级
2. 壁纸重量<300g/m² 时，其燃烧性能等级为B_1级

内墙饰面做法	西南04J515	
	页次	4

N08	水泥砂浆刷乳胶漆墙面	燃烧性能等级	B_1
		总厚度	19
	1. 基层处理 2.7厚1：3水泥砂浆打底扫毛 3.6厚1：3水泥砂浆垫层 4.5厚1：2.5水泥砂浆罩面压光 5. 刷乳胶漆	说明： 1. 涂料品种，颜色由设计定 2. 乳胶漆湿涂覆比<1.5kg/m² 时，为 B_1 级	

N09	水泥砂浆贴壁纸墙面	燃烧性能等级	B_1
		总厚度	19
	1. 基层处理 2.7厚1：3水泥砂浆打底扫毛 3.6厚1：3水泥砂浆垫层 4.5厚1：2.5水泥砂浆罩面压光 5. 满刮腻子一道，磨平 6. 贴壁线	说明： 1. 壁纸品种、颜色由设计定 2.（注2）	

N10	拉毛喷涂料墙面	燃烧性能等级	A，B_1
		总厚度	23
	1. 基层处理 2.9厚1：1：6水泥石灰砂浆打底扫毛 3.7厚1：1：6水泥石灰砂浆垫层 4.6厚1：0.3：3水泥石灰砂浆拉毛 5. 喷涂料	说明： 1. 拉毛颗粒大小、涂料品种、颜色由设计定 2.（注1）	

N11	白瓷砖墙面	燃烧性能等级	A
		总厚度	23
	1. 基层处理 2.10厚1：3水泥砂浆打底扫毛，分两次抹 3.8厚1：0.15：2水泥石灰砂浆粘结层（加建筑胶适量） 4.5厚白瓷砖，白水泥擦缝	说明： 白瓷砖150×150×5或由设计定	

N12	彩釉砖墙面	燃烧性能等级	A
		总厚度	23～25
	1. 基层处理 2.10厚1：3水泥砂浆打底扫毛，分两次抹 3.8厚1：0.15：2水泥石灰砂浆粘结层（加建筑胶适量） 4.5～7厚彩色釉面砖，白水泥擦缝	说明： 彩色釉面砖品种规格由设计定	

N13	陶瓷锦砖墙面	燃烧性能等级	A
		总厚度	21～21.5
	1. 基层处理 2.9厚1：3水泥砂浆打底扫毛，分两次抹 3.8厚1：0.15：2水泥石灰砂浆粘结层（加建筑胶适量） 4.4～4.5厚陶瓷锦砖，白水泥擦缝	说明： 陶瓷锦砖品种规格、拼花图案由设计定	

注：1. 涂料为无机涂料时，燃烧性能等级为A级；有机涂料湿涂覆比<1.5kg/m² 时，为 B_1 级
2. 壁纸重量<300g/m² 时，其燃烧性能等级为 B_1 级

内墙饰面做法	西南 04J515	
	页次	5

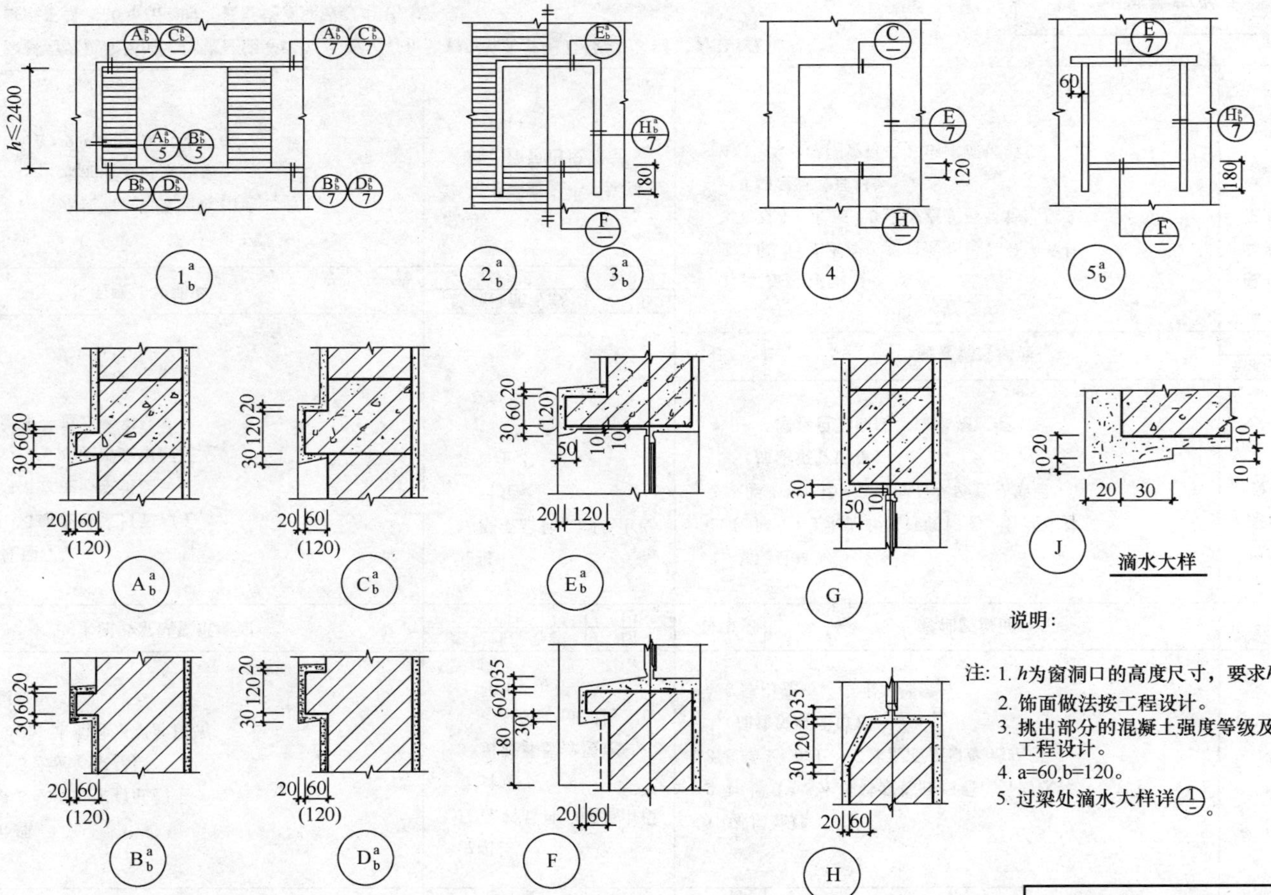

$h\leqslant 2400$

1^{a}_{b}　2^{a}_{b}　3^{a}_{b}　4　5^{a}_{b}

A^{a}_{b}　C^{a}_{b}　E^{a}_{b}　G

J 滴水大样

B^{a}_{b}　D^{a}_{b}　F　H

说明：

注：1. h为窗洞口的高度尺寸，要求$h\leqslant 2400$。

2. 饰面做法按工程设计。

3. 挑出部分的混凝土强度等级及配筋按工程设计。

4. a=60,b=120。

5. 过梁处滴水大样详 $\frac{J}{—}$。

窗台, 窗套(二)	西南04J516	
	页次	8

P01	刮腻子喷涂料顶棚	燃烧性能等级	A，B_1
		总厚度	
1. 现浇钢筋混凝土板底腻子刮平 2. 喷涂料		说明： 1. 涂料品种颜色由设计定 2. 适用于一般库房，锅炉房等 3. (注 1)	

P02	抹缝喷涂料顶棚	燃烧性能等级	A，B_1
		总厚度	
1. 预制钢筋混凝土板底抹缝，1∶0.3∶3 水泥石灰砂浆打底，纸筋灰（加纸筋 6%）罩面一次成活 2. 喷涂料		说明： 1. 涂料品种、颜色由设计定 2. 适用于一般库房，锅炉房等 3. (注 1)	

P03	纸筋灰喷涂料顶棚	燃烧性能等级	A，B_1
		总厚度	13，16
1. 基层清理 2. 刷水泥浆一道（加建筑胶适量） 3. 4 厚 1∶0.5∶2.5 水泥石灰砂浆 4. 6，9 厚 1∶1∶4 水泥石灰砂浆（现浇基层 6 厚，预制基层 9 厚） 5. 2 厚纸筋石灰浆（加纸筋 6%） 6. 喷涂料		说明： 1. 涂料品种颜色由设计定 2. (注 1)	

P04	混合砂浆喷涂料顶棚	燃烧性能等级	A，B_1
		总厚度	15，20
1. 基层清理 2. 刷水泥浆一道（加建筑胶适量） 3. 10，15 厚 1∶1∶4 水泥石灰砂浆（现浇基层 10 厚，预制基层 15 厚） 4. 4 厚 1∶0.3∶3 水泥石灰砂浆 5. 喷涂料		说明： 1. 涂料品种颜色由设计定 2. (注 1)	

P05	水泥砂浆喷涂料顶棚	燃烧性能等级	A，B_1
		总厚度	14，19
1. 基层清理 2. 刷水泥浆一道（加建筑胶适量） 3. 10，15 厚 1∶1∶4 水泥石灰砂浆（现浇基层 10 厚，预制基层 15 厚） 4. 3 厚 1∶2.5 水泥砂浆 5. 喷涂料		说明： 1. 涂料品种颜色由设计定 2. 适用于相对湿度较大的房间，如水泵房，洗衣房等 3. (注 1)	

注：涂料为无机涂料时，燃烧性能等级为 A 级，有机涂料湿涂覆比<1.5kg/m^2 时为 B_1 级

顶棚饰面做法	西南 04J515	
	页次	12

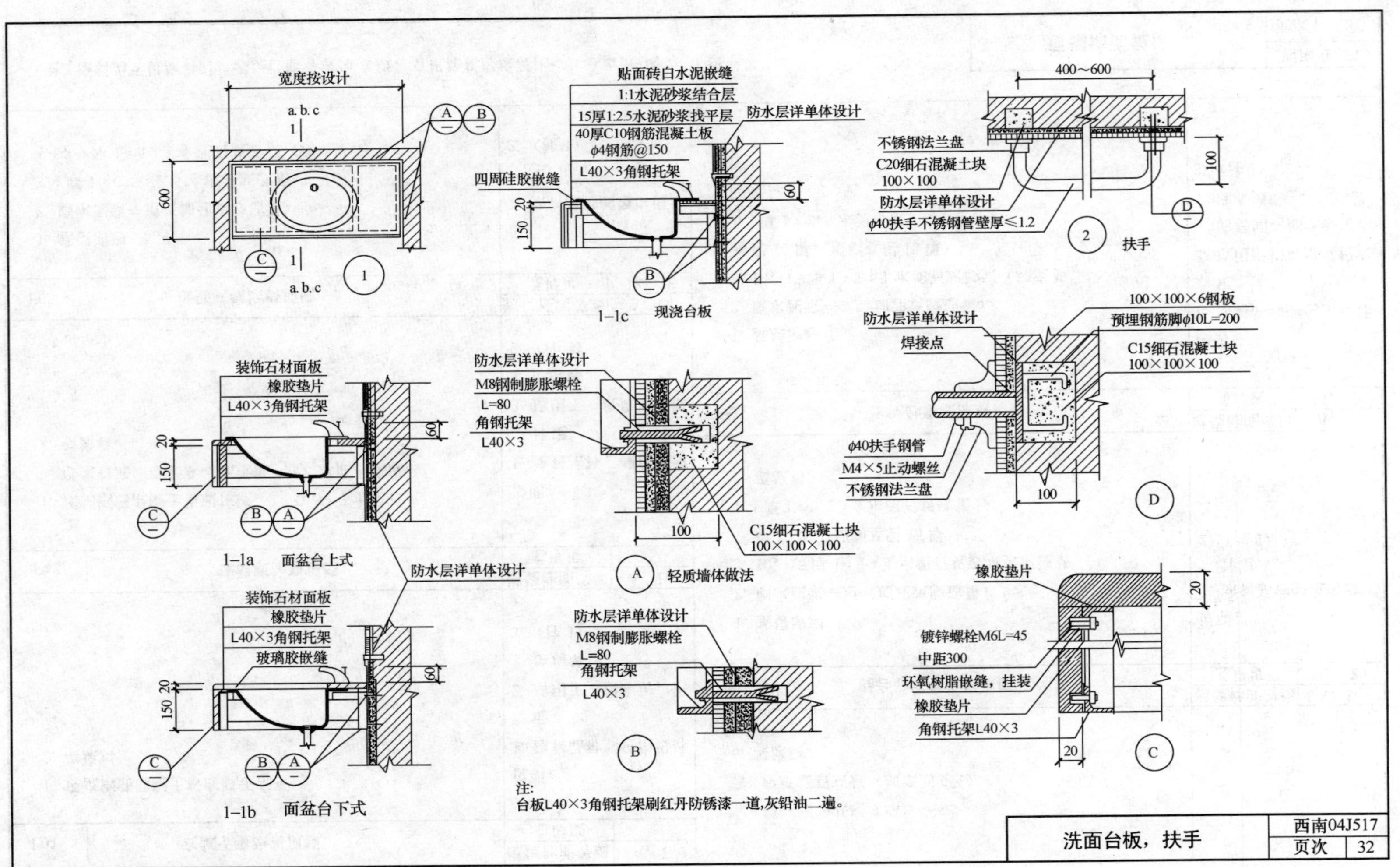
宽度按设计
a.b.c
1
600
1
a.b.c
1
贴面砖白水泥嵌缝
1:1水泥砂浆结合层
15厚1:2.5水泥砂浆找平层
40厚C10钢筋混凝土板
φ4钢筋@150
L40×3角钢托架
防水层详单体设计
四周硅胶嵌缝
20
150
60
1-1c
现浇台板
400~600
不锈钢法兰盘
C20细石混凝土块
100×100
防水层详单体设计
φ40扶手不锈钢管壁厚≤1.2
100
2
扶手
装饰石材面板
橡胶垫片
L40×3角钢托架
1-1a
面盆台上式
防水层详单体设计
M8钢制膨胀螺栓
L=80
角钢托架
L40×3
100
C15细石混凝土块
100×100×100
A
轻质墙体做法
防水层详单体设计
焊接点
100×100×6钢板
预埋钢筋脚φ10L=200
C15细石混凝土块
100×100×100
φ40扶手钢管
M4×5止动螺丝
不锈钢法兰盘
100
D
防水层详单体设计
装饰石材面板
橡胶垫片
L40×3角钢托架
玻璃胶嵌缝
1-1b
面盆台下式
防水层详单体设计
M8钢制膨胀螺栓
L=80
角钢托架
L40×3
B
橡胶垫片
镀锌螺栓M6L=45
中距300
环氧树脂嵌缝，挂装
橡胶垫片
角钢托架L40×3
20
C
注:
台板L40×3角钢托架刷红丹防锈漆一道,灰铅油二遍。
洗面台板，扶手
西南04J517
页次
32

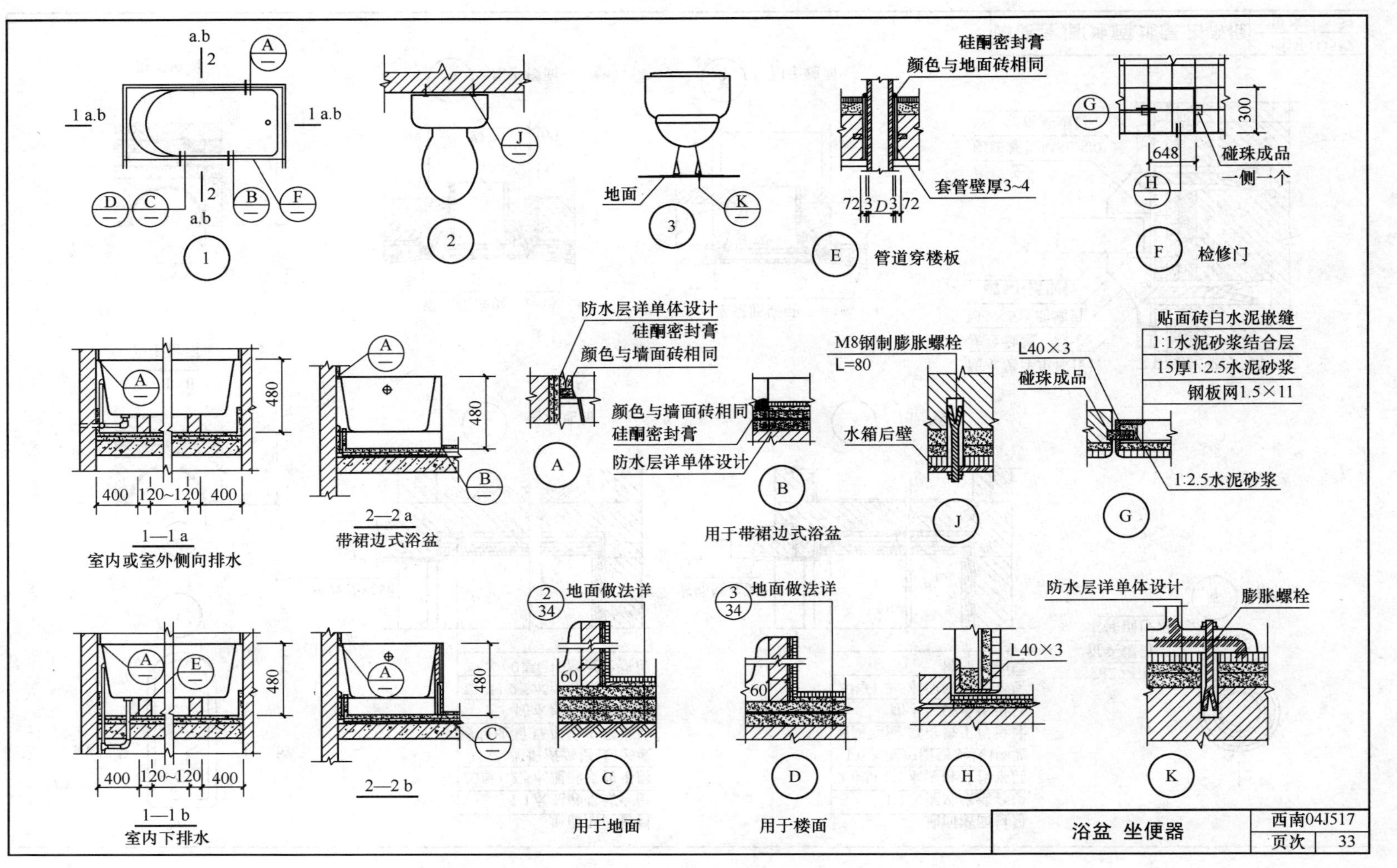
硅酮密封膏
颜色与地面砖相同
套管壁厚3~4
72 3 D 3 72
管道穿楼板
300
648
碰珠成品
一侧一个
检修门
地面
防水层详单体设计
硅酮密封膏
颜色与墙面砖相同
颜色与墙面砖相同
硅酮密封膏
防水层详单体设计
用于带裙边式浴盆
M8钢制膨胀螺栓
L=80
水箱后壁
L40×3
碰珠成品
贴面砖白水泥嵌缝
1:1水泥砂浆结合层
15厚1:2.5水泥砂浆
钢板网1.5×11
1:2.5水泥砂浆
480
400
120~120
1—1 a
室内或室外侧向排水
2—2 a
带裙边式浴盆
地面做法详
地面做法详
60
L40×3
防水层详单体设计
膨胀螺栓
1—1 b
室内下排水
2—2 b
用于地面
用于楼面
浴盆 坐便器
西南04J517
页次 33

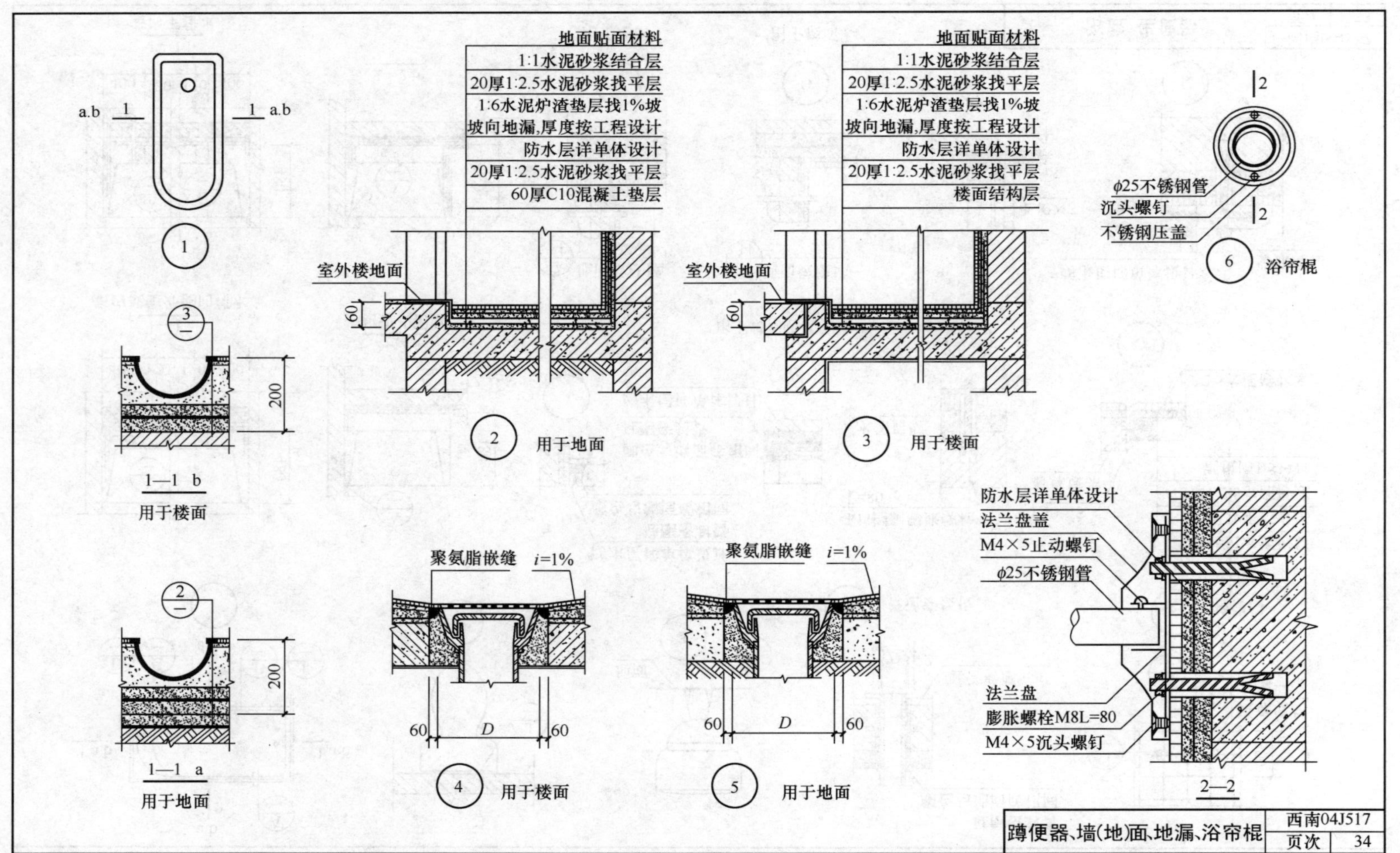
a.b
1
1
a.b
1
3
—
200
1—1 b
用于楼面
2
—
200
1—1 a
用于地面
地面贴面材料
1:1水泥砂浆结合层
20厚1:2.5水泥砂浆找平层
1:6水泥炉渣垫层找1%坡
坡向地漏,厚度按工程设计
防水层详单体设计
20厚1:2.5水泥砂浆找平层
60厚C10混凝土垫层
室外楼地面
60
2
用于地面
地面贴面材料
1:1水泥砂浆结合层
20厚1:2.5水泥砂浆找平层
1:6水泥炉渣垫层找1%坡
坡向地漏,厚度按工程设计
防水层详单体设计
20厚1:2.5水泥砂浆找平层
楼面结构层
室外楼地面
60
3
用于楼面
2
φ25不锈钢管
沉头螺钉
2
不锈钢压盖
6
浴帘棍
聚氨脂嵌缝
i=1%
60
D
60
4
用于楼面
聚氨脂嵌缝
i=1%
60
D
60
5
用于地面
防水层详单体设计
法兰盘盖
M4×5止动螺钉
φ25不锈钢管
法兰盘
膨胀螺栓M8L=80
M4×5沉头螺钉
2—2
蹲便器、墙(地)面、地漏、浴帘棍
西南04J517
页次
34

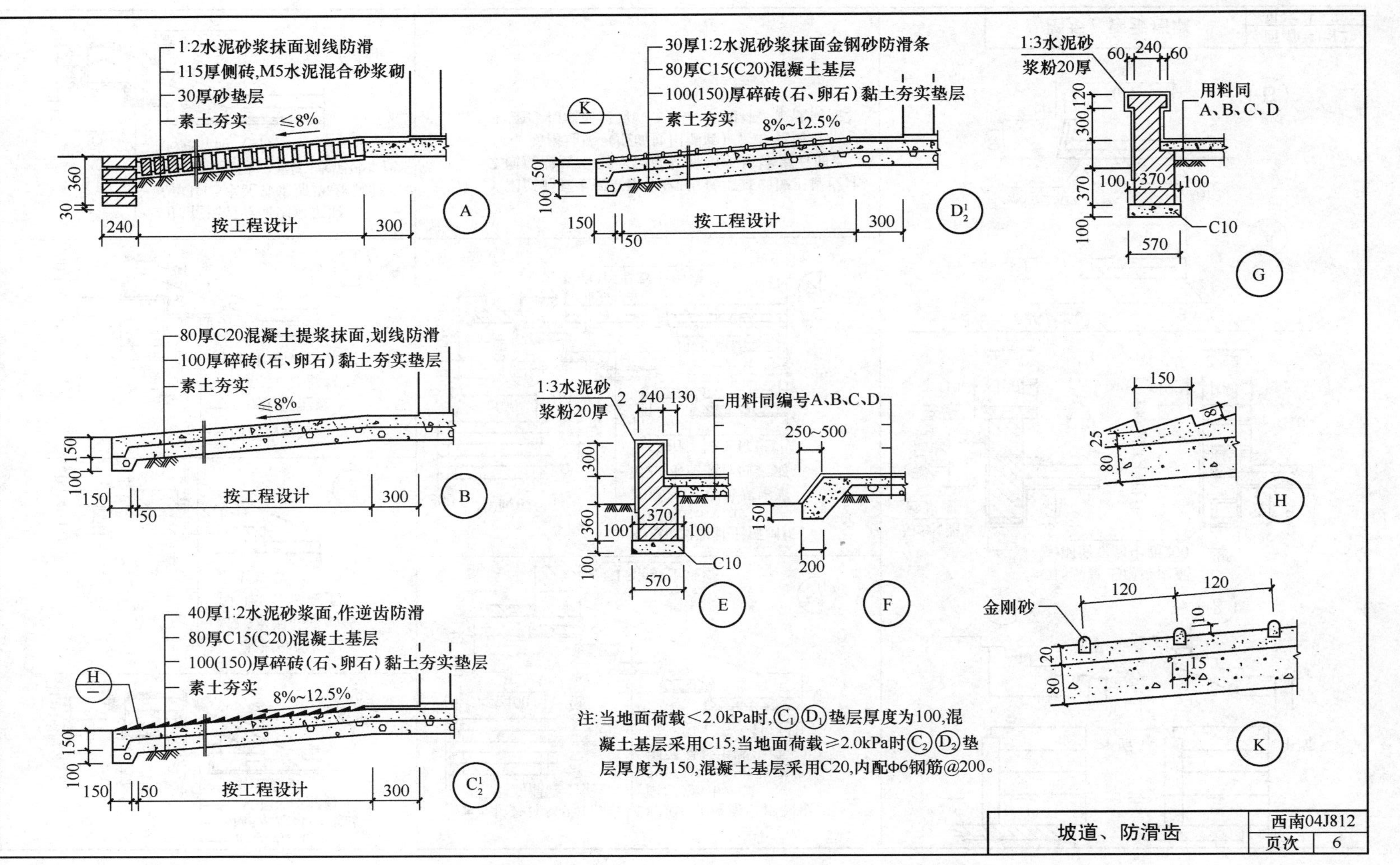

注:当地面荷载<2.0kPa时,C_1 D_1垫层厚度为100,混凝土基层采用C15;当地面荷载≥2.0kPa时C_2 D_2垫层厚度为150,混凝土基层采用C20,内配Φ6钢筋@200。

坡道、防滑齿	西南04J812	
	页次	6

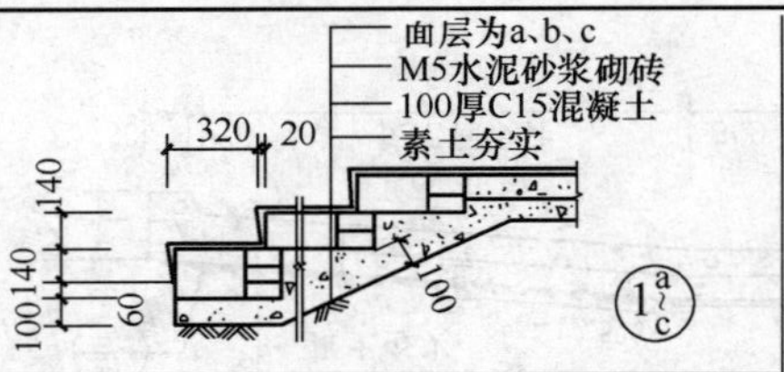

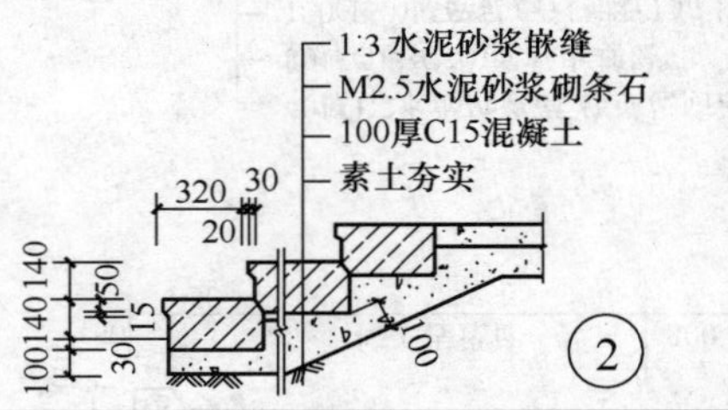

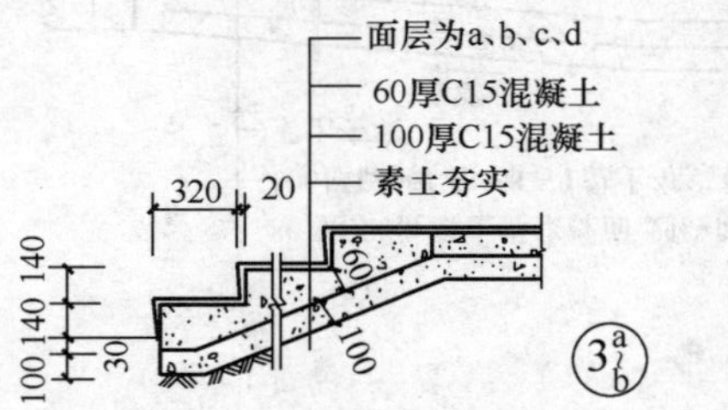

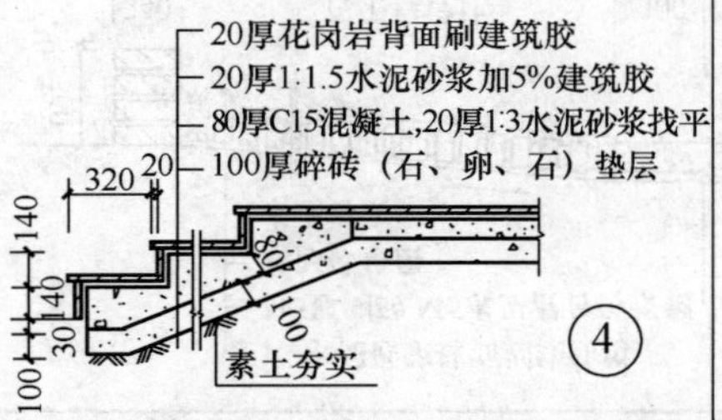

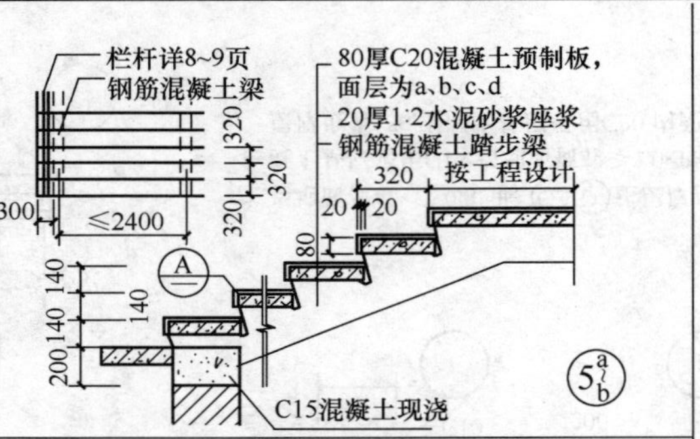

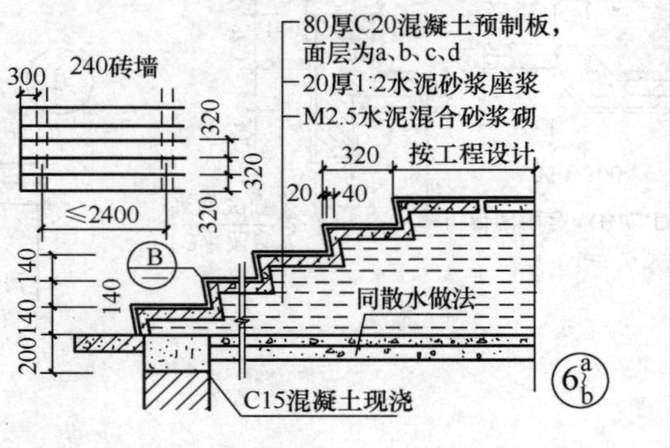

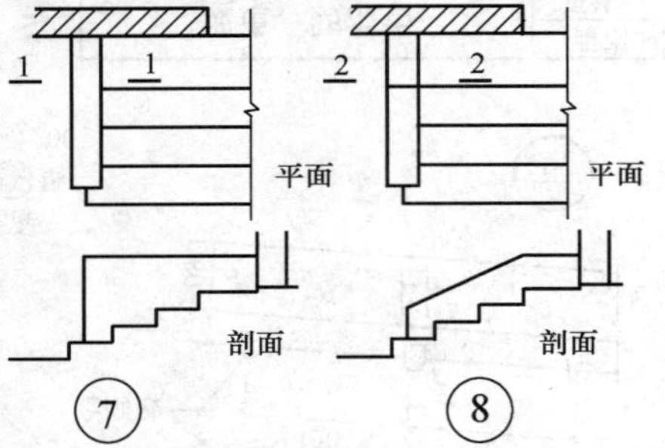

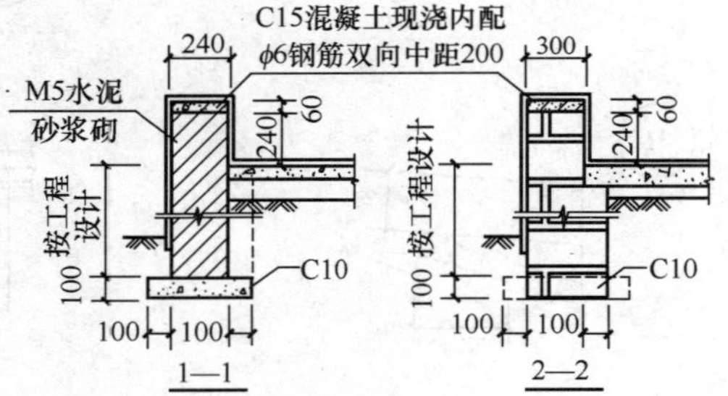

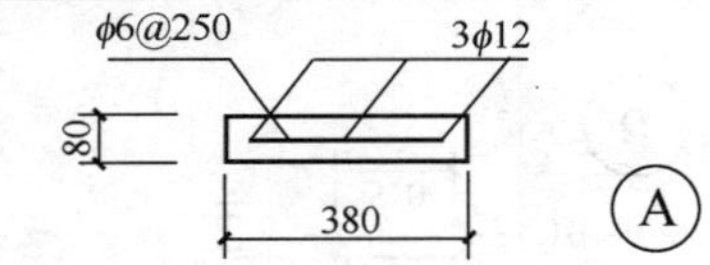

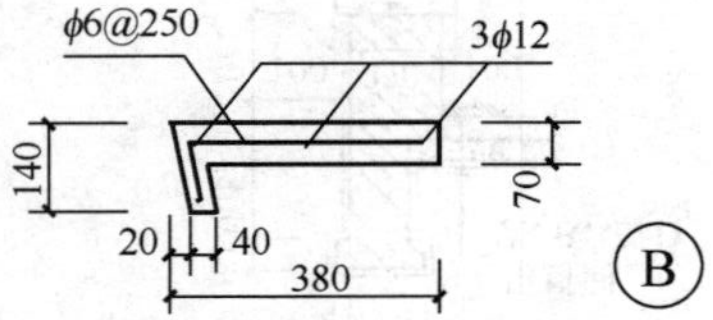

面层为a、b、c
M5水泥砂浆砌砖
100厚C15混凝土
素土夯实
320 20 140 140 60 100 100
1 a~c

1:3水泥砂浆嵌缝
M2.5水泥砂浆砌条石
100厚C15混凝土
素土夯实
320 30 20 140 140 50 15 100 30 100
2

面层为a、b、c、d
60厚C15混凝土
100厚C15混凝土
素土夯实
320 20 140 140 60 100 30 100
3 a~b

20厚花岗岩背面刷建筑胶
20厚1:1.5水泥砂浆加5%建筑胶
80厚C15混凝土,20厚1:3水泥砂浆找平
100厚碎砖（石、卵、石）垫层
素土夯实
320 20 140 140 80 100 30 100
4

栏杆详8~9页
钢筋混凝土梁
80厚C20混凝土预制板，
面层为a、b、c、d
20厚1:2水泥砂浆座浆
钢筋混凝土踏步梁
按工程设计
C15混凝土现浇
300 ≤2400 320 320 320 320 20 20 80 140 140 140 200
5 a~b

240砖墙
80厚C20混凝土预制板，
面层为a、b、c、d
20厚1:2水泥砂浆座浆
M2.5水泥混合砂浆砌
按工程设计
同散水做法
C15混凝土现浇
300 ≤2400 320 320 320 320 20 40 140 140 140 200
6 a~b

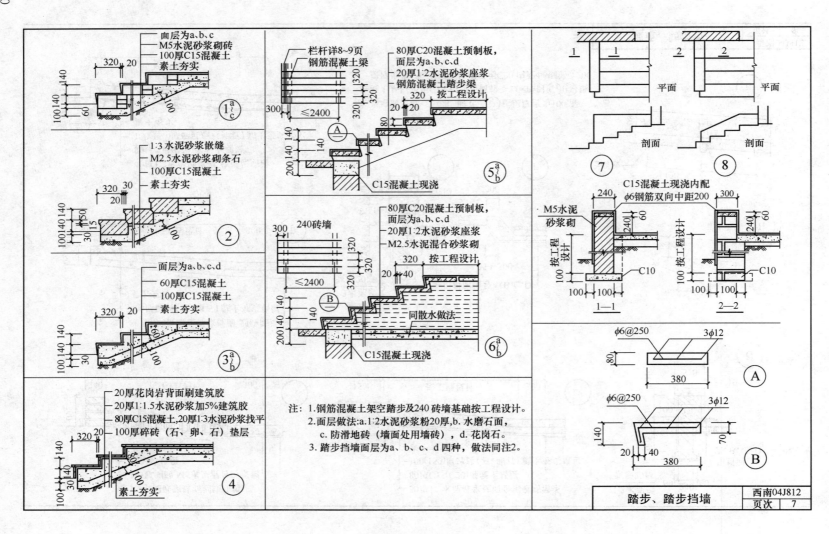

注：1.钢筋混凝土架空踏步及240砖墙基础按工程设计。
2.面层做法:a.1:2水泥砂浆粉20厚,b. 水磨石面，
c. 防滑地砖（墙面处用墙砖），d. 花岗石。
3. 踏步挡墙面层为a、b、c、d 四种，做法同注2。

1 1 平面 剖面
7

2 2 平面 剖面
8

C15混凝土现浇内配
ϕ6钢筋双向中距200
M5水泥砂浆砌
按工程设计
240 60 240 C10 100 100 100
1—1

300 60 240 按工程设计 C10 100 100 100
2—2

ϕ6@250 3ϕ12 80 380
A

ϕ6@250 3ϕ12 140 70 20 40 380
B

踏步、踏步挡墙	西南04J812	
	页次	7

附录二

《全国统一建筑工程基础定额》摘录

一、人工土石方

1. 人工挖土方淤泥流砂

工作内容： 1. 挖土、装土、修理边底。

2. 挖淤泥、流砂、装淤泥、流砂、修理边底。

计量单位：100m³

定额编号			1—1	1—2	1—3	1—4
项目		单位	挖土方			挖淤泥流砂
			深度1.5m以内			
			一、二类土	三类土	四类土	
人工	综合工日	工日	18.05	32.64	50.04	110.00

2. 人工挖沟槽基坑

工作内容： 人工挖沟槽、基坑土方，将土置于槽、坑边1m以外自然堆放，沟槽、基坑底夯实。

计量单位：100m³

定额编号			1—5	1—6	1—7
项目		单位	挖沟槽一、二类土深度（m以内）		
			2	4	6
人工	综合工日	工日	33.74	43.52	56.08
机械	电动打夯机	台班	0.18	0.08	0.05

计量单位：100m³

定额编号			1—8	1—9	1—10
项目		单位	挖沟槽三类土深度（m以内）		
			2	4	6
人工	综合工日	工日	53.73	66.11	76.19
机械	电动打夯机	台班	0.18	0.08	0.05

计量单位：100m³

定额编号			1—11	1—12	1—13
项目		单位	挖沟槽四类土深度（m以内）		
			2	4	6
人工	综合工日	工日	81.28	88.40	96.80
机械	电动打夯机	台班	0.18	0.08	0.05

计量单位：100m³

定额编号			1—14	1—15	1—16
项目		单位	挖基坑一、二类土深度（m以内）		
			2	4	6
人工	综合工日	工日	37.28	49.86	60.17
机械	电动打夯机	台班	0.52	0.25	0.16

计量单位：100m³

定额编号			1—17	1—18	1—19
项目		单位	挖基坑三类土深度（m以内）		
			2	4	6
人工	综合工日	工日	63.28	73.78	83.57
机械	电动打夯机	台班	0.52	0.25	0.16

6. 回填土、打夯、平整场地

工作内容： 1. 回填土5m以内取土。

2. 原土打夯包括碎土、平土、找平、洒水。

3. 平整场地，标高在＋（一）30cm以内的挖土找平。

定额编号			1—45	1—46	1—47	1—48
项目		单位	回填土		原土打夯	平整场地
			松填	夯填		
			100m³		100m²	
人工	综合工日	工日	8.57	29.40	1.42	3.15
机械	电动打夯机	台班	—	7.98	0.56	—

7. 土 方 运 输

工作内容：人工运土方、淤泥，包括装、运、卸土、淤泥及平整。

计量单位：100m³

定额编号			1—49	1—50	1—51	1—52
项目		单位	人工运土方		人工运淤泥	
			运距 20m以内	200m以内 每增加20m	运距 20m以内	200m以内 每增加20m
人工	综合工日	工日	20.40	4.56	44.00	6.60

计量单位：100m²

定额编号			3—5	3—6	3—7	3—8
项目		单位	钢管架			
			15m以内		24m以内	30m以内
			单 排	双 排	双 排	
人工	综合工日	工日	6.11	7.19	8.61	10.49
材料	钢管 $\phi48\times3.5$	kg	40.18	64.92	70.51	83.90
	直角扣件	个	8.33	12.93	12.88	13.89
	对接扣件	个	1.06	1.82	2.39	3.23
	回转扣件	个	0.52	0.52	0.74	3.05
	底座	个	0.24	0.37	0.26	0.26
	木脚手板	m^2	0.081	0.093	0.123	0.160
	垫木 60×60×60	块	2.13	2.13	2.42	1.39
	镀锌铁丝 8#	kg	4.13	4.75	5.32	6.15
	铁钉	kg	0.40	0.55	0.66	0.77
	防锈漆	kg	3.77	5.60	6.10	7.25
	油漆溶剂油	kg	0.43	0.63	0.70	0.82
	钢丝绳 8	kg	0.25	0.25	0.26	0.46
	缆风桩木	m^3	0.003	0.003	0.002	0.004
机械	载重汽车 6t	台班	0.11	0.17	0.13	0.17

二、里脚手架

工作内容：平土、挖坑、安底座、选料、材料的内外运输、搭拆架子、脚手板、拆除后材料堆放等。

计量单位：100m²

定额编号			3—13	3—14	3—15
项目		单位	木架	竹架	钢管架
人工	综合工日	工日	3.87	3.16	3.46
材料	木脚手杆 10	m^3	0.035	—	—
	钢管 $\phi48\times3.5$	kg	—	—	1.19
	竹脚手杆 75	根	—	2.60	—
	竹脚手杆 90	根	—	2.60	—
	木脚手板	m^3	0.045	0.019	0.011
	直角扣件	个	—	—	0.24
	对接扣件	个	—	—	0.01
	镀锌铁丝 8#	kg	3.90	0.56	0.60
	铁钉	kg	0.06	—	2.04
	竹篾	百根	—	4.60	—
	防锈漆	kg	—	—	0.10
	油漆溶剂油	kg	—	—	0.01
机械	载重汽车 6t	台班	0.12	0.11	0.02

计量单位：100m²

定额编号			3—20	3—21
项目		单位	钢管架	
			基本层	增加层
人工	综合工日	工日	9.36	3.56
材料	钢管 $\phi48\times3.5$	kg	10.06	3.35
	直角扣件	个	1.46	0.49
	对接扣件	个	0.28	0.09
	回转扣件	个	0.46	0.15
	底座	个	0.20	—
	木脚手板	m^3	0.056	—
	镀锌铁丝 8#	kg	22.41	—
	铁钉	kg	1.94	—
	防锈漆	kg	0.87	0.29
	油漆溶剂油	kg	0.10	0.03
	挡脚板	m^3	0.005	—
机械	载重汽车 6t	台班	0.05	0.01

一、砌　　砖

1. 砖基础、砖墙

工作内容： 砖基础：调运砂浆、铺砂浆、运砖、清理基槽坑、砌砖等。砖墙：调、运、铺砂浆。运砖：砌砖包括窗台虎头砖、腰线、门窗套；安放木砖、铁件等。

计量单位：10m³

定额编号			4—1	4—2	4—3	4—4
项　目		单位	砖基础	单面清水砖墙		
				1/2 砖	3/4 砖	1 砖
人工	综合工日	工日	12.18	21.97	21.63	18.87
材料	水泥砂浆 M5	m³	2.36	—	—	—
	水泥砂浆 M10	m³	—	1.95	2.13	—
	水泥混合砂浆 M2.5	m³	—	—	—	2.25
	普通黏土砖	千块	5.236	5.641	5.510	5.314
	水	m²	1.05	1.13	1.10	1.06
机械	灰浆搅拌机 200L	台班	0.39	0.33	0.35	0.38

计量单位：10m³

定额编号			4—5	4—6
项　目		单位	单面清水砖墙	
			1 砖半	2 砖及 2 砖以上
人工	综合工日	工日	17.83	17.14
材料	水泥混合砂浆 M2.5	m³	2.40	2.45
	普通黏土砖	千块	5.35	5.31
	水	m³	1.07	1.06
机械	灰浆搅拌机 200L	台班	0.40	0.41

计量单位：10m³

定额编号			4—7	4—8	4—9
项目		单位	混水砖墙		
			1/4 砖	1/2 砖	3/4 砖
人工	综合工日	工日	28.17	20.14	19.64
材料	水泥砂浆 M10	m³	1.18	—	—
	水泥砂浆 M5	m³	—	1.95	2.13
	普通粘土砖	千块	6.158	5.641	5.510
	水	m³	1.23	1.13	1.10
机械	灰浆搅拌机 200L	台班	0.20	0.33	0.35

计量单位：10m³

定额编号			4—10	4—11	4—12
项目		单位	混水砖墙		
			1 砖	1 砖半	2 砖及 2 砖以上
人工	综合工日	工日	16.08	15.63	15.46
材料	水泥混合砂浆 M2.5	m³	2.25	2.40	2.45
	普通黏土砖	千块	5.314	5.350	5.309
	水	m³	1.06	1.07	1.06
机械	灰浆搅拌机 200L	台班	0.38	0.40	0.41

计量单位：10m³

定额编号			4—13	4—14	4—15	4—16
项目		单位	弧形砖墙			
			单面清水		混水	
			1 砖	1 砖半	1 砖	1 砖半
人工	综合工日	工日	20.36	19.33	17.58	17.12
材料	水泥混合砂浆 M5	m³	2.25	2.40	2.25	2.40
	普通黏土砖	千块	5.418	5.450	5.418	5.450
	水	m³	1.08	1.09	1.08	1.09
机械	灰浆搅拌机 200L	台班	0.38	0.40	0.38	0.40

计量单位：100m²

定额编号			5—17	5—18
项目		单位	独立基础	
			组合钢模板	复合木模板
			木支撑	
人工	综合工日	工日	26.45	22.91
材料	组合钢模板	kg	69.66	2.06
	复合木模板	m²	—	2.09
	模板板方材	m³	0.095	0.095
	支撑方木	m³	0.645	0.645
	零星卡具	kg	25.89	25.89
	铁钉	kg	12.72	12.72
	镀锌钢丝 8#	kg	51.99	51.99
	草板纸 80#	张	30.00	30.00
	隔离剂	kg	10.00	10.00
	水泥砂浆 1：2	m³	0.012	0.012
	镀锌铁丝 22#	kg	0.18	0.18
机械	载重汽车 6t	台班	0.28	0.28
	汽车式起重机 5t 以内	台班	0.08	0.08
	木工圆锯机 500mm 以内	台班	0.07	0.07

计量单位：100m²

定额编号			5—31	5—32	5—33	5—34
项目		单位	满堂基础		混凝土基础垫层	人工挖孔桩井壁
			有梁式			
			复合木模板			木模板
			钢支撑	木支撑	木模板	木支撑
人工	综合工日	工日	27.67	27.58	12.84	60.08
材料	组合钢模板	kg	2.40	2.40	—	—
	复合木模板	m²	2.01	2.01	—	—
	模板板方材	m³	0.018	0.027	1.445	1.220
	支撑钢管及扣件	kg	17.75	—	—	—
	支撑方木	m³	0.042	0.401	—	0.019
	零星卡具	kg	31.98	26.57	—	—
	铁钉	kg	1.98	9.99	19.73	22.31
	镀锌钢丝 8#	kg	22.54	29.61	—	—
	铁件	kg	40.52	—	—	—
	草板纸 80#	张	30.00	30.00	—	—
	隔离剂	kg	10.00	10.00	10.00	10.00
	尼龙帽	个	184	—	—	—
	现浇混凝土	m³	0.590	0.590	—	—
	水泥砂浆 1：2	m³	0.012	0.012	0.012	—
	镀锌铁丝 22#	kg	0.18	0.18	0.18	—
机械	载重汽车 6t	台班	0.20	0.18	0.11	0.10
	汽车式起重机 5t 以内	台班	0.13	0.08	—	—
	木工圆锯机 500mm 以内	台班	0.02	0.02	0.16	2.14

2. 柱

工作内容： 1. 木模板制作。
2. 模板安装、拆除、整理堆放及场内外运输。
3. 清理模板粘结物及模内杂物、刷隔离剂等。

计量单位：100m²

定额编号			5—58	5—59	5—60	5—61
项目		单位	矩形柱			
			组合钢模板		复合木模板	
			钢支撑	木支撑	钢支撑	木支撑
人工	综合工日	工日	41.00	41.00	34.80	34.80
材料	组合钢模板	kg	78.09	78.09	10.34	10.34
	复合木模板	m^2	—	—	1.84	1.84
	模板板方材	m^3	0.064	0.064	0.064	0.064
	支撑钢管及扣件	kg	45.94	—	45.94	—
	支撑方木	m^3	0.182	0.519	0.182	0.519
	零星卡具	kg	66.74	60.50	66.74	60.50
	铁钉	kg	1.80	4.02	1.80	4.02
	铁件	kg	—	11.42	—	11.42
	草板纸 80#	张	30.00	30.00	30.00	30.00
	隔离剂	kg	10.00	10.00	10.00	10.00
机械	载重汽车 6t	台班	0.28	0.28	0.28	0.28
	汽车式起重机 5t 以内	台班	0.18	0.11	0.18	0.11
	木工圆锯机 500mm 以内	台班	0.06	0.06	0.06	0.06

3. 梁

工作内容：1. 木模板制作。

2. 模板安装、拆除、整理堆放及场内外运输。

3. 清理模板粘结物及模内杂物、刷隔离剂等。

计量单位：100m²

定额编号			5—69	5—70	5—71	5—72
项目		单位	基础梁			
			组合钢模板		复合木模板	
			钢支撑	木支撑	钢支撑	木支撑
人工	综合工日	工日	33.93	34.06	29.65	29.79
材料	组合钢模板	kg	76.67	76.67	5.33	5.33
	复合木模板	m²	—	—	2.05	2.05
	支撑方木	m³	0.281	0.613	0.281	0.613
	模板板方材	m³	0.043	0.043	0.043	0.043
	零星卡具	kg	31.82	31.82	31.82	31.82
	梁卡具	kg	17.15	—	17.15	—
	铁钉	kg	21.92	39.44	21.92	39.44
	镀锌铁丝 8#	kg	17.22	38.63	17.22	38.63
	草板纸 80#	张	30.00	30.00	30.00	30.00
	隔离剂	kg	10.00	10.00	10.00	10.00
	水泥砂浆 1∶2	m³	0.012	0.012	0.012	0.012
	镀锌铁丝 22#	kg	0.18	0.18	0.18	0.18
机械	载重汽车 6t	台班	0.23	0.26	0.23	0.26
	汽车式起重机 5t 以内	台班	0.11	0.07	0.11	0.07
	木工圆锯机 500mm 以内	台班	0.04	0.04	0.04	0.04

计量单位：$100m^2$

定额编号			5—73	5—74	5—75	5—76
项目		单位	单梁、连续梁			
			组合钢模板		复合木模板	
			钢支撑	木支撑	钢支撑	木支撑
人工	综合工日	工日	49.61	49.84	43.13	43.36
材料	组合钢模板	kg	77.34	77.34	7.23	7.23
	复合木模板	m^2	—	—	2.06	2.06
	模板板方材	m^3	0.017	0.017	0.017	0.017
	支撑钢管及扣件	kg	69.48	—	69.48	—
	支撑方木	m^3	0.029	0.914	0.029	0.914
	梁卡具	kg	26.19	—	26.19	—
	铁钉	kg	0.47	36.24	0.47	36.24
	镀锌铁丝 8#	kg	16.07	—	16.07	—
	零星卡具	kg	41.10	36.55	41.10	36.55
	铁件	kg	—	4.15	—	4.15
	草板纸 80#	张	30.00	30.00	30.00	30.00
	隔离剂	kg	10.00	10.00	10.00	10.00
	尼龙帽	个	37	37	37	37
	水泥砂浆 1∶2	m^3	0.012	0.012	0.012	0.012
	镀锌铁丝 22#	kg	0.18	0.18	0.18	0.18
机械	载重汽车 6t	台班	0.33	0.38	0.33	0.38
	汽车式起重机 5t 以内	台班	0.20	0.10	0.20	0.10
	木工圆锯机 500mm 以内	台班	0.04	0.37	0.04	0.37

计量单位：$100m^2$

定额编号			5—77	5—78	5—79	5—80
项目		单位	过梁		拱形梁	弧形梁
			组合钢模板	复合木模板	木模板	
			木支撑			
人工	综合工日	工日	58.61	51.12	65.71	54.18
材料	组合钢模板	kg	73.80	—	—	—
	复合木模板	m^2	—	2.10	—	—
	模板板方材	m^3	0.193	0.193	1.993	1.183
	支撑方木	m^3	0.835	0.835	0.788	1.087
	铁钉	kg	63.16	63.16	46.18	73.74
	零星卡具	kg	12.02	12.02	—	—
	镀锌铁丝 8#	kg	12.04	12.04	26.70	33.21
	草板纸 80#	张	30.00	30.00	—	—
	隔离剂	kg	10.00	10.00	10.00	10.00
	嵌缝料	kg	—	—	10.00	10.00
	水泥砂浆 1∶2	m^3	0.012	0.012	0.012	0.012
	镀锌铁丝 22#	kg	0.18	0.18	0.18	0.18
机械	载重汽车 6t	台班	0.31	0.31	0.41	0.31
	汽车式起重机 5t 以内	台班	0.08	0.08	—	—
	木工圆锯机 500mm 以内	台班	0.63	0.63	1.61	1.16

计量单位：100m²

定额编号			5—81	5—82	5—83	5—84
项目		单位	TL+1	圈梁		
			异形梁	直形		弧形
			木模板	组合钢模板	复合木模板	木模板
				木支撑		
人工	综合工日	工日	54.18	36.09	31.12	60.73
材料	组合钢模板	kg	—	76.50	—	—
	复合木模板	m^2	—		2.21	—
	模板板方材	m^3	0.910	0.014	0.014	2.004
	支撑方木	m^3	1.087	0.109	0.109	0.170
	铁钉	kg	61.54	32.97	32.97	56.48
	镀锌铁丝 8#	kg	—	64.54	64.54	—
	草板纸 80#	张	—	30.00	30.00	—
	嵌缝料	kg	10.00	—	—	10.00
	隔离剂	kg	10.00	10.00	10.00	10.00
	水泥砂浆 1：2	m^3	0.003	0.003	0.003	0.003
	镀锌铁丝 22#	kg	0.18	0.18	0.18	0.18
机械	载重汽车 6t	台班	0.31	0.15	0.15	0.21
	汽车式起重机 5t 以内	台班		0.08	0.08	—
	木工圆锯机 500mm 以内	台班	0.89	0.01	0.01	1.53

5. 板

工作内容： 1. 木模板制作。

2. 模板安装、拆除、整理堆放及场内运输。

3. 清理模板粘结物及模内杂物、刷隔离剂等。

计量单位：100m²

定额编号			5—100	5—101	5—102	5—103
项目		单位	有梁板			
			组合钢模板		复合木模板	
			钢支撑	木支撑	钢支撑	木支撑
人工	综合工日	工日	42.86	44.03	36.73	37.93
材料	组合钢模板	kg	72.05	72.05	14.74	14.74
	复合木模板	m^2	—	—	1.71	1.71
	模板板方材	m^3	0.066	0.066	0.066	0.066
	支撑钢管及扣件	kg	58.04	—	58.04	—
	梁卡具	kg	5.46	—	5.46	—
	支撑方木	m^3	0.193	0.911	0.193	0.911
	零星卡具	kg	35.25	35.25	35.25	35.25
	铁钉	kg	1.70	30.25	1.70	30.25
	镀锌铁丝 8#	kg	22.14	32.48	22.14	32.48
	草板纸 80#	张	30.00	30.00	30.00	30.00
	隔离剂	kg	10.00	10.00	10.00	10.00
	水泥砂浆 1：2	m^3	0.007	0.007	0.007	0.007
	镀锌铁丝 22#	kg	0.18	0.18	0.18	0.18
机械	载重汽车 6t	台班	0.42	0.37	0.42	0.37
	汽车式起重机 5t 以内	台班	0.24	0.09	0.24	0.09
	木工圆锯机 500mm 以内	台班	0.04	0.13	0.04	0.13

计量单位：100m²

定额编号			5—108	5—109	5—110	5—111
项目		单位	平板			
			组合钢模板		复合木模板	
			钢支撑	木支撑	钢支撑	木支撑
人工	综合工日	工日	36.19	36.35	31.33	31.49
材料	组合钢模板	kg	68.28	68.28	—	—
	复合木模板	m²	—	—	2.03	2.03
	模板板方材	m²	0.051	0.051	0.051	0.051
	支撑钢管及扣件	kg	48.01	—	48.01	—
	支撑方木	m³	0.231	1.050	0.231	1.050
	零星卡具	kg	27.66	27.66	27.66	27.66
	铁钉	kg	1.79	19.79	1.79	19.79
	草板纸 80#	张	30.00	30.00	30.00	30.00
	隔离剂	kg	10.00	10.00	10.00	10.00
	水泥砂浆 1∶2	m³	0.003	0.003	0.003	0.003
	镀锌铁丝 22#	kg	0.18	0.18	0.18	0.18
机械	载重汽车 6t	台班	0.34	0.38	0.34	0.38
	汽车式起重机 5t 以内	台班	0.20	0.08	0.20	0.08
	木工圆锯机 500mm 以内	台班	0.09	0.09	0.09	0.09

8. 其他

工作内容： 1. 木模板制作。

2. 模板安装、拆除、整理堆放及场内外运输。

3. 清理模板粘结物及模内杂物、刷脱膜剂等。

计量单位：10m² 投影面

定额编号			5—119	5—120	5—121	5—122	5—123
项目		单位	楼梯		悬挑板（阳台、雨篷）		台阶
			直形	圆弧形	直形	圆弧形	
			木模板木支撑				
人工	综合工日	工日	10.63	14.29	7.44	8.13	2.58
材料	模板板方材	m³	0.178	0.253	0.102	0.137	0.065
	支撑方木	m³	0.168	0.152	0.211	0.253	0.010
	铁钉	kg	10.68	12.98	11.60	12.24	1.48
	嵌缝料	kg	2.04	1.61	1.55	1.16	0.50
	隔离剂	kg	2.04	1.61	1.55	1.16	0.50
机械	木工圆锯机 500mm 以内	台班	0.50	0.56	0.35	0.28	0.02
	载重汽车 6t	台班	0.05	0.06	0.06	0.04	0.01

定 额 编 号			5—131	5—132
项 目		单位	扶 手	小型池槽
			木模板木支撑	
			每 100 延长米	每 $10m^3$ 外形体积
人工	综 合 工 日	工日	23.89	51.29
材料	模板板方材	m^3	0.324	1.320
	支撑方木	m^3	0.423	0.340
	铁钉	kg	20.73	45.10
	嵌缝料	kg	3.30	7.30
	隔离剂	kg	3.30	7.30
机械	木工圆锯机 500mm 以内	台班	0.92	0.76
	载重汽车 6t	台班	0.11	0.42

计量单位：$100m^2$

定 额 编 号			5—128	5—129	5—130
项 目		单位	暖气沟电缆沟	挑檐天沟	小型构件
			木模板木支撑		
人工	综 合 工 日	工日	27.50	53.57	45.53
材料	模板板方材	m^3	1.475	0.841	1.733
	支撑方木	m^3	0.243	0.387	0.500
	铁钉	kg	17.96	42.04	76.09
	镀锌铁丝 8#	kg	24.49	—	—
	铁件	kg	7.97	—	—
	零星卡具	kg	1.51	—	—
	嵌缝料	kg	10.00	10.00	10.00
	隔离剂	kg	10.00	10.00	10.00
机械	木工圆锯机 500mm 以内	台班	0.33	2.06	0.98
	载重汽车 6t	台班	0.17	0.20	0.32

二、预制混凝土模板

5. 板

工作内容： 1. 定型钢模、钢拉模安装。
2. 木模制作、安装。
3. 清理模板、刷隔离剂。
4. 拆除模板、整理堆放。

计量单位：100m³ 混凝土体积

定额编号			5—169	5—170	5—171	5—172	5—173
项目		单位	预应力空心板 板厚（mm 以内）			平板	
			120	180	240	木模板	定型钢侧模
			长线台预应力钢拉模				
人工	综合工日	工日	17.33	16.82	6.40	6.23	6.15
材料	模板板方材	m³	—	—	—	0.144	—
	定型钢模	kg	—	—	—	—	4.69
	铁钉	kg	—	—	—	2.47	—
	镀锌铁丝 22#	kg	0.42	0.33	0.30	0.36	0.35
	混凝土地模	m²	1.90	1.23	1.04	1.28	1.28
	隔离剂	kg	49.20	31.15	21.11	17.19	17.19
	钢拉模	kg	37.09	25.95	24.40		
	水泥砂浆 1∶2	m³	0.03	0.02	0.02	0.02	0.02
机械	木工圆锯机 500mm 以内	台班	—	—	—	0.03	—
	木工压刨床单面 600mm 以内	台班	—	—	—	0.03	—
	卷扬机单筒慢速 3t 以内	台班	0.41	0.31	0.29	—	—
	塔式起重机 6t 以内	台班	—	—	—	—	0.33

工作内容： 安装、清理、刷隔离剂、拆除、整理、堆放。

计量单位：10m³ 混凝土体积

定额编号			5—174	5—175	5—176	5—177	5—178
项目		单位	槽形板	F 形板	大型屋面板	双 T 板	单肋板
			定型钢模				
人工	综合工日	工日	15.79	14.12	17.36	14.14	18.96
材料	定型钢模	kg	33.54	26.41	31.25	23.09	36.15
	镀锌铁丝 22#	kg	0.51	0.80	0.66	0.53	1.18
	隔离剂	kg	25.00	25.96	32.14	26.03	35.15
	水泥砂浆 1∶2	m³	0.03	0.05	0.04	0.03	0.07
机械	龙门式起重机 10t 以内	台班	0.23	0.25	0.22	0.24	0.22

工作内容：制作、安装、清理、刷隔离剂、拆除、整理、堆放。

计量单位：10m³ 混凝土体积

定额编号			5—183	5—184	5—185	5—186	5—187
项目		单位	窗台板	隔板	架空隔热板	栏板	遮阳板
			木模板				
人工	综合工日	工日	15.20	11.38	11.95	11.57	21.01
材料	模板板方材	m^2	0.474	0.345	0.240	0.320	0.330
	铁钉	kg	9.26	5.48	3.40	5.54	2.85
	镀锌铁丝 22#	kg	0.85	0.89	0.82	0.54	0.36
	混凝土地模	m^2	4.49	2.98	4.38	1.63	3.09
	隔离剂	kg	44.38	44.12	40.00	25.75	17.99
	水泥砂浆 1∶2	m^3	0.05	0.05	0.05	0.03	0.02
机械	木工圆锯机 500mm 以内	台班	0.09	0.05	0.04	0.06	0.24
	木工压刨床单面 600 以内	台班	0.09	0.05	0.04	0.06	0.24

四、钢　　筋

1. 现浇构件圆钢筋

工作内容：钢筋制作、绑扎、安装。

计量单位：t

定额编号			5—294	5—295	5—296	5—297
项目		单位	ϕ6.5	ϕ8	ϕ10	ϕ12
人工	综合工日	工日	22.63	14.75	10.90	9.54
材料	钢筋 ϕ10 以内	t	1.02	1.02	1.02	—
	钢筋 ϕ10 以上	t	—	—	—	1.045
	镀锌铁丝 22#	kg	15.67	8.80	5.64	4.62
	电焊条	kg	—	—	—	7.20
	水	m^3	—	—	—	0.150
机械	卷扬机单筒慢速 5t 以内	台班	0.37	0.32	0.30	0.28
	钢筋切断机 ϕ40 以内	台班	0.12	0.12	0.10	0.09
	钢筋弯曲机 ϕ40 以内	台班	—	0.36	0.31	0.26
	直流电焊机 30kW 以内	台班	—	—	—	0.45
	对焊机 75kVA 以内	台班	—	—	—	0.09

计量单位：t

定额编号			5—298	5—299	5—300	5—301
项目		单位	ϕ14	ϕ16	ϕ18	ϕ20
人工	综合工日	工日	8.25	7.32	6.45	5.79
材料	钢筋 ϕ10 以上	t	1.045	1.045	1.045	1.045
	镀锌铁丝 22#	kg	3.39	2.60	2.05	1.67
	电焊条	kg	7.20	7.20	9.60	9.60
	水	m^3	0.150	0.150	0.120	0.120
机械	卷扬机单筒慢速 5t 以内	台班	0.20	0.17	0.16	0.15
	钢筋切断机 ϕ40 以内	台班	0.09	0.10	0.09	0.08
	钢筋弯曲机 ϕ40 以内	台班	0.21	0.23	0.20	0.17
	直流电焊机 30kW 以内	台班	0.45	0.45	0.42	0.42
	对焊机 75kVA 以内	台班	0.09	0.09	0.07	0.07

2. 现浇构件螺纹钢筋

工作内容：制作、绑扎、安装。

计量单位：t

定额编号			5—307	5—308	5—309	5—310
项目		单位	ϕ10	ϕ12	ϕ14	ϕ16
人工	综合工日	工日	11.86	10.77	9.03	8.16
材料	螺纹钢筋	t	1.045	1.045	1.045	1.045
	镀锌铁丝 22#	kg	5.64	4.62	3.39	2.60
	电焊条	kg	—	7.20	7.20	7.20
	水	m^3	—	0.150	0.150	0.150
机械	卷扬机单筒慢速 5t 以内	台班	0.33	0.31	0.22	0.19
	钢筋切断机 ϕ40 以内	台班	0.11	0.10	0.10	0.11
	钢筋弯曲机 ϕ40 以内	台班	0.31	0.26	0.21	0.23
	直流电焊机 30kW 以内	台班	—	0.53	0.53	0.53
	对焊机 75kVA 以内	台班	—	0.11	0.11	0.11

计量单位：t

定额编号			5—311	5—312	5—313	5—314
项目		单位	ϕ18	ϕ20	ϕ22	ϕ25
人工	综合工日	工日	7.06	6.49	5.80	5.19
材料	螺纹钢筋	t	1.045	1.045	1.045	1.045
	镀锌铁丝 22#	kg	3.02	2.05	1.67	1.07
	电焊条	kg	9.60	9.60	9.60	12.00
	水	m^3	0.120	0.120	0.080	0.080
机械	卷扬机单筒慢速 5t 以内	台班	0.17	0.16	0.14	—
	钢筋切断机 ϕ40 以内	台班	0.10	0.09	0.09	0.09
	钢筋弯曲机 ϕ40 以内	台班	0.20	0.17	0.20	0.18
	直流电焊机 30kW 以内	台班	0.50	0.50	0.46	0.46
	对焊机 75kVA 以内	台班	0.09	0.10	0.06	0.06

3. 预制构件圆钢筋

工作内容：制作、绑扎、安装、点焊、拼装。

计量单位：t

定额编号			5—320	5—321	5—322	5—323	5—324
项目		单位	冷拔低碳钢丝 ϕ5 以下		ϕ6		ϕ8
			绑扎	点焊	绑扎	点焊	绑扎
人工	综合工日	工日	40.87	32.14	21.43	17.17	13.99
材料	冷拔低碳钢丝 ϕ5 以下	t	1.090	1.090	—	—	—
	钢筋 ϕ10 以内	t	—	—	1.015	1.015	1.015
	镀锌铁丝 22#	kg	15.67	2.14	15.67	1.10	8.80
	水	m^3	—	5.270	—	4.540	—
机械	钢筋调直机 ϕ14 以内	台班	0.73	0.73	—	—	—
	钢筋切断机 ϕ40 以内	台班	0.44	0.44	0.11	0.11	0.10
	点焊机长臂 75kVA 以内	台班	—	2.18	—	1.88	—
	卷扬机单筒慢速 5t 以内	台班	—	—	0.33	0.33	0.29
	钢筋弯曲机 ϕ40 以内	台班	—	—	—	—	0.32

计量单位：t

定额编号			5—325	5—326	5—327	5—328	5—329
项目		单位	ϕ8	ϕ10		ϕ12	
			点焊	绑扎	点焊	绑扎	点焊
人工	综合工日	工日	11.94	10.33	9.59	9.04	8.46
材料	钢筋 ϕ10 以内	t	1.015	1.015	1.015	—	—
	钢筋 ϕ10 以上	t	—	—	—	1.035	1.035
	镀锌铁丝 22#	kg	0.82	5.64	0.54	4.62	0.39
	电焊条	kg	—	—	—	7.20	7.20
	水	m^3	3.070	—	2.700	0.150	2.060
机械	卷扬机单筒慢速 5t 以内	台班	0.29	0.27	0.27	0.25	0.25
	钢筋切断机 ϕ40 以内	台班	0.10	0.09	0.09	0.08	0.08
	钢筋弯曲机 ϕ40 以内	台班	0.12	0.27	0.12	0.23	0.10
	点焊机长臂 75kVA 以内	台班	1.27	—	1.12	—	0.79
	直流电焊机 30kW 以内	台班	—	—	—	0.44	0.44
	对焊机 75kVA 以内	台班	—	—	—	0.09	0.09

计量单位：t

定额编号			5—330	5—331	5—332	5—333	5—334
项目		单位	ϕ14		ϕ16		ϕ18
			绑扎	点焊	绑扎	点焊	
人工	综合工日	工日	7.82	8.21	6.91	7.13	6.09
材料	钢筋 ϕ10 以上	t	1.035	1.035	1.035	1.035	1.035
	镀锌铁丝 22#	kg	3.39	0.29	2.60	0.20	2.05
	电焊条	kg	7.20	7.20	7.20	7.20	9.60
	水	m^3	0.150	2.420	0.150	1.840	0.120
机械	卷扬机单筒慢速 5t 以内	台班	0.17	0.17	0.15	0.15	0.14
	钢筋切断机 ϕ40 以内	台班	0.08	0.08	0.09	0.09	0.08
	钢筋弯曲机 ϕ40 以内	台班	0.18	0.08	0.20	0.08	0.18
	点焊机长臂 75kVA 以内	台班	—	0.94	—	0.70	—
	直流电焊机 30kW 以内	台班	0.44	0.44	0.44	0.44	0.42
	对焊机 75kVA 以内	台班	0.09	0.09	0.09	0.09	0.07

5. 箍筋

工作内容：制作、绑扎、安装。

计量单位：t

定额编号			5—354	5—355	5—356	5—357	5—358
项目		单位	ϕ5 以内	ϕ6	ϕ8	ϕ10	ϕ12
人工	综合工日	工日	40.87	28.88	18.67	13.27	10.26
材料	钢筋 ϕ10 以内	t	1.02	1.02	1.02	1.02	—
	钢筋 ϕ10 以上	t	—	—	—	—	1.02
	镀锌铁丝 22#	kg	15.67	15.67	8.80	5.64	4.62
机械	卷扬机单筒慢速 5t 以内	台班	—	0.37	0.32	0.30	0.28
	钢筋切断机 ϕ40 以内	台班	0.44	0.19	0.18	0.12	0.09
	钢筋弯曲机 ϕ40 以内	台班	—	—	1.23	0.85	0.65
	钢筋调直机 ϕ14 以内	台班	0.73	—	—	—	—

6. 先张法预应力钢筋

工作内容：制作、张拉、放张、切断等。

计量单位：t

定额编号			5—359	5—360	5—361
项目		单位	ϕ5 以内	ϕ12	ϕ14
人工	综合工日	工日	18.62	9.44	8.62
材料	冷拔低碳钢丝 ϕ5 以下	t	1.090	—	—
	螺纹钢筋	t	—	1.060	1.060
	水	m^3	—	0.900	0.770
	张拉机具	kg	39.61	46.60	34.27
	冷拉机具及其他材料	kg	—	45.00	33.10
机械	对焊机 75kVA 以内	台班	—	0.56	0.48
	钢筋切断机 ϕ40 以内	台班	0.08	0.08	0.08
	卷扬机单筒慢速 5t 以内	台班	—	0.75	0.67
	预应力钢筋拉伸机 65t 以内	台班	1.58	0.72	0.69
	钢筋调直机 ϕ14 以内	台班	0.75	—	—

9. 铁件及电渣压力焊接

工作内容：安装埋设、焊接固定。

计量单位：t

定额编号			5—382	5—383
项目		单位	铁件	电渣压力焊接 每10个接头
人工	综合工日	工日	24.50	1.20
材料	铁件	t	1.010	—
	预埋铁件	t	(1.010)	—
	电焊条	kg	36.00	0.11
	焊剂	kg	—	4.35
	钢筋	kg	—	1.24
	石棉垫	kg	—	0.36
	其他材料费占材料费	%	—	6.01
机械	直流电焊机30kW以内	台班	4.39	0.01
	电渣焊机	台班	—	0.22

计量单位：$10m^3$

定额编号			5—395	5—396	5—397
项目		单位	独立基础		杯型基础
			毛石混凝土	混凝土	
人工	综合工日	工日	3.65	10.58	9.94
材料	现浇混凝土C20	m^3	8.63	10.15	10.15
	草袋子	m^2	3.17	3.26	3.67
	水	m^3	7.62	9.31	9.38
	毛石	m^3	2.72	—	—
机械	混凝土搅拌机400L	台班	0.33	0.39	0.39
	混凝土振捣器（插入式）	台班	0.66	0.77	0.77
	机动翻斗车1t	台班	0.66	0.78	0.78

10. 成型钢筋运输

计量单位：t

定 额 编 号			5—384	5—385	5—386	5—387	5—388
项 目		单位	载重汽车运输 人装人卸（运距）				
			1000m以内	3000m以内	5000m以内	10000m以内	每增加1000m
人工	综 合 工 日	工日	1.96	2.40	2.80	3.85	0.21
机械	载重汽车 6t	台班	0.49	0.60	0.70	0.96	0.05

计量单位：t

定 额 编 号			5—389	5—390	5—391
项 目		单位	马车运输成型钢筋（运距）		
			500m 以内	1000m 以内	每增加 500m
人工	综 合 工 日	工日	0.77	0.98	0.21
机械	马车	台班	0.77	0.98	0.21

2. 柱

工作内容： 1. 混凝土水平运输。

2. 混凝土搅拌、捣固、养护。

计量单位：$10m^3$

定 额 编 号			5—401	5—402	5—403	5—404
项 目		单 位	柱			升板柱帽
			矩形	圆形多边形	构造柱	
人工	综 合 工 日	工日	21.64	22.43	25.62	30.90
材料	现浇混凝土 C25	m^3	9.86	9.86	9.86	9.86
	草袋子	m^2	1.00	0.86	0.84	—
	水	m^3	9.09	8.91	8.99	8.52
	水泥砂浆 1∶2	m^3	0.31	0.31	0.31	0.31
机械	混凝土搅拌机 400L	台班	0.62	0.62	0.62	0.62
	混凝土振捣器（插入式）	台班	1.24	1.24	1.24	1.24
	灰浆搅拌机 200L	台班	0.04	0.04	0.04	0.04

3. 梁

工作内容：1. 混凝土水平运输。
2. 混凝土搅拌、捣固、养护。

计量单位：10m³

定 额 编 号			5—405	5—406	5—407	5—408
项 目		单位	基础梁	单梁连续梁	异形梁	圈梁
人工	综 合 工 日	工日	13.34	15.51	16.23	24.10
材料	现浇混凝土 C25	m³	10.15	10.15	10.15	10.15
	草袋子	m²	6.03	5.95	7.23	8.26
	水	m³	10.14	10.19	9.32	9.84
机械	混凝土搅拌机 400L	台班	0.63	0.63	0.63	0.39
	混凝土振捣器（插入式）	台班	1.25	1.25	1.25	0.77

计量单位：10m³

定 额 编 号			5—409	5—410
项 目		单位	过 梁	弧形拱形梁
人工	综 合 工 日	工日	26.10	24.10
材料	现浇混凝土 C25	m³	10.15	10.15
	草袋子	m²	18.57	9.98
	水	m³	13.17	10.9
机械	混凝土搅拌机 400L	台班	0.63	0.63
	混凝土振捣器（插入式）	台班	1.25	1.25

5. 板

工作内容：1. 混凝土水平运输。
2. 混凝土搅拌、捣固、养护。

计量单位：10m³

定 额 编 号			5—417	5—418	5—419	5—420
项 目		单位	有梁板	无梁板	平板	拱板
人工	综 合 工 日	工日	13.07	12.21	13.51	19.58
材料	现浇混凝土 C20	m³	10.15	10.15	10.15	10.15
	草袋子	m²	10.99	10.51	14.22	4.50
	水	m³	12.04	11.65	12.89	10.09
机械	混凝土搅拌机 400L	台班	0.63	0.63	0.63	0.63
	混凝土振捣器（插入式）	台班	0.63	0.63	0.63	0.63
	混凝土振捣器（平板式）	台班	0.63	0.63	0.63	0.63

6. 其　他

工作内容： 1. 混凝土水平运输。

2. 混凝土搅拌、捣固、养护。

定额编号			5—421	5—422	5—423	5—424
项目		单位	楼梯		悬挑板	地沟 电缆沟
			直形	弧形		
			10m² 投影面积			10m³
人工	综合工日	工日	5.75	4.88	2.48	15.08
材料	现浇混凝土 C20	m^3	2.60	1.78	1.07	10.15
	草袋子	m^2	2.18	2.31	2.29	5.11
	水	m^3	2.90	2.24	1.66	10.35
机械	混凝土搅拌机 400L	台班	0.26	0.17	0.10	1.00
	混凝土振捣器（插入式）	台班	0.52	0.35	0.13	2.00

计量单位：$10m^3$

定额编号			5—425	5—426	5—427	5—428
项目		单位	拦板	扶手	门框	柱接柱及 框架柱接头
人工	综合工日	工日	30.69	53.27	22.65	30.02
材料	现浇混凝土 C20	m^3	10.15	10.15	10.15	10.15
	草袋子	m^2	2.35	18.4	2.37	—
	水	m^3	11.19	15.87	9.40	9.12
机械	混凝土搅拌机 400L	台班	1.00	1.00	1.00	1.00
	混凝土振捣器（插入式）	台班	—	—	2.00	—

计量单位：$10m^3$

定额编号			5—429	5—430	5—431	5—432	5—433
项目		单位	小型 构件	天沟 挑檐	台阶	压顶	小型 池槽
人工	综合工日	工日	30.14	24.88	17.73	26.48	30.05
材料	现浇混凝土 C20	m^3	10.15	10.15	10.15	10.15	10.15
	草袋子	m^2	67.39	17.04	16.77	38.34	16.83
	水	m^3	27.45	14.20	13.52	20.52	15.46
机械	混凝土搅拌机 400L	台班	1.00	1.00	1.00	1.00	1.00
	混凝土振捣器（插入式）	台班	—	2.00	2.00	—	—

5. 板

工作内容： 1. 混凝土水平运输。
2. 混凝土搅拌、捣固、养护。
3. 成品堆放。

计量单位：10m³

定额编号			5—451	5—452	5—453	5—454
项目		单位	F形板	平板	空心板	槽形板
人工	综合工日	工日	12.45	15.20	15.33	14.40
材料	预制混凝土 C25	m³	10.15	10.15	10.15	10.15
	二等板方材	m³	0.019	0.055	0.034	0.014
	草袋子	m²	22.37	3.25	13.45	11.63
	水	m³	32.55	10.21	21.78	25.70
机械	塔式起重机 6t 以内	台班	0.13	0.13	0.13	0.13
	混凝土搅拌机 400L	台班	0.25	0.25	0.25	0.25
	混凝土振捣器（插入式）	台班	0.50	0.50	0.50	0.50
	皮带运输机运距 15m	台班	0.25	0.25	0.25	0.25
	机动翻斗车 1t	台班	0.63	0.63	0.63	0.63
	龙门式起重机 10t 以内	台班	0.13	0.13	0.13	0.13

计量单位：10m³

定额编号			6—8	6—9	6—10	6—11	6—12
项目		单位	1 类预制混凝土构件 运距（km 以内）				
			30	35	40	45	50
人工	综合工日	工日	9.86	11.02	11.76	13.04	13.72
材料	二等板方材	m³	0.010	0.010	0.010	0.010	0.010
	加固钢丝绳	kg	0.31	0.31	0.31	0.31	0.31
	镀锌铁丝 8#	kg	1.50	1.50	1.50	1.50	1.50
机械	载重汽车 6t	台班	3.71	4.14	4.41	4.89	5.15
	汽车式起重机 5t 以内	台班	2.47	2.76	2.94	3.26	3.43

计量单位：10m³

定额编号			6—13	6—14	6—15	6—16
项目		单位	2类预制混凝土构件 运距（km以内）			
			1	3	5	10
人工	综合工日	工日	2.16	3.00	3.16	3.92
材料	二等板方材	m^3	0.010	0.010	0.010	0.010
	加固钢丝绳	kg	0.32	0.32	0.32	0.32
	镀锌铁丝8#	kg	3.14	3.14	3.14	3.14
机械	载重汽车8t	台班	0.81	1.12	1.19	1.47
	汽车式起重机5t以内	台班	0.54	0.75	0.79	0.98

计量单位：10m³

定额编号			6—32	6—33	6—34	6—35	6—36
项目		单位	3类预制混凝土构件 运距（km以内）				
			30	35	40	45	50
人工	综合工日	工日	12.36	13.86	14.46	15.90	16.14
材料	二等板方材	m^3	0.020	0.020	0.020	0.020	0.020
	加固钢丝绳	kg	0.25	0.25	0.25	0.25	0.25
	镀锌铁丝8#	kg	2.40	2.40	2.40	2.40	2.40
	钢支架摊销	kg	2.13	2.13	2.13	2.13	2.13
机械	平板拖车组20t	台班	3.09	3.47	3.62	3.97	4.03
	汽车起重机12t以内	台班	2.06	2.31	2.41	2.65	2.69

计量单位：10m³

定额编号			6—37	6—38	6—39	6—40
项目		单位	4类预制混凝土构件 运距（km以内）			
			1	3	5	10
人工	综合工日	工日	3.64	4.72	4.92	5.84
材料	二等板方材	m^3	0.050	0.050	0.050	0.050
	加固钢丝绳	kg	0.53	0.53	0.53	0.53
	镀锌铁丝8#	kg	5.25	5.25	5.25	5.25
机械	载重汽车8t	台班	1.37	1.77	1.85	2.19
	汽车式起重机5t以内	台班	0.91	1.18	1.23	1.46

3. 木门窗运输

工作内容：装车、绑扎、运输、按指定地点卸车、堆放。

计量单位：100m²

定额编号			6—91	6—92	6—93
项目		单位	木门窗 运距（km以内）		
			1	3	5
人工	综合工日	工日	0.84	1.16	1.24
机械	载重汽车 6t	台班	0.42	0.58	0.62

计量单位：100m²

定额编号			6—94	6—95	6—96
项目		单位	木门窗 运距（km以内）		
			10	15	20
人工	综合工日	工日	0.76	1.01	1.07
机械	载重汽车 6t	台班	1.52	2.02	2.14

计量单位：10m³

定额编号			6—304	6—305
项目		单位	大型屋面板	槽形板
			每块构件体积（m³ 以内）	
			0.6	1.2
			卷扬机	
人工	综合工日	工日	11.72	11.01
材料	电焊条	kg	7.78	2.61
	垫铁	kg	12.51	11.84
	方垫木	m³	0.062	0.008
	麻绳	kg	0.05	0.05
机械	交流电焊机 30kVA	台班	0.77	0.97

计量单位：$10m^3$

定额编号			6—330	6—331	6—332	6—333
项目		单位	空心板			
			焊接		不焊接	
			每块构件体积（m^3 以内）			
			0.2	0.3	0.2	0.3
			卷扬机			
人工	综合工日	工日	14.73	12.16	9.31	6.84
材料	电焊条	kg	11.74	7.60	—	—
	垫铁	kg	40.38	26.12	—	—
	方垫木	m^3	0.034	0.022	0.034	0.022
	麻绳	kg	0.05	0.05	0.05	0.05
机械	交流电焊机 30kVA	台班	1.61	1.18	—	—

计量单位：$10m^3$

定额编号			6—370	6—371
项目		单位	小型构件	
			构件体积（$0.1m^3$ 以内）	
			焊接	不焊接
			卷扬机	
人工	综合工日	工日	7.63	4.74
材料	电焊条	kg	15.31	—
	垫铁	kg	26.43	—
	方垫木	m^3	0.010	0.010
	麻绳	kg	0.05	0.05
机械	交流电焊机 30kVA	台班	1.50	—

计量单位：100m²

定额编号			7—57	7—58	7—59	7—60
项目		单位	无纱胶合板门单扇带亮			
			门框制作	门框安装	门扇制作	门扇安装
人工	综合工日	工日	8.56	14.68	23.72	15.28
材料	一等木方<54cm²	m³	0.065	—	1.880	—
	一等木方 55～100cm²	m³	1.972	0.338	—	—
	胶合板（三夹）	m²	—	—	158.72	—
	玻璃 3mm	m²	—	—	—	14.96
	油灰	kg	—	—	—	16.79
	铁钉	kg	0.97	10.40	3.97	0.06
	乳白胶	kg	0.60	—	11.89	—
	麻刀石灰浆	m³	—	0.24	—	—
	防腐油	kg	—	28.29	—	—
	木楔	m³	0.003	—	0.009	—
	垫木	m³	0.001	—	0.001	—
	清油	kg	0.46	—	1.29	—
	油漆溶剂油	kg	0.27	—	0.74	—
	板条 1000×30×8	百根	—	2.47	—	—
机械	木工圆锯机 500mm 以内	台班	0.17	0.06	0.51	—
	木工平刨床 450mm	台班	0.54	—	1.53	—
	木工压刨床三面 400mm	台班	0.46	—	1.53	—
	木工打眼机 50mm	台班	0.60	—	2.25	—
	木工开榫机 160mm	台班	0.28	—	2.25	—
	木工裁口机多面 400mm	台班	0.24	—	0.60	—

计量单位：100m²

定额编号			7—65	7—66	7—67	7—68
项目		单位	无纱胶合板门单扇无亮			
			门框制作	门框安装	门扇制作	门扇安装
人工	综合工日	工日	8.39	17.14	27.63	9.65
材料	一等木方＜54cm²	m³	0.095	—	1.937	—
	一等木方 55～100cm²	m³	2.019	0.369	—	—
	胶合板（三夹）	m²	—	—	201.36	—
	铁钉	kg	1.40	10.18	5.02	—
	乳白胶	kg	0.60	—	11.89	—
	麻刀石灰浆	m³	—	0.28	—	—
	防腐油	kg	—	30.83	—	—
	木楔	m³	0.003	—	0.009	—
	垫木	m³	0.001	—	0.001	—
	清油	kg	0.46	—	1.29	—
	油漆溶剂油	kg	0.27	—	0.74	—
	板条 1000×30×8	百根	—	3.57	—	—
机械	木工圆锯机 500mm 以内	台班	0.21	0.06	0.59	—
	木工平刨床 450mm	台班	0.56	—	1.76	—
	木工压刨床三面 400mm	台班	0.44	—	1.76	—
	木工打眼机 50mm	台班	0.44	—	2.82	—
	木工开榫机 160mm	台班	0.20	—	2.82	—
	木工裁口机多面 400mm	台班	0.25	—	0.70	—

5. 铝合金、不锈钢门窗安装

工作内容：现场搬运、安装框扇、校正、安装玻璃及配件、周边塞口、清扫等。

计量单位：100m²

定额编号			7—286	7—287	7—288	7—289
项目		单位	地弹门	不锈钢双扇全玻地弹门	平开门	推拉窗
人工	综合工日	工日	87.01	104.00	74.00	75.71
材料	玻璃 6mm	m²	100.00	100.00	100.00	100.00
	玻璃胶	支	43.70	43.70	59.48	50.20
	密封毛条	m	151.56	151.56	—	413.29
	密封胶条	m	—	—	606.44	—
	地脚	个	391.00	391.00	724.00	498.00
	膨胀螺栓	套	781.20	781.20	1448.70	995.60
	螺钉	百个	8.68	8.68	—	—
	密封油膏	kg	27.63	27.63	52.51	36.67
	软填料	kg	31.77	31.77	24.54	39.75
	不锈钢全玻地弹门	m²	—	96.68	—	—
	铝合金地弹门	m²	96.69	—	—	—
	铝合金平开窗	m²	—	—	92.51	—
	铝合金推拉窗	m²	—	—	—	94.64
	不锈钢上下帮	m	—	47.11	—	—
	其他材料费占材料费	%	0.13	0.13	0.13	0.13
机械	安装综合机械占材料费	%	0.01	0.01	0.01	0.01

注：地弹门、双扇全玻地弹门包括不锈钢上下帮地弹簧、玻璃门、拉手、玻璃胶及安装所需辅助材料。

计量单位：100m²

定额编号			7—290	7—291
项目		单位	固定窗	平开窗
人工	综合工日	工日	42.10	76.00
材料	玻璃 4mm	m²	101.00	100.00
	玻璃胶	支	72.72	70.99
	密封胶条	m	—	899.10
	地脚	个	778.00	1091.00
	膨胀螺栓	套	1556.00	2182.00
	螺钉	百个	13.33	—
	密封油膏	kg	53.40	68.89
	软填料	kg	66.71	32.19
	铝合金固定窗	m²	92.640	—
	铝合金平开窗	m²	—	95.04
	其他材料费占材料费	%	0.13	0.13
机械	安装综合机械占材料费	%	0.01	0.01

8. 钢门窗安装

工作内容： 包括解捆、划线定位、调直、凿洞、吊正、埋铁件、塞缝、安纱门扇、纱窗扇、拼装组合、钉胶条、小五金安装等全部操作过程。

计量单位：100m²

定额编号			7—306	7—307	7—308	7—309
项目		单位	普通钢门		普通钢窗	
			单层	单层带纱	单层	单层带纱
人工	综合工日	工日	27.60	36.53	28.05	42.12
材料	普通钢门	m²	96.20	—	—	—
	钢门带纱扇	m²	—	96.20	—	—
	普通钢窗	m²	—	—	94.80	—
	钢窗带纱窗	m²	—	—	—	94.80
	铁纱	m²	—	96.20	—	94.80
	电焊条	kg	2.94	5.06	2.84	6.16
	现浇混凝土	m³	0.20	0.20	0.20	0.20
	水泥砂浆 1∶2	m³	0.15	0.15	0.24	0.24
	预埋铁件	kg	29.71	29.71	29.20	29.20
机械	交流电焊机 40kVA	台班	0.95	1.57	1.09	1.73

注：1. 钢门窗安装按成品件考虑（包括五金配件和铁脚在内）。

2. 钢天窗安装角铁横档及连接件，设计与定额用量不同时，可以调整，损耗按 6%。

3. 实腹式或空腹式钢门窗执行本定额。

计量单位：$100m^2$

定额编号			7—57	7—58	7—59	7—60
项目		单位	无纱胶合板门单扇带宽			
			门框制作	门框安装	门扇制作	门扇安装
人工	综合工日	工日	8.56	14.68	23.72	15.28
材料	一等木方≤$54cm^2$	m^3	0.065	—	1.880	—
	一等木方 $55\sim100cm^2$	m^3	1.972	0.383	—	—
	胶合板（三夹）	m^2	—	—	158.72	—
	玻璃 3mm	m^2	—	—	—	14.96
	油灰	kg	—	—	—	16.79
	铁钉	kg	0.97	10.40	3.97	0.06
	乳白胶	kg	0.60	—	11.89	—
	麻刀石灰浆	m^3	—	0.24	—	—
	防腐油	kg	—	28.29	—	—
	木楔	m^3	0.003	—	0.009	—
	垫木	m^3	0.001	—	0.001	—
	清油	kg	0.46	—	1.29	—
	油漆溶剂油	kg	0.27	—	0.74	—
	板条 1000×30×8	百根	—	2.47	—	—
机械	木工圆锯机 500mm 以内	台班	0.17	0.06	0.51	—
	木工平刨床 450mm	台班	0.54	—	1.53	—
	木工压刨床三面 400mm	台班	0.46	—	1.53	—
	木工打眼机 50mm	台班	0.60	—	2.25	—
	木工开榫机 160mm	台班	0.28	—	2.25	—
	木工裁口机多面 400mm	台班	0.24	—	0.60	—

工作内容：拌和、铺设、找平、夯实。

定额编号			8—12	8—13	8—14	8—15
项目		单位	原土夯砾石	炉（矿）渣		
				干铺	水泥石灰拌和	石灰拌和
			100m²	10m³		
人工	综合工日	工日	5.52	3.83	13.23	13.23
材料	砾石 40	m³	5.08	—	—	—
	炉（矿）渣	m³	—	12.18		
	水泥石灰炉（矿）渣	m³	—	—	10.10	—
	石灰炉（矿）渣	m³	—	—	—	10.10
	水	m³	—	2.00	2.00	2.00

工作内容：混凝土搅拌、捣固、养护。

计量单位：10m³

定额编号			8—16	8—17
项目		单位	混凝土	炉（矿）渣混凝土
人工	综合工日	工日	12.25	9.08
材料	混凝土 C10	m³	10.10	—
	炉（矿）渣混凝土	m³	—	10.20
	水	m³	5.00	4.00
机械	混凝土搅拌机 400L	台班	1.01	1.02
	混凝土振捣器（平板式）	台班	0.79	0.79

注：混凝土垫层按不分格考虑，分格者另行处理。

二、找　平　层

工作内容： 1. 清理基层、调运砂浆、抹平、压实。
2. 清理基层、混凝土搅拌、捣平、压实。
3. 刷素水泥浆。

计量单位：100m²

<table>
<tr><td colspan="2">定　额　编　号</td><td></td><td>8—18</td><td>8—19</td><td>8—20</td><td>8—21</td><td>8—22</td></tr>
<tr><td colspan="2" rowspan="3">项　　目</td><td rowspan="3">单位</td><td colspan="3">水泥砂浆</td><td colspan="2">细石混凝土</td></tr>
<tr><td>混凝土或硬基层上</td><td>在填充材料上</td><td rowspan="2">每增减 5mm</td><td rowspan="2">30mm</td><td rowspan="2">每增减 5mm</td></tr>
<tr><td colspan="2">20mm</td></tr>
<tr><td>人工</td><td>综合工日</td><td>工日</td><td>7.80</td><td>8.00</td><td>1.41</td><td>8.12</td><td>1.41</td></tr>
<tr><td rowspan="4">材料</td><td>水泥砂浆 1∶3</td><td>m³</td><td>2.02</td><td>2.53</td><td>0.51</td><td>—</td><td>—</td></tr>
<tr><td>素水泥浆</td><td>m³</td><td>0.10</td><td>—</td><td>—</td><td>0.10</td><td>—</td></tr>
<tr><td>水</td><td>m³</td><td>0.60</td><td>0.60</td><td>—</td><td>0.60</td><td>—</td></tr>
<tr><td>细石混凝土 C20</td><td>m³</td><td>—</td><td>—</td><td>—</td><td>3.03</td><td>0.51</td></tr>
<tr><td rowspan="3">机械</td><td>灰浆搅拌机 200L</td><td>台班</td><td>0.34</td><td>0.42</td><td>0.09</td><td>—</td><td>—</td></tr>
<tr><td>混凝土搅拌机 400L</td><td>台班</td><td>—</td><td>—</td><td>—</td><td>0.30</td><td>0.05</td></tr>
<tr><td>混凝土振捣器（平板式）</td><td>台班</td><td>—</td><td>—</td><td>—</td><td>0.24</td><td>0.04</td></tr>
</table>

三、整 体 面 层

工作内容：清理基层、调运砂浆、刷素水泥浆、抹面、压光、养护。

计量单位：100m²

定额编号			8—23	8—24	8—25	8—26	8—27
项目		单位	水泥砂浆				
			楼地面 20mm	楼梯 20mm	台阶 20mm	加浆抹光随捣随抹 5mm	踢脚板 底 12mm 面 8mm
							100m
人工	综合工日	工日	10.27	39.63	28.09	7.53	5.00
材料	水泥砂浆 1∶2.5	m^3	2.02	2.69	2.99	—	0.12
	水泥砂浆 1∶3	m^3	—	—	—	—	0.18
	素水泥浆	m^3	0.10	0.13	0.15	—	—
	水泥砂浆 1∶1	m^3	—	—	—	0.51	—
	水	m^3	3.80	5.05	5.62	3.80	0.57
	草袋子	m^2	22.00	29.26	32.56	22.00	
机械	灰浆搅拌机 200L	台班	0.34	0.45	0.50	0.09	0.05

注：水泥砂浆楼地面面层厚度每增减 5mm，按水泥砂浆找平层每增减 5mm 项目执行。

工作内容： 清扫基层、调制石子浆、刷素水泥浆、找平抹面、磨光、补砂眼、理光、上草酸、打蜡、擦光、嵌条、调色，彩色镜面水磨石还包括油石抛光。

计量单位：100m²

定 额 编 号			8—28	8—29	8—30	8—31
项 目		单位	水磨石楼地面			
			不嵌条	嵌条	分格调色	彩色镜面
			15mm		20mm	
人工	综合工日	工日	47.12	56.46	60.10	92.84
材料	水泥白石子浆 1∶2.5	m³	1.73	1.73	—	—
	白水泥色石子浆 1∶2.5	m³	—	—	1.73	2.49
	素水泥浆	m³	0.10	0.10	0.10	0.10
	水泥	kg	26.00	26.00	26.00	26.00
	金刚石三角	块	30.00	30.00	30.00	45.00
	金刚石 200×75×50	块	3.00	3.00	3.00	5.00
	玻璃 3mm	m²	—	5.38	5.38	5.38
	草酸	kg	1.00	1.00	1.00	1.00
	硬白蜡	kg	2.65	2.65	2.65	2.65
	煤油	kg	4.00	4.00	4.00	4.00
	油漆溶剂油	kg	0.53	0.53	0.53	0.53
	清油	kg	0.53	0.53	0.53	0.53
	棉纱头	kg	1.10	1.10	1.10	1.10
	草袋子	m²	22.00	22.00	22.00	22.00
	油石	块	—	—	—	63.00
	水	m³	5.60	5.60	5.60	8.90
机械	灰浆搅拌机 200L	台班	0.29	0.29	0.29	0.42
	平面磨面机	台班	10.78	10.78	10.78	28.05

注：彩色镜面磨石系指高级水磨石，除质量要求达到规范要求外，其操作工序一般应按“五浆五磨”研磨，七道“抛光”工序施工。

工作内容： 清理基层、调运砂浆、刷素水泥浆、抹面。

计量单位：100m²

定额编号			8—37	8—38	8—39
项目		单位	水泥豆石浆		
			地面 15mm	楼梯 底 20mm 面 15mm	每增减 5mm
人工	综合工日	工日	17.93	69.96	1.41
材料	水泥豆石浆 1∶1.25	m³	1.52	2.01	0.51
	水泥砂浆 1∶2.5	m³	—	2.96	—
	素水泥浆	m³	0.10	0.13	—
	草袋子	m²	22.00	29.26	—
	水	m³	3.80	5.05	—
机械	灰浆搅拌机 200L	台班	0.25	0.78	0.09

工作内容： 清理基层、浇捣混凝土、面层抹灰压实。
菱苦土地面包括调制菱苦土砂浆、打蜡等。

计量单位：100m²

定额编号			8—43	8—44	8—45
项目		单位	混凝土散水 面层一次抹光 厚 60mm	水泥砂浆 防滑坡道	菱苦土地面 底 15mm 面 10mm
人工	综合工日	工日	16.45	14.39	20.18
材料	混凝土 C15	m³	7.11	—	—
	水泥砂浆 1∶1	m³	0.51	—	—
	水泥砂浆 1∶2	m³	—	2.58	—
	素水泥浆	m³	—	0.10	—
	菱苦土	kg	—	—	1252.00
	氯化镁	kg	—	—	909.00
	粗砂	m³	0.01	—	0.50
	石油沥青 30#	kg	1.11	—	—
	木柴	kg	0.40	—	—
	模板板方材	m³	0.04	—	—
	锯木屑	m³	0.60	—	2.63
	草袋子	m²	22.00	22.44	—
	色粉	kg	—	—	76.00
	硬白蜡	kg	—	—	2.65
	煤油	kg	—	—	3.96
	油漆溶剂油	kg	—	—	2.00
	清油	kg	—	—	6.00
	水	m³	3.80	3.88	—
机械	灰浆搅拌机 200L	台班	0.09	0.43	—
	混凝土搅拌机 400L	台班	0.71	—	—

4. 彩 釉 砖

工作内容：清理基层、锯板磨边、贴彩釉砖、擦缝、清理净面。
调制水泥砂浆、刷素水泥浆。

计量单位：$100m^2$

定 额 编 号			8—72	8—73	8—74
项 目		单位	楼地面（每块周长 mm）		
			600 以内	800 以内	800 以外
			水 泥 砂 浆		
人工	综合工日	工日	37.17	32.70	28.97
材料	彩釉砖	m^2	102.00	102.00	102.00
	水泥砂浆 1∶2	m^3	1.01	1.01	1.01
	素水泥浆	m^3	0.10	0.10	0.10
	白水泥	kg	10.00	10.00	10.00
	棉纱头	kg	1.00	1.00	1.00
	锯木屑	m^3	0.60	0.60	0.60
	石料切割锯片	片	0.32	0.32	0.32
	水	m^3	2.60	2.60	2.60
机械	灰浆搅拌机 200L	台班	0.17	0.17	0.17
	石料切割机	台班	1.26	1.26	1.26

3. 塑料、钢管扶手

工作内容：焊接、安装，弯头制作、安装。

定 额 编 号			8—151	8—152	8—153	8—154
项 目		单位	塑料扶手	钢管扶手	塑料	钢管
			型钢栏杆		弯 头	
			10m		10 个	
人工	综合工日	工日	2.46	2.46	0.92	1.72
材料	塑料扶手	m	10.60	—	—	—
	钢管 ϕ50	m	—	10.60	—	—
	塑料堵头	只	0.29	—	—	—
	扁钢	kg	47.80	34.72	—	—
	圆钢 ϕ18	kg	54.39	55.04	—	—
	木螺丝 4×30	百只	1.04	—	—	—
	电焊条	kg	2.50	2.50	—	0.42
	乙炔气	m^3	2.46	2.46	—	0.41
	塑料粘结剂	kg	—	—	0.24	—
机械	交流电焊机 30kVA	台班	1.53	1.53	—	0.28
	管子切割机 ϕ60 以内	台班	0.62	0.95	—	0.50

工作内容： 1. 塑料油膏玻璃纤维布：包括刷冷底子油，找平层分格缝嵌油膏，贴防水附加层，铺贴玻璃纤维布，表面撒粒砂保护层。
2. 屋面分格缝：支座处干铺油毡一层，清理缝、熬调油膏、油膏灌缝；沿缝上做二毡三油一砂。

定额编号			9—45	9—46	9—47
项目		单位	塑料油膏玻璃纤维布		屋面分格缝
			一布二油	每增一布一油	
			100m²		100m
人工	综合工日	工日	3.45	2.17	9.90
材料	玻璃纤维布 1.8mm	m²	120.45	112.18	
	塑料油膏	kg	872.26	324.94	303.68
	木柴	kg	271.56	101.15	218.11
	石油沥青油毡 350#	m²	—	—	232.10
	玛琋脂	m³	—	—	0.49
	冷底子油 30∶70	kg	—	—	38.85
	粒砂	m³	—	—	0.41

工作内容： 1. 单屋面排水管系统：埋设管卡箍、截管、涂胶、接口。
2. 屋面阳台雨水管系统：埋设管卡箍、截管、涂胶、安三通、伸缩节、管等。

计量单位：10m

定额编号			9—66	9—67	9—68	9—69
项目		单位	玻璃钢排水管（直径 mm）			
			单屋面排水管系统		屋面阳台雨水管系统	
			ϕ110	ϕ160	ϕ110	ϕ160
人工	综合工日	工日	2.89	3.21	2.98	3.21
材料	玻璃钢排水管 110×1500	m	10.54	—	10.18	—
	卡箍膨胀螺栓 110	套	7.14	—	7.14	—
	玻璃钢排水管 160×1500	m	—	10.61	—	10.15
	卡箍膨胀螺栓 160	套	—	7.14	—	5.10
	排水管连接件 160×135	个	—	—	—	3.16
	排水管连接件 110×115	个	—	—	3.16	—
	玻璃钢三通 160×50	个	—	—	—	3.16
	玻璃钢三通 110×50	个	—	—	3.16	—
	排水管检查口 110	个	1.11	—	1.11	—
	排水管检查口 160	个	—	1.11	—	1.11
	排水管伸缩节 110	个	1.01	—	1.01	—
	排水管伸缩节 160	个	—	1.01	—	1.01
	密封胶	kg	0.12	0.20	0.28	0.48

工作内容：1. 水斗：细石混凝土填缝、涂胶、接口。
2. 弯头及短管：涂敷、接口。

计量单位：10个

定额编号			9—70	9—71	9—72	9—73
项目		单位	玻璃钢排水部件			
			水斗（带罩）直径		弯头90°	短管
			ϕ110	ϕ160	ϕ50	ϕ50
人工	综合工日	工日	3.01	3.14	1.31	1.31
材料	玻璃钢水斗110带罩	个	10.10	—	—	—
	玻璃钢水斗160带罩	个	—	10.10	—	—
	密封胶	kg	0.31	0.50	0.10	0.10
	细石混凝土C20	m^3	0.03	0.05	—	—
	玻璃钢弯头50	个	—	—	10.10	—
	玻璃钢短管50	个	—	—	—	10.10

工作内容：1. 石灰麻刀：调制石灰麻刀、石灰麻刀嵌缝、缝上贴二毡二油条一层。
2. 建筑油膏、沥青砂浆：熬制油膏、沥青，拌和沥青砂浆，沥青砂浆或建筑油膏嵌缝。

计量单位：100m

定额编号			9—140	9—141	9—142	9—143
项目		单位	石灰麻刀		建筑油膏	沥青砂浆
			平面	立面		
人工	综合工日	工日	6.95	7.92	5.56	6.58
材料	建筑油膏	kg	—	—	87.77	—
	沥青砂浆	m^3	—	—	—	0.48
	石油沥青油毡350#	m^2	17.00	17.00	—	—
	生石灰	kg	180.00	180.00	—	—
	麻刀	kg	108.00	108.00	—	—
	木柴	kg	24.00	24.00	27.00	198.00
	石油沥青30#	kg	65.00	65.00	—	—

工作内容：清扫基层、铺砌保温层。

计量单位：$10m^3$

定额编号			10—200	10—201	10—202	10—203
项目		单位	屋面保温			
			水泥蛭石块	现浇水泥珍珠岩	现浇水泥蛭石	干铺蛭石
人工	综合工日	工日	5.61	7.19	7.19	3.62
材料	水泥蛭石块	m^3	10.40	—	—	—
	水泥珍珠岩	m^3	—	10.40	—	—
	水泥蛭石	m^3	—	—	10.40	—
	蛭石	m^3	—	—	—	12.48
	水	m^3	—	7.00	7.00	—

(2) 水泥砂浆

工作内容：1. 清理、修补、湿润基层表面、堵墙眼、调运砂浆、清扫落地灰。

2. 分层抹灰找平、刷浆、洒水湿润、罩面压光（包括门窗洞口侧壁抹灰）。

计量单位：$100m^2$

定额编号			11—25	11—26	11—27	11—28
项目		单位	墙面、墙裙抹水泥砂浆			
			14+6mm	12+8mm	24+6mm	14+6mm
			砖墙	混凝土墙	毛石墙	钢板网墙
人工	综合工日	工日	14.49	15.64	18.39	17.08
材料	水泥砂浆 1∶3	m^3	1.62	1.39	2.77	1.62
	水泥砂浆 1∶2.5	m^3	0.69	0.92	0.69	0.69
	素水泥浆	m^3	—	0.11	—	0.11
	108 胶	kg	—	2.48	—	2.48
	水	m^3	0.70	0.70	0.83	0.70
	松厚板	m^3	0.005	0.005	0.005	0.005
机械	灰浆搅拌机 200L	台班	0.39	0.39	0.58	0.39

定额编号			11—29	11—30	11—31
项目		单位	水泥砂浆		
			14+6mm	6+14mm	装饰线条
			轻质墙 墙面、墙裙	零星项目	
			100m²		100m
人工	综合工日	工日	14.78	65.62	16.71
材料	水泥砂浆 1∶3∶9	m³	1.62	—	—
	水泥砂浆 1∶2.5	m³	0.69	0.67	0.18
	水泥砂浆 1∶3	m³	—	1.55	0.18
	水泥砂浆 1∶2	m³	—	—	0.13
	素水泥浆	m³	—	0.10	—
	108 胶	kg	—	2.21	—
	水	m³	0.69	0.79	0.16
	松厚板	m³	0.005	—	—
机械	灰浆搅拌机 200L	台班	0.39	0.37	0.08

工作内容：1. 清理、修补、湿润基层表面、调运砂浆、清扫落地灰。

2. 分层抹灰找平、刷浆、洒水湿润、罩面压光。

计量单位：100m²

定额编号			11—32	11—33	11—34	11—35
项目		单位	独立柱面抹水泥砂浆			
			多边形 圆形 砖柱面	多边形 圆形 混凝土柱面	矩形砖柱	矩形 混凝土柱
人工	综合工日	工日	28.36	29.51	19.09	21.52
材料	水泥砂浆 1∶3	m³	1.55	1.33	1.55	1.33
	水泥砂浆 1∶2.5	m³	0.67	0.89	0.67	0.89
	素水泥浆	m³	—	0.10	—	0.10
	108 胶	kg	—	2.21	—	2.21
	水	m³	0.79	0.79	0.79	0.79
	松厚板	m³	0.005	0.005	0.005	0.005
机械	灰浆搅拌机 200L	台班	0.37	0.37	0.37	0.37

(3) 混合砂浆

工作内容： 1. 清理、修补、湿润基层表面、堵墙眼、调运砂浆、清扫落地灰。

2. 分层抹灰找平、刷浆、洒水湿润、罩面压光（包括门窗洞口侧壁及护角线抹灰）。

计量单位：100m²

定额编号			11—36	11—37	11—38	11—39
项目		单位	墙面、墙裙抹混合砂浆			
			14＋6mm	12＋8mm	24＋6mm	14＋6mm
			砖墙	混凝土墙	毛石墙	钢板网墙
人工	综合工日	工日	13.73	17.93	18.70	16.27
材料	混合砂浆 1∶1∶6	m³	1.62	1.39	2.77	1.62
	混合砂浆 1∶1∶4	m³	0.69	0.94	0.69	0.69
	素水泥浆	m³	—	0.11	—	0.11
	108 胶	kg	—	2.18	—	2.18
	水	m³	0.69	0.70	0.83	0.70
	—松厚板	m³	0.005	0.005	0.005	0.005
机械	灰浆搅拌机 200L	台班	0.39	0.39	0.38	0.39

计量单位：100m²

定额编号			11—72	11—73	11—74	11—75
项目		单位	水刷白石子			
			12＋10mm	20＋10mm	柱面	零星项目
			砖、混凝土墙面	毛石墙面		
人工	综合工日	工日	37.93	38.04	48.62	89.19
材料	水泥砂浆 1∶3	m³	1.39	2.31	1.33	1.33
	水泥白石子浆 1∶1.5	m³	1.15	1.15	1.11	1.11
	素水泥浆	m³	0.11	0.11	0.10	0.10
	108 胶	kg	2.48	2.48	2.21	2.21
	水	m³	2.84	3.00	2.82	2.82
机械	灰浆搅拌机 200L	台班	0.42	0.58	0.41	0.41

(7) 瓷　板

工作内容： 1. 清理修补基层表面、打底抹灰、砂浆找平。
2. 选料、抹结合层砂浆、贴瓷板、擦缝、清洁表面。

计量单位：100m²

定额编号			11—168	11—169	11—170
项目		单位	瓷板（砂浆粘贴）		
			墙面、墙裙	柱（梁）面	零星项目
人工	综合工日	工日	64.33	67.54	81.51
材料	水泥砂浆 1∶3	m³	1.11	1.17	1.23
	混合砂浆 1∶0.2∶2	m³	0.82	0.86	0.91
	瓷板 152×152	千块	4.48	4.70	4.96
	素水泥浆	m³	0.10	0.11	0.11
	白水泥	kg	15.00	16.00	17.00
	阴阳角瓷片	千块	0.38	0.40	0.42
	压顶瓷片	千块	0.47	0.49	0.52
	108 胶	kg	2.21	2.32	2.45
	石料切割锯片	片	0.96	1.01	1.07
	棉纱头	kg	1.00	1.05	1.11
	水	m³	0.81	0.99	1.21
	松厚板	m³	0.005	0.005	—
机械	灰浆搅拌机 200L	台班	0.32	0.34	0.36
	石料切割机	台班	1.48	1.64	1.65

(8) 釉 面 砖

工作内容： 1. 清理修补基层表面、打底抹灰、砂浆找平。
2. 选料、抹结合层砂浆、贴面砖、擦缝、清洁表面。

计量单位：100m²

定额编号			11—174	11—175	11—176
项目		单位	墙面、墙裙（砂浆粘贴）		
			面砖密缝	面砖灰缝	
				10mm 内	20mm 内
人工	综合工日	工日	56.83	62.16	62.09
材料	水泥砂浆 1∶3	m³	0.89	0.89	0.89
	水泥砂浆 1∶1	m³	—	0.16	0.28
	混合砂浆 1∶0.2∶2	m³	1.22	1.22	1.22
	面砖 150×75	千块	9.11	7.54	6.35
	素水泥浆	m³	0.10	0.10	0.10
	YJ-302 粘结剂	kg	15.75	13.03	10.97
	108 胶	kg	2.21	2.21	2.21
	棉纱头	kg	1.00	1.00	1.00
	水	m³	0.90	0.91	0.91
机械	灰浆搅拌机 200L	台班	0.35	0.38	0.40

(9) 劈　离　砖

工作内容： 1. 清理修补基层表面、打底抹灰、砂浆找平。

2. 选料、抹结合层砂浆、贴劈离砖、擦缝、清洁表面。

计量单位：100m²

定额编号			11—186	11—187	11—188
项目		单位	墙面贴劈离砖（砂浆粘贴）		
			密缝	缝宽	
				10mm 内	20mm 内
人工	综合工日	工日	58.19	64.25	64.00
材料	劈离砖 194×94×11	千块	5.62	4.83	4.20
	YJ-302 粘结剂	kg	23.63	21.75	19.94
	水泥砂浆 1∶3	m³	0.44	0.44	0.44
	水泥砂浆 1∶1	m³	—	0.15	0.29
	混合砂浆 1∶0.2∶2	m³	1.33	1.33	1.33
	混合砂浆 1∶0.5∶3	m³	0.28	0.28	0.28
	素水泥浆	m³	0.10	0.10	0.10
	白水泥	kg	15.00	—	—
	108 胶	kg	2.73	2.73	2.73
	水	m³	0.92	0.92	0.93
	棉纱头	kg	1.00	1.00	1.00
机械	灰浆搅拌机 200L	台班	0.34	0.37	0.39

二、天 棚 装 饰

1. 抹 灰 面 层

工作内容： 1. 清理修补基层表面，堵眼、调运砂浆、清扫落地灰。

2. 抹灰找平、罩面及压光，包括小圆角抹光。

计量单位：100m²

定额编号			11—286	11—287	11—288	11—289
项目		单位	混凝土面天棚			
			石灰砂浆		水泥砂浆	
			现浇	预制	现浇	预制
人工	综合工日	工日	13.91	15.19	15.82	17.71
材料	素水泥浆	m^3	0.10	0.10	0.10	0.10
	纸筋石灰浆	m^3	0.20	0.20	—	—
	混合砂浆 1∶3∶9	m^3	0.62	0.72	—	—
	混合砂浆 1∶0.5∶1	m^3	0.90	1.12	—	—
	水泥砂浆 1∶2.5	m^3	—	—	0.72	0.82
	水泥砂浆 1∶3	m^3	—	—	1.01	1.23
	108 胶	kg	2.76	2.76	2.76	2.76
	水	m^3	0.19	0.19	0.19	0.19
	松厚板	m^3	0.016	0.016	0.016	0.016
机械	砂浆搅拌机 200L	台班	0.29	0.34	0.29	—

三、油漆、涂料、裱糊

1. 木材面油漆

工作内容：清扫、磨砂纸、点漆片、刮腻子、刷底油一遍、调和漆二遍等。

计量单位：100m²

定额编号			11—409	11—410	11—411	11—412
项目		单位	底油一遍、刮腻子、调和漆二遍			
			单层木门	单层木窗	木扶手不带托板	其他木材面
					100m	
人工	综合工日	工日	17.69	17.69	4.35	12.20
材料	熟桐油	kg	4.25	3.54	0.41	2.14
	油漆溶剂油	kg	11.14	9.28	1.07	5.62
	石膏粉	kg	5.04	4.20	0.48	2.54
	无光调和漆	kg	24.96	20.80	2.39	12.58
	调和漆	kg	22.01	18.34	2.11	11.10
	清油	kg	1.75	1.46	0.17	0.88
	漆片	kg	0.07	0.06	0.01	0.04
	酒精	kg	0.43	0.36	0.04	0.22
	催干剂	kg	1.03	0.86	0.10	0.52
	砂纸	张	42.00	35.00	4.00	21.00
	白布 0.9m	m²	0.25	0.25	0.06	0.17

工作内容：清扫、刷臭油水一遍。

计量单位：$100m^2$

定额编号			11—573
项目		单位	木材面刷臭油水一遍
人工	综合工日	工日	2.24
材料	臭油水	kg	24.50
	煤油	kg	2.60

2. 金属面油漆

工作内容：除锈、清扫、刷调和漆等。

定额编号			11—574	11—575	11—576	11—577
项目		单位	调和漆			
			二遍		每增加一遍	
			单层钢门窗	其他金属面	单层钢门窗	其他金属面
			$100m^2$	t	$100m^2$	t
人工	综合工日	工日	9.65	1.80	5.02	0.86
材料	调和漆	kg	22.46	6.32	11.23	3.16
	油漆溶剂油	kg	2.38	0.66	1.18	0.34
	催干剂	kg	0.41	0.11	0.20	0.06
	砂纸	张	11.00	3.00	5.00	2.00
	白布 0.9m	m^2	0.14	0.03	0.07	0.01

工作内容：清扫、清除铁锈、擦掉油污、刷漆等。

定额编号			11—594	11—595
项目		单位	红丹防锈漆一遍	
			单层钢门窗	其他金属面
			$100m^2$	t
人工	综合工日	工日	3.87	0.98
材料	红丹防锈漆	kg	16.52	4.65
	油漆溶剂油	kg	1.72	0.48
	砂纸	张	27.00	8.00

工作内容：清扫、磨砂纸、刷银粉漆二遍等。

定额编号			11—596	11—597
项目		单位	银粉漆二遍	
			单层钢门窗	其他金属面
			$100m^2$	t
人工	综合工日	工日	11.42	2.26
材料	清油	kg	10.34	2.91
	清漆溶剂油	kg	27.58	7.76
	银粉	kg	2.55	0.72
	砂纸	张	8.00	2.00
	催干剂	kg	0.66	0.19
	白布 0.9m	m^2	0.16	0.03

一、建筑物垂直运输

1. 20m（6层）以内卷扬机施工

工作内容：包括单位工程在合理工期内完成全部工程项目所需要的卷扬机台班。

计量单位：$100m^2$

定额编号			13—1	13—2	13—3	13—4
项目		单位	住宅		教学及办公用房	
			混合结构	现浇框架	混合结构	现浇框架
人工	综合工日	工日	—	—	—	—
机械	卷扬机单筒快速 2t 以内	台班	11.70	15.60	12.00	17.70

计量单位：$100m^2$

定额编号			13—5	13—6	13—7	13—8
项目		单位	医院、宾馆、图书馆		影剧院	
			混合结构	现浇框架	混合结构	现浇框架
人工	综合工日	工日	—	—	—	—
机械	卷扬机单筒快速 2t 以内	台班	18.90	23.10	39.75	40.50

附一　混凝土配合比

低流动混凝土

工作内容：同前。

计量单位：m^3

定额编号			15—105	15—106	15—107	15—108	15—109
项目		单位	碎石粒径 40mm				
			C25	C30		C35	C40
材料	水泥 425#	kg	—	411.00	—	—	—
	水泥 525#	kg	321.00	—	354.00	384.00	421.00
	砂	m^3	0.46	0.39	0.43	0.43	0.37
	碎石 40	m^3	0.87	0.88	0.89	0.86	0.89
	水	m^3	0.17	0.17	0.17	0.17	0.17

塑性混凝土

适用范围：适用于薄壁、漏斗、筒仓、细柱等密肋构件。

计量单位：m^3

定额编号			15—110	15—111	5—112	15—113
项目		单位	砾石粒径 10mm			
			C20		C25	
材料	水泥 425#	kg	393.00	—	451.00	—
	水泥 525#	kg	—	343.00	—	393.00
	砂	m^3	0.46	0.48	0.41	0.46
	砾石 10	m^3	0.81	0.82	0.82	0.81
	水	m^3	0.21	0.21	0.21	0.21

计量单位：m^3

定额编号			15—114	15—115
项目		单位	砾石粒径 10mm	
			C30	C35
材料	水泥 525#	kg	424.00	461.00
	砂	m^3	0.41	0.39
	砾石 10	m^3	0.83	0.83
	水	m^3	0.21	0.21

计量单位：m^3

定 额 编 号			15—116	15—117	15—118
项 目		单位	砾 石 粒 径 20mm		
			C20		C25
材料	水泥 425#	kg	356.00	—	408.00
	水泥 525#	kg	—	306.00	—
	砂	m^3	0.47	0.50	0.42
	砾石 20	m^3	0.83	0.84	0.85
	水	m^3	0.19	0.19	0.19

计量单位：m^3

定 额 编 号			15—119	15—120	15—121
项 目		单位	砾 石 粒 径 20mm		
			C25	C30	C35
材料	水泥 525#	kg	356.00	384.00	417.00
	砂	m^3	0.43	0.42	0.40
	砾石 20	m^3	0.87	0.86	0.86
	水	m^3	0.19	0.19	0.19

计量单位：m^3

定 额 编 号			15—122	15—123	15—124
项 目		单位	碎 石 粒 径 15mm		
			C20		C25
材料	水泥 425#	kg	414.00	—	484.00
	水泥 525#	kg	—	361.00	—
	砂	m^3	0.45	0.49	0.41
	碎石 15	m^3	0.79	0.79	0.77
	水	m^3	0.22	0.22	0.22

附二 抹灰、砌筑砂浆配合比表

计量单位：m^3

定 额 编 号			15—213	15—214	15—215	15—216	15—217
项 目		单位	水 泥 砂 浆				
			1∶1	1∶1.5	1∶2	1∶2.5	1∶3
材料	水泥 425#	kg	765.00	644.00	557.00	490.00	408.00
	粗砂	m^3	0.64	0.81	0.94	1.03	1.03
	水	m^3	0.30	0.30	0.30	0.30	0.30

计量单位：m^3

定额编号			15—218	15—219	15—220	15—221
项目		单位	石灰砂浆		石膏砂浆	豆石浆
			1∶2.5	1∶3	1∶3	1∶1.25
材料	水泥 425#	kg	—	—	473	1135
	白石子	kg	—	—	—	—
	粗砂	m^3	1.03	1.03	—	—
	石灰膏	m^3	0.40	0.36	—	—
	石膏	kg	—	—	1586	—
	小豆石	m^3	—	—	—	0.69
	水	m^3	0.60	0.60	0.30	0.30

计量单位：m^3

定额编号			15—222	15—223	15—224	15—225	15—226
项目		单位	素水泥浆	白水泥浆	素石膏浆	混合砂浆	
						0.5∶1∶3	1∶3∶9
材料	水泥 425#	kg	1517.00	—	—	185.00	130.00
	白水泥	kg	—	1532.00	—	—	—
	石膏	kg	—	—	867.00	—	—
	石灰膏	m^3	—	—	—	0.31	0.32
	粗砂	m^3	—	—	—	0.94	0.99
	水	m^3	0.52	0.52	0.60	0.60	0.60

计量单位：m^3

定额编号			15—227	15—228	15—229	15—230	15—231
项目		单位	混合砂浆				
			1∶2∶1	1∶0.5∶4	1∶1∶2	1∶1∶6	1∶0.5∶1
材料	水泥 425#	kg	340.00	306.00	382.00	204.00	583.00
	石灰膏	m^3	0.56	0.13	0.32	0.17	0.24
	粗砂	m^3	0.29	1.03	0.64	1.03	0.49
	水	m^3	0.60	0.60	0.60	0.60	0.60

计量单位：m^3

定额编号			15—232	15—233	15—234	15—235
项目		单位	水泥白石子浆			
			1∶1.5	1∶2	1∶2.5	1∶3
材料	水泥 425#	kg	945	709	567	473
	白石子	kg	1189	1376	1519	1600
	水	m^3	0.30	0.30	0.30	0.30

注：白水泥、彩色石浆配合比与本配合比相同。白水泥替换水泥，彩色石子替换白石子。

计量单位：m^3

定额编号			15—236	15—237	15—238	15—239
项目		单位	混合砂浆			
			1∶0.5∶3	1∶1∶4	1∶0.5∶2	1∶0.2∶2
材料	水泥 425#	kg	371.00	278.00	453.00	510.00
	石灰膏	m^3	0.15	0.23	0.19	0.08
	粗砂	m^3	0.94	0.94	0.76	0.86
	水	m^3	0.60	0.60	0.60	0.60

计量单位：m^3

定额编号			15—240	15—241	15—242
项目		单位	纸筋石灰浆	麻刀石灰浆	石灰麻刀砂浆
					1∶3
材料	石灰膏	m^3	1.01	1.01	0.34
	纸筋	kg	48.60	—	—
	麻刀	kg	—	12.12	16.60
	粗砂	m^3	—	—	1.03
	水	m^3	0.50	0.50	0.60

计量单位：m^3

定额编号			15—249	15—250	15—251	15—252	15—253
项目		单位	水泥砂浆				
			中砂				
			M2.5	M5	M7.5	M10	M15
材料	水泥 325#	kg	(169)	(246)	—	—	—
	水泥 425#	kg	150	210	268	331	445
	中砂（干净）	m^3	1.02	1.02	1.02	1.02	1.02
	水	m^3	0.22	0.22	0.22	0.22	0.22

计量单位：m^3

定额编号			15—254	15—255	15—256	15—257	15—258
项目		单位	混合砂浆				
			中砂				
			M1	M2.5	M5	M7.5	M10
材料	水泥 325#	kg	82	(147)	—	—	—
	水泥 425#	kg	—	117	194	261	326
	中砂（干净）	m^3	1.02	1.02	1.02	1.02	1.02
	石灰膏	m^3	0.23	0.18	0.14	0.09	0.04
	水	m^3	0.60	0.60	0.40	0.40	0.40

计量单位：m^3

定额编号			15—259	15—260	15—261
项目		单位	其他砂浆		
			石灰砂浆	石灰砂浆	石灰黏土砂浆
			1∶3	1∶4	1∶0.3∶4
材料	石灰膏	m^3	0.34	0.25	0.25
	黏土膏	m^3	—	—	0.05
	中砂（干净）	m^3	0.96	0.98	0.98
	水	m^3	0.60	0.60	0.80

计量单位：m^3

定额编号			15—262	15—263	15—264
项目		单位	其他砂浆		
			黏土砂浆	大泥浆	水玻璃磨细矿渣粉粘结剂
			1∶4		1∶1∶4
材料	黏土膏	m^3	0.26	1.01	—
	中砂（干净）	m^3	1.02	—	1.02
	水玻璃	kg	—	—	363
	磨细矿渣粉	kg	—	—	381
	水	m^3	0.40	0.30	—

附录三

《建筑安装工程费用项目组成》

建标［2003］206号

关于印发《建筑安装工程费用项目组成》的通知

建标［2003］206号

各省、自治区建设厅、财政厅，直辖市建委、财政局，国务院有关部门：

为了适应工程计价改革工作的需要，按照国家有关法律、法规，并参照国际惯例，在总结建设部、中国人民建设银行《关于调整建筑安装工程费用项目组成的若干规定》（建标［1993］894号）执行情况的基础上，我们制定了《建筑安装工程费用项目组成》（以下简称《费用项目组成》），现印发给你们。为了便于各地区、各部门做好《费用项目组成》发布后的贯彻实施工作，现将《费用项目组成》主要调整内容和贯彻实施有关事项通知如下：

一、《费用项目组成》调整的主要内容：

（一）建筑安装工程费由直接费、间接费、利润和税金组成。

（二）为适应建筑安装工程招标投标竞争定价的需要，将原其他直接费和临时设施费以及原直接费中属工程非实体消耗费用合并为措施费。措施费可根据专业和地区的情况自行补充。

（三）将原其他直接费项下对建筑材料、构件和建筑安装物进行一般鉴定、检查所发生的检验试验费列入材料费。

（四）将原现场管理费、企业管理费、财务费和其他费用合并为间接费。根据国家建立社会保障体系的有关要求，在规费中列出社会保障相关费用。

（五）原计划利润改为利润。

二、为了指导各部门、各地区依据《费用项目组成》开展费用标准测算等工作，我们统一了《建筑安装工程费用参考计算方法》和《建筑安装工程计价程序》（详见附件一、附件二）。

三、《费用项目组成》自 2004 年 1 月 1 日起施行。原建设部、中国人民建设银行《关于调整建筑安装工程费用项目组成的若干规定》（建标［1993］894 号）同时废止。

《费用项目组成》在施行中的有关问题和意见，请及时反馈给建设部标准定额司和财政部经济建设司。

附件 1：建筑安装工程费用参考计算方法

附件 2：建筑安装工程计价程序

中华人民共和国建设部
中华人民共和国财政部
二〇〇三年十月十五日

建筑安装工程费用项目组成

建筑安装工程费由直接费、间接费、利润和税金组成（见附表）。

一、直接费

由直接工程费和措施费组成。

（一）直接工程费：是指施工过程中耗费的构成工程实体的各项费用，包括人工费、材料费、施工机械使用费。

1. 人工费：是指直接从事建筑安装工程施工的生产工人开支的各项费用，内容包括：

(1) 基本工资：是指发放给生产工人的基本工资。

(2) 工资性补贴：是指按规定标准发放的物价补贴，煤、燃气补贴，交通补贴，住房补贴，流动施工津贴等。

(3) 生产工人辅助工资：是指生产工人年有效施工天数以外非作业天数的工资，包括职工学习、培训期间的工资，调动工作、探亲、休假期间的工资，因气候影响的停工工资，女工哺乳时间的工资，病假在六个月以内的工资及产、婚、丧假期的工资。

(4) 职工福利费：是指按规定标准计提的职工福利费。

(5) 生产工人劳动保护费：是指按规定标准发放的劳动保护用品的购置费及修理费，徒工服装补贴，防暑降温费，在有碍身体健康环境中施工的保健费用等。

2. 材料费：是指施工过程中耗费的构成工程实体的原材料、辅助材料、构配件、零件、半成品的费用。内容包括：

(1) 材料原价（或供应价格）。

(2) 材料运杂费：是指材料自来源地运至工地仓库或指定堆放地点所发生的全部费用。

建筑安装工程费用项目组成表 附表

建筑安装工程费	直接费	直接工程费	1. 人工费
			2. 材料费
			3. 施工机械使用费
		措施费	1. 环境保护
			2. 文明施工
			3. 安全施工
			4. 临时设施
			5. 夜间施工
			6. 二次搬运
			7. 大型机械设备进出场及安拆
			8. 混凝土、钢筋混凝土模板及支架
			9. 脚手架
			10. 已完工程及设备保护
			11. 施工排水、降水
	间接费	规费	1. 工程排污费
			2. 工程定额测定费
			3. 社会保障费
			（1）养老保险费
			（2）失业保险费
			（3）医疗保险费
			4. 住房公积金
			5. 危险作业意外伤害保险
		企业管理费	1. 管理人员工资
			2. 办公费
			3. 差旅交通费
			4. 固定资产使用费
			5. 工具用具使用费
			6. 劳动保险费
			7. 工会经费
			8. 职工教育经费
			9. 财产保险费
			10. 财务费
			11. 税金
			12. 其他
	利　润		
	税　金		

(3) 运输损耗费：是指材料在运输装卸过程中不可避免的损耗。

(4) 采购及保管费：是指为组织采购、供应和保管材料过程中所需要的各项费用。

包括：采购费、仓储费、工地保管费、仓储损耗。

(5) 检验试验费：是指对建筑材料、构件和建筑安装物进行一般鉴定、检查所发生的费用，包括自设试验室进行试验所耗用的材料和化学药品等费用。不包括新结构、新材料的试验费和建设单位对具有出厂合格证明的材料进行检验，对构件做破坏性试验及其他特殊要求检验试验的费用。

3. 施工机械使用费：是指施工机械作业所发生的机械使用费以及机械安拆费和场外运费。

施工机械台班单价应由下列七项费用组成：

(1) 折旧费：指施工机械在规定的使用年限内，陆续收回其原值及购置资金的时间价值。

(2) 大修理费：指施工机械按规定的大修理间隔台班进行必要的大修理，以恢复其正常功能所需的费用。

(3) 经常修理费：指施工机械除大修理以外的各级保养和临时故障排除所需的费用。包括为保障机械正常运转所需替换设备与随机配备工具附具的摊销和维护费用，机械运转中日常保养所需润滑与擦拭的材料费用及机械停滞期间的维护和保养费用等。

(4) 安拆费及场外运费：安拆费指施工机械在现场进行安装与拆卸所需的人工、材料、机械和试运转费用以及机械辅助设施的折旧、搭设、拆除等费用；场外运费指施工机械整体或分体自停放地点运至施工现场或由一施工地点运至另一施工地点的运输、装卸、辅助材料及架线等费用。

(5) 人工费：指机上司机（司炉）和其他操作人员的工作日人工费及上述人员在施工机械规定的年工作台班以外的人工费。

(6) 燃料动力费：指施工机械在运转作业中所消耗的固体燃料（煤、木柴）、液体燃料（汽油、柴油）及水、电等。

(7) 养路费及车船使用税：指施工机械按照国家规定和有关部门规定应缴纳的养路费、车船使用税、保险费及年检费等。

（二）措施费：是指为完成工程项目施工，发生于该工程施工前和施工过程中非工程实体项目的费用。

包括内容：

1. 环境保护费：是指施工现场为达到环保部门要求所需要的各项费用。

2. 文明施工费：是指施工现场文明施工所需要的各项费用。

3. 安全施工费：是指施工现场安全施工所需要的各项费用。

4. 临时设施费：是指施工企业为进行建筑工程施工所必须搭设的生活和生产用的临时建筑物、构筑物和其他临时设施费用等。

临时设施包括：临时宿舍、文化福利及公用事业房屋与构筑物，仓库、办公室、加工厂以及规定范围内道路、水、电、管线等临时设施和小型临时设施。

临时设施费用包括：临时设施的搭设、维修、拆除费或摊销费。

5. 夜间施工费：是指因夜间施工所发生的夜班补助费、夜间施工降效、夜间施工照明设备摊销及照明用电等费用。

6. 二次搬运费：是指因施工场地狭小等特殊情况而发生的二次搬运费用。

7. 大型机械设备进出场及安拆费：是指机械整体或分体自停放场地运至施工现场或由一个施工地点运至另一个施工地点，所发生的机械进出场运输及转移费用及机械在施工现场进行安装、拆卸所需的人工费、材料费、机械费、试运转费和安装所需的辅助设施的费用。

8. 混凝土、钢筋混凝土模板及支架费：是指混凝土施工过程中需要的各种钢模板、木模板、支架等的支、拆、运输费用及模板、支架的摊销（或租赁）费用。

9. 脚手架费：是指施工需要的各种脚手架搭、拆、运输费用及脚手架的摊销（或租赁）费用。

10. 已完工程及设备保护费：是指竣工验收前，对已完工程及设备进行保护所需费用。

11. 施工排水、降水费：是指为确保工程在正常条件下施工，采取各种排水、降水措施所发生的各种费用。

二、间接费

由规费、企业管理费组成。

（一）规费：是指政府和有关权力部门规定必须缴纳的费用（简称规费）。包括：

1. 工程排污费：是指施工现场按规定缴纳的工程排污费。

2. 工程定额测定费：是指按规定支付工程造价（定额）管理部门的定额测定费。

3. 社会保障费

（1）养老保险费：是指企业按规定标准为职工缴纳的基本养老保险费。

（2）失业保险费：是指企业按照国家规定标准为职工缴纳的失业保险费。

（3）医疗保险费：是指企业按照规定标准为职工缴纳的基本医疗保险费。

4. 住房公积金：是指企业按规定标准为职工缴纳的住房公积金。

5. 危险作业意外伤害保险：是指按照建筑法规定，企业为从事危险作业的建筑安装施工人员支付的意外伤害保险费。

（二）企业管理费：是指建筑安装企业组织施工生产和经营管理所需费用。

内容包括：

1. 管理人员工资：是指管理人员的基本工资、工资性补贴、职工福利费、劳动保护费等。

2. 办公费：是指企业管理办公用的文具、纸张、账表、印刷、邮电、书报、会议、水电、烧水和集体取暖（包括现场临时宿舍取暖）用煤等费用。

3. 差旅交通费：是指职工因公出差、调动工作的差旅费、住勤补助费，市内交通费和误餐补助费，职工探亲路费，劳动力招募费，职工离退休、退职一次性路费，工伤人员就医路费，工地转移费以及管理部门使用的交通工具的油料、燃料、养路费及牌照费。

4. 固定资产使用费：是指管理和试验部门及附属生产单位使用的属于固定资产的房屋、设备仪器等的折旧、大修、维修或租赁费。

5. 工具用具使用费：是指管理使用的不属于固定资产的生产工具、器具、家具、交通工具和检验、试验、测绘、消防用具等的购置、维修和摊销费。

6. 劳动保险费：是指由企业支付离退休职工的易地安家补助费、职工退职金、六个月以上的病假人员工资、职工死亡丧葬补助费、抚恤费、按规定支付给离休干部的各项经费。

7. 工会经费：是指企业按职工工资总额计提的工会经费。

8. 职工教育经费：是指企业为职工学习先进技术和提高文化水平，按职工工资总额计提的费用。

9. 财产保险费：是指施工管理用财产、车辆保险。

10. 财务费：是指企业为筹集资金而发生的各种费用。

11. 税金：是指企业按规定缴纳的房产税、车船使用税、土地使用税、印花税等。

12. 其他：包括技术转让费、技术开发费、业务招待费、绿化费、广告费、公证费、法律顾问费、审计费、咨询费等。

三、利润

是指施工企业完成所承包工程获得的盈利。

四、税金

是指国家税法规定的应计入建筑安装工程造价内的营业税、城市维护建设税及教育费附加等。

附件 1：建筑安装工程费用参考计算方法

各组成部分参考计算公式如下：

一、直接费

（一）直接工程费

$$直接工程费=人工费+材料费+施工机械使用费$$

1. 人工费

$$人工费=\sum(工日消耗量\times 日工资单价)$$

$$日工资单价(G)=\sum_{1}^{5}G$$

（1）基本工资

$$基本工资(G_1)=\frac{生产工人平均月工资}{年平均每月法定工作日}$$

（2）工资性补贴

$$工资性补贴(G_2)=\frac{\sum 年发放标准}{全年日历日-法定假日}+\frac{\sum 月发放标准}{年平均每月法定工作日}+每工作日发放标准$$

（3）生产工人辅助工资

$$生产工人辅助工资(G_3)=\frac{全年无效工作日\times(G_1+G_2)}{全年日历日-法定假日}$$

（4）职工福利费

$$职工福利费(G_4)=(G_1+G_2+G_3)\times 福利费计提比例(\%)$$

（5）生产工人劳动保护费

$$生产工人劳动保护费(G_5)=\frac{生产工人年平均支出劳动保护费}{全年日历日-法定假日}$$

2. 材料费

$$材料费=\sum(材料消耗量\times 材料基价)+检验试验费$$

（1）材料基价

$$材料基价=[(供应价格+运杂费)\times(1+运输损耗率(\%))]\times(1+采购保管费率(\%))$$

（2）检验试验费

$$检验试验费=\sum(单位材料量检验试验费\times 材料消耗量)$$

3. 施工机械使用费

$$施工机械使用费=\sum(施工机械台班消耗量\times 机械台班单价)$$

机械台班单价

台班单价=台班折旧费+台班大修费+台班经常修理费
+台班安拆费及场外运费+台班人工费+台班燃料动力费
+台班养路费及车船使用税

（二）措施费

本规则中只列通用措施费项目的计算方法，各专业工程的专用措施费项目的计算方法由各地区或国务院有关专业主管部门的工程造价管理机构自行制定。

1. 环境保护

$$环境保护费=直接工程费\times环境保护费费率(\%)$$

$$环境保护费率(\%)=\frac{本项费用年度平均支出}{全年建安产值\times直接工程费占总造价比例(\%)}$$

2. 文明施工

$$文明施工费=直接工程费\times文明施工费费率(\%)$$

$$文明施工费费率(\%)=\frac{本项费用年度平均支出}{全年建安产值\times直接工程费占总造价比例(\%)}$$

3. 安全施工

$$安全施工费=直接工程费\times安全施工费费率(\%)$$

$$安全施工费费率(\%)=\frac{本项费用年度平均支出}{全年建安产值\times直接工程费占总造价比例(\%)}$$

4. 临时设施费

临时设施费由以下三部分组成：

(1) 周转使用临建（如，活动房屋）

(2) 一次性使用临建（如，简易建筑）

(3) 其他临时设施（如，临时管线）

$$临时设施费=(周转使用临建费+一次性使用临建费)\times(1+其他临时设施所占比例(\%))$$

其中：

① 周转使用临建费

$$周转使用临建费=\Sigma\left[\frac{临建面积\times每平方米造价}{使用年限\times365\times利用率(\%)}\times工期(天)\right]+一次性拆除费$$

② 一次性使用临建费

$$一次性使用临建费=\Sigma 临建面积\times每平方米造价\times[1-残值率(\%)]+一次性拆除费$$

③ 其他临时设施在临时设施费中所占比例，可由各地区造价管理部门依据典型施工企业的成本资料经分析后综合测定。

5. 夜间施工增加费

$$夜间施工增加费=\left(1-\frac{合同工期}{定额工期}\right)\times\frac{直接工程费中的人工费合计}{平均日工资单价}\times每工日夜间施工费开支$$

6. 二次搬运费

$$二次搬运费=直接工程费\times二次搬运费费率(\%)$$

$$二次搬运费费率(\%)=\frac{年平均二次搬运费开支额}{全年建安产值\times直接工程费占总造价的比例(\%)}$$

7. 大型机械进出场及安拆费

$$大型机械进出场及安拆费=\frac{一次进出场及安拆费\times年平均安拆次数}{年工作台班}$$

8. 混凝土、钢筋混凝土模板及支架

(1) 模板及支架费=模板摊销量×模板价格+支、拆、运输费

摊销量=一次使用量×(1+施工损耗)×[1+(周转次数-1)
×补损率/周转次数-(1-补损率)50%/周转次数]

(2) 租赁费=模板使用量×使用日期×租赁价格+支、拆、运输费

9. 脚手架搭拆费

(1) 脚手架搭拆费=脚手架摊销量×脚手架价格+搭、拆、运输费

$$脚手架摊销量=\frac{单位一次使用量\times(1-残值率)}{耐用期\div一次使用期}$$

(2) 租赁费=脚手架每日租金×搭设周期+搭、拆、运输费

10. 已完工程及设备保护费

已完工程及设备保护费=成品保护所需机械费+材料费+人工费

11. 施工排水、降水费

排水降水费=Σ 排水降水机械台班费×排水降水周期
+排水降水使用材料费、人工费

二、间接费

间接费的计算方法按取费基数的不同分为以下三种：

(一) 以直接费为计算基础

间接费=直接费合计×间接费费率(%)

(二) 以人工费和机械费合计为计算基础

间接费=人工费和机械费合计×间接费费率(%)

间接费费率(%)=规费费率(%)+企业管理费费率(%)

(三) 以人工费为计算基础

间接费=人工费合计×间接费费率(%)

1. 规费费率

根据本地区典型工程发承包价的分析资料综合取定规费计算中所需数据：

(1) 每万元发承包价中人工费含量和机械费含量。

(2) 人工费占直接费的比例。

(3) 每万元发承包价中所含规费缴纳标准的各项基数。

规费费率的计算公式

Ⅰ 以直接费为计算基础

$$规费费率(\%)=\frac{\sum 规费缴纳标准\times每万元发承包价计算基数}{每万元发承包价中的人工费含量}\times人工费占直接费的比例(\%)$$

Ⅱ 以人工费和机械费合计为计算基础

$$规费费率(\%)=\frac{\sum 规费缴纳标准\times每万元发承包价计算基数}{每万元发承包价中的人工费含量和机械费含量}\times 100\%$$

Ⅲ　以人工费为计算基础

$$\text{规费费率}(\%)=\frac{\sum\text{规费缴纳标准}\times\text{每万元发承包价计算基数}}{\text{每万元发承包价中的人工费含量}}\times 100\%$$

2. 企业管理费费率

企业管理费费率计算公式

Ⅰ　以直接费为计算基础

$$\text{企业管理费费率}(\%)=\frac{\text{生产工人年平均管理费}}{\text{年有效施工天数}\times\text{人工单价}}\times\text{人工费占直接费比例}(\%)$$

Ⅱ　以人工费和机械费合计为计算基础

$$\text{企业管理费费率}(\%)=\frac{\text{生产工人年平均管理费}}{\text{年有效施工天数}\times(\text{人工单价}+\text{每一工日机械使用费})}\times 100\%$$

Ⅲ　以人工费为计算基础

$$\text{企业管理费费率}(\%)=\frac{\text{生产工人年平均管理费}}{\text{年有效施工天数}\times\text{人工单价}}\times 100\%$$

三、利润

利润计算公式

见附件 2　建筑安装工程计价程序

四、税金

税金计算公式

$$\text{税金}=(\text{税前造价}+\text{利润})\times\text{税率}(\%)$$

税率

（一）纳税地点在市区的企业

$$\text{税率}(\%)=\frac{1}{1-3\%-(3\%\times 7\%)-(3\%\times 3\%)}-1$$

（二）纳税地点在县城、镇的企业

$$\text{税率}(\%)=\frac{1}{1-3\%-(3\%\times 5\%)-(3\%\times 3\%)}-1$$

（三）纳税地点不在市区、县城、镇的企业

$$\text{税率}(\%)=\frac{1}{1-3\%-(3\%\times 1\%)-(3\%\times 3\%)}-1$$

附件 2：建筑安装工程计价程序

根据建设部第 107 号部令《建筑工程施工发包与承包计价管理办法》的规定，发包与承包价的计算方法分为工料单价法和综合单价法，程序为：

一、工料单价法计价程序

工料单价法是以分部分项工程量乘以单价后的合计为直接工程费，直接工程费以人工、材料、机械的消耗量及其相应价格确定。直接工程费汇总后另加间接费、利润、税金生成工程发承包价，其计算程序分为三种：

1. 以直接费为计算基础

序号	费用项目	计算方法	备注
1	直接工程费	按预算表	
2	措施费	按规定标准计算	
3	小计	(1)＋(2)	
4	间接费	(3)×相应费率	
5	利润	((3)＋(4))×相应利润率	
6	合计	(3)＋(4)＋(5)	
7	含税造价	(6)×(1＋相应税率)	

2. 以人工费和机械费为计算基础

序号	费用项目	计算方法	备注
1	直接工程费	按预算表	
2	其中人工费和机械费	按预算表	
3	措施费	按规定标准计算	
4	其中人工费和机械费	按规定标准计算	
5	小计	(1)＋(3)	
6	人工费和机械费小计	(2)＋(4)	
7	间接费	(6)×相应费率	
8	利润	(6)×相应利润率	
9	合计	(5)＋(7)＋(8)	
10	含税造价	(9)×(1＋相应税率)	

3. 以人工费为计算基础

序号	费用项目	计算方法	备注
1	直接工程费	按预算表	
2	直接工程费中人工费	按预算表	
3	措施费	按规定标准计算	
4	措施费中人工费	按规定标准计算	
5	小计	(1)＋(3)	

续表

序号	费用项目	计算方法	备注
6	人工费小计	(2)+(4)	
7	间接费	(6)×相应费率	
8	利润	(6)×相应利润率	
9	合计	(5)+(7)+(8)	
10	含税造价	(9)×(1+相应税率)	

二、综合单价法计价程序

综合单价法是分部分项工程单价为全费用单价，全费用单价经综合计算后生成，其内容包括直接工程费、间接费、利润和税金（措施费也可按此方法生成全费用价格）。

各分项工程量乘以综合单价的合价汇总后，生成工程发承包价。

由于各分部分项工程中的人工、材料、机械含量的比例不同，各分项工程可根据其材料费占人工费、材料费、机械费合计的比例（以字母“C”代表该项比值）在以下三种计算程序中选择一种计算其综合单价。

（一）当 $C>C_0$（C_0 为本地区原费用定额测算所选典型工程材料费占人工费、材料费和机械费合计的比例）时，可采用以人工费、材料费、机械费合计为基数计算该分项的间接费和利润。

以直接费为计算基础

序号	费用项目	计算方法	备注
1	分项直接工程费	人工费+材料费+机械费	
2	间接费	(1)×相应费率	
3	利润	((1)+(2))×相应利润率	
4	合计	(1)+(2)+(3)	
5	含税造价	(4)×(1+相应税率)	

（二）当 $C<C_0$ 值的下限时，可采用以人工费和机械费合计为基数计算该分项的间接费和利润。

以人工费和机械费为计算基础

序号	费用项目	计算方法	备注
1	分项直接工程费	人工费+材料费+机械费	
2	其中人工费和机械费	人工费+机械费	
3	间接费	(2)×相应费率	
4	利润	(2)×相应利润率	
5	合计	(1)+(3)+(4)	
6	含税造价	(5)×(1+相应税率)	

（三）如该分项的直接费仅为人工费，无材料费和机械费时，可采用以人工费

为基数计算该分项的间接费和利润。

以人工费为计算基础

序号	费用项目	计算方法	备注
1	分项直接工程费	人工费＋材料费＋机械费	
2	直接工程费中人工费	人工费	
3	间接费	(2)×相应费率	
4	利润	(2)×相应利润率	
5	合计	(1)＋(3)＋(4)	
6	含税造价	(5)×(1＋相应税率)	

参 考 文 献

[1] 全国统一建筑工程基础定额．北京：计划出版社，1995.

[2] 建筑安装工程费用项目组成．建标[2003]206 号.

[3] 袁建新、迟晓明．建筑工程预算．(第四版)北京：中国建筑工业出版社，2010.